미적분
다이어리

미적분
다이어리

제니퍼 울렛 지음 | 박유진 옮김

㈜자음과모음

THE CALCULUS DIARIES
Copyright © Jennifer Ouellette, 2010
All rights reserved including the right of reproduction in whole or in part in any form.
Korean translation copyright © Jaeum & Moeum, 2011
This edition published by arrangement with Penguin Books, a member of Penguin Group (USA) Inc. through Shinwon Agency.

이 책의 한국어판 저작권은 신원 에이전시를 통한 저작권자와의 독점 계약으로 자음과 모음에 있습니다. 저작권법에 의해 한국 내에서 보호를 받는 저작물이므로 무단전재와 복제를 금합니다.

내 코사인과 한 쌍을 이루는 사인, 숀에게

수학을 소홀히 하는 태도는 모든 공부에 해롭다. 수학을 모르고서는 다른 자연과학, 즉 세상의 이치를 이해할 수 없기 때문이다. 설상가상으로 이런 무지한 자들은 자신의 무지를 자각하지 못하므로 개선책을 찾지도 않는다.

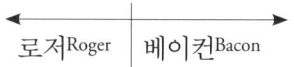

로저Roger ｜ 베이컨Bacon

감사의 글

이 책은 티칭 컴퍼니사의 교육용 DVD 〈명쾌한 미적분Calculus Made Clear〉을 인터넷으로 충동구매한 데서 비롯했다. 강의를 맡은 텍사스 대학 오스틴 캠퍼스의 수학 교수 마이클 스타버드Michael Starbird는 필수적 엄격함(간단한 도표 및 공식 유도)과 매력적인 개념적 접근법을 결합했을 뿐 아니라 역사상의 다채로운 일화도 간간이 곁들였다. 흥미진진한 이야기만큼 영문학 전공자를 행복하게 만드는 게 또 있을까. 재미있는 이야기만 들려준다면 우리는 어디든지 따라가리라. 설령 그곳이 무시무시한 적분방정식이 깔린 지뢰밭일지라도. 스타버드의 강의에 고무된 나는 처음에 〈칵테일파티 피직스〉라는 블로그에 내 미적분 탐험기를 연재하다가, 나중에 그 글에 살을 붙여 아예 책을 한 권 쓰게 됐다.

하지만 스타버드는 비옥한 토양에서 일한다는 이점이 있었다. 나는 앨런 초도스Alan Chodos에게 큰 신세를 졌다. 그는 예일 대학에서 수년간 교편을 잡았던 물리학자로, 현재 미국물리학회 부회장으로 활동하고 있다. 그의 선생 기질은 늘 여전했다. 초도스는 내가 첫 책을 쓸 수 있도록 용기를 북돋워줬을 뿐 아니라 기본 물리 개념을 자상하게 설명해주는 한편 관련 방정식을 단계별로 가르쳐주겠다고 고집하기도 했다. 우리는 이 나라(미국)의 정반대 편에서 살고 있지만, 위대한 스승들의 전통대로 앨런은 내 인생에 오래도록 영향을 미치고 있다.

다른 책 몇 권을 정독한 것도 큰 도움이 되었다. 그중 몇 권만 꼽으라면, 찰스 사이프Charles Seife의 『제로: 위험한 개념의 역사 Zero: The Biography of a Dangerous Idea』, 제이슨 바르디Jason Bardi의 『미적분 전쟁The Calculus Wars』, 데이비드 버린스키David Berlinski의 『미적분 여행A Tour of the Calculus』, 레오나르드 믈로디노프Leonard Mlodinow의 『춤추는 술고래의 수학 이야기The Drunkard's Walk: How Randomness Rules Our Lives』를 들겠다. 모두 미적분 개념을 이해하는 데 유익했다. 그 개념을 실습하는 데는 W. 마이클 켈리W. Michael Kelley 의 『완전한 바보를 위한 미적분 길잡이The Complete Idiot's Guide to Calculus』가 도움이 되었다.

내가 자료를 찾고 이 책을 쓰며 보낸 2년여간, 자기 경험담과 견해를 아낌없이 나눠준 사람들(수학을 좋아하는 사람과 싫어하는 사람 모두)에게 감사를 표한다. 그들의 이름은 다음과 같다(하지만 이들이 다는 아니다). 비시 아그볼라, 데이브 베이컨, 제이슨 바르디, 앨리슨 비어트리스, 애덤 보즐, 벤 케리, 데버러 캐슬먼, 롭 치아페타, 캘러 코필드, K. C. 콜, 줄리앤 달칸턴, 제프리 에델스타인, 애덤 프랭크, 밀턴 가시스, 데이비드 그래, 데이비드 그로스, 로런 군더슨, 케빈 핸드, 데이비드 해리스, 조앤 휴잇, 캐런 헤이먼, 대니얼 홀츠, 앨리스 형, 맬러리 재미슨, 조지 존슨, 리치 킴, 리 코트너, 톰 레벤슨, M. G. 로드, 가브리엘 라이언, 맬컴 매

키버, 앨릭스 모건, 채드 오젤, 데니스 오버비, 필 플레이트, 조 폴친스키, 리사 랜들, 아바스 라자, 제임스 리오든, 데이비드 살츠버그, 로버트 스미스?, 태러 스미스, 섀리 스틸스미스 더핀, 벤 스타인, 브라이언 스위테크, 캐럴 태브리스, 킵 손, 마크 트로든, 자틸라 밴 더 빈, 로빈 바기스, 로지 월턴, 고든 와츠, 마거릿 워트하임, 리사 웩슬러, 글렌 휘트먼, 캐롤리 윈스타인, 마크 와이즈, 토니 지. 특히 재닛 블룸버그, 다이앤드라 레슬리 펠레키, 에릭 로스턴에게 각별한 감사의 뜻을 전한다. 세 사람은 초고를 열심히 읽고 유익한 비판을 해주었다.

제이슨 토친스키는 이 책에 나오는 추상적 개념을 멋진 삽화로 기막히게 표현해냈다. 펭귄 출판사의 담당 편집자 토머스 로버지와 에이전트 밀드레드 마머에게도 감사의 마음을 전한다. 마머는 항상 도움을 아끼지 않고 현명한 충고를 들려주었다. 늘 그렇듯 나는 친구와 가족에게도 깊은 고마움을 느낀다. 신기하게도, 내가 또다시 책을 쓰느라 한동안 모습을 감추었다 나타나도 그들은 여전히 내게 말을 건넨다.

나는 미적분의 기계적 계산 과정뿐 아니라 그 밑바닥에 깔려 있는 개념까지 파악하려고 무진 애를 썼다. 이 말은 곧 내 마음속의 세 살배기를 끌어내 끊임없이 '왜?'라고 물었다는 뜻이다. 이건 다른 사람에게 꽤 성가신 일이 될 수 있다. 그래서 나는 남편 숀 M. 캐럴(일명 '세상에서 가장 참을성 강한 남자')에게 엄청난 신세를 졌다. 그는 2년간 내 마음속 코흘리개의 응석을 받아주었다. 그가 없었더라면 나는 이 책을 쓰지 못했을지도 모른다. 그는 각 장에서 내가 '미적분을 구하도록' 도와주었을 뿐 아니라 본문에서 흥미를 유발할 목적으로 자신을 희화해도 좋다고 허락했다. 또 그는 원고를 모두 감수해주었고, 내가 장애물('이것을 적분하라!')을 만나면 난해한 설명을 피해 차분히 나를 해결책으로 이끌어주었다. 다음 책에서 나는 꼭 나비나 무지개처럼 더 간단한 주제를 다룰 것이다. 아니면 토끼를 다루든가. 토끼와 수학은 전혀 상관없을 테니까.

감사의 글 • 9
프롤로그: 더 수학적인 사람이 될 수 있을 텐데 • 15

1. 무한대 너머로 • 27
2. 미치도록 달리고 싶다 • 61
3. 카지노 로열 • 91
4. 악마의 놀이터 • 125
5. 돈 구경 좀 해볼까? • 157
6. 이런 제길! • 181
7. 보디 히트 • 215
8. 현수선 이야기 • 251
9. 파도타기 여행 • 277

에필로그: 수학의 미메시스 • 305
부록 1: 직접 계산해보기 • 321
부록 2: 좀비 대재앙에서 살아남기 • 353
옮긴이 말 • 359
참고문헌 • 362
찾아보기 • 369

프롤로그

더 수학적인 사람이 될 수 있을 텐데

잰더 자일스 선생님은 어릴 때도 학교가 사는 낙이었을걸. 12년 만에 졸업한다는 걸 아직도 못마땅하게 여기시잖아.
버피 아마 수학 시간에 이렇게 생각하셨을 거야. '수학 수업을 늘려야 해. 그러면 더 수학적인 학교가 될 수 있을 텐데.'

―「암흑기 The Dark Age」
『버피와 뱀파이어 Buffy the Vampire Slayer』

시라쿠사의 아르키메데스Archimedes는 전형적인 수학광이면서 한편으론 여러 가지 실용적인 장치를 발명하기도 했다. 그 일부인 강력한 무기들은 기원전 212년 시라쿠사가 로마 장군 마르셀루스Marcellus의 포위 공격을 (일시적으로나마) 격퇴하는 데 도움이 되었다. 하지만 아르키메데스는 무엇보다 순수 수학, 특히 기하학을 좋아했다. 로마 역사가 플루타르코스Plutarchos에 따르면, 수학에 정신이 팔린 아르키메데스를 하인들이 강제로 목욕시키곤 했는데, 목욕 후 아르키메데스는 난로의 잿더미나 기름 발린 자기 몸에다가 기하 도형을 그려댔다고 한다.

그 외곬의 집념은 사실상 그의 몰락을 불러왔다. 결국 마르셀루스 장군은 아르키메데스의 교묘한 방어 무기를 이겨냈고, 로마 병사들은 시라쿠사 시내로 쳐들어왔다. 역사 기록에 따르면, 아르키메데스는 흙

바닥에 그린 기하 도형을 연구하는 데 열중한 나머지 주변에서 난리가 난 줄도 몰랐다고 한다. '전리품을 찾던' 로마 병사가 아르키메데스에게 다가가 마르셀루스 장군의 막사로 가자고 요구하자, 아르키메데스는 난색을 보이며 기하학 문제를 마저 풀고 싶다고 말했다. "제발 부탁이네, 방해하지 말게나." 발끈한 병사는 그 자리에서 아르키메데스를 죽여버렸다. "그는 자기 피로 자기 그림의 선을 어지럽히고 말았다."✝

✝ 이 이야기는 고대 로마의 역사가 막시무스Valerius Maximus의 『기념할 만한 업적과 기록들 Memorable Doings and Sayings』에 실려 있다. 그 병사가 아르키메데스를 어떻게 죽였는지에 대해서는 역사가들의 의견이 엇갈리지만, 중세 목판화에는 그의 머리가 둘로 쪼개진 것으로 묘사되어 있다. 몇몇 기록에 따르면, 마르셀루스 장군은 아르키메데스의 죽음을 몹시 안타까워했다. 비록 아르키메데스의 독창력 때문에 시라쿠사 정복이 지체되긴 했지만 장군은 그 독창력을 매우 흠모했다고 한다.

아르키메데스의 죽음에 관한 이야기는 수백 년 후 제르맹Sophie Germain이라는 프랑스 소녀에게 영감을 주었다. 18세기 말에 그 이야기를 읽은 제르맹은 누군가 기하학 문제에 그렇게까지 빠져들 수 있다면 기하학이란 분명 세상에서 가장 재미있는 학문일 것이라고 결론지었다. 그래서 제르맹은 기하학을 배우기 시작했다. 가족들의 나무람에도 불구하고 밤늦게까지 이불 밑에서 몰래 수학을 공부했다. 나중에는 남학생으로 변장하고 에콜 폴리테크니크 이공대학에 다녔으며(당시 여자는 입학이 허가되지 않았다), 1831년 유방암으로 죽을 무렵에는 뛰어난 수학자가 되어 있었다.✝

아르키메데스를 죽인 병사는 그다지 영감을 받지 못했다. 어쩌면 아르키메데스 때문에 고등학교 수학 선생님에 대한 나쁜 기억이 떠올랐는지도 모른다. 수업 시간에 기하학 문제를 풀지 못한 그를 조롱하던 선생님. 뒤에서 낄낄대던 친구들. 억눌린 울분과 불만이 끓어오른 병사가 욱해서 폭력을 휘두르는 바람에 아르키메데스는 안타깝게도 일찌감치 생을 마감했다.

순전히 추측일 뿐이지만, 지금 여러분 가운데 찔리는 사람이 있을 것이다. 더군다나 아르키메데스가 하마터면 미적분을 발명할 뻔했다는 사실을 알고 나면 더욱 그럴 것이다. 오늘날 고등학교 미적분의 트라우마는 나이와 성별, 출신 성분을 불문하고 모든 사람에게 매우 부정적인

✝ 제르맹은 '제르맹 소수'를 창안한 것으로 가장 유명하다. 제르맹 소수에 2를 곱하고 1을 더하면 또 다른 소수를 얻을 수 있다. 예컨대 소수 2에 2를 곱하면 4가 나오고, 여기에 1을 더하면 5라는 또 다른 소수가 나온다.

반응을 불러일으킨다. 대부분의 사람들은 또다시 강제로 다항식의 부정적분을 구하느니 차라리 자기 목을 조르고 송곳으로 고문당하는 쪽을 선택할 것이다. 미적분은 우리가 고등학교를 떠나고 나면 전염병처럼 피해야 하는 대상이 되고 만 것이다. 미국 드라마 〈하우스House〉의 한 에피소드 도입부에는 학생들이 AP+ 미적분 시험을 보던 중 한 남학생이 실신해 급히 병원으로 실려 가는 장면이 나온다. 남학생이 쓰러진 상황을 전해 들은 하우스 박사는 이렇게 말했다. "미적분이란 게 원래 그렇지 뭐."

이렇듯 미적분은 악명이 높다. 나도 항상 비수학적인 사람에 속했다. 수학만 보면 벌벌 떨며 안전거리를 유지하려고 했다. 사실 나는 대학 조기 입학으로 고등학교 졸업반을 교묘히 건너뛴 덕분에 미적분 수업을 아예 피해 갔다. 내가 물리학을 전문적으로 다루는 과학 저술가이다 보니, 고질적 수학 공포증이 있다고 하면 사람들은 무척 놀라워한다. 영문학 전공 출신이라며 핑계를 대긴 하지만 여전히 나는 간단한 대수방정식만 봐도 일부러 마음을 다잡지 않는 한 무의식중에 몸서리를 친다.

나만 이렇게 모순된 감정을 경험하는 것은 아니다. 내 친구 앨리슨에게 미적분에 대해 어떻게 생각하느냐고 묻자 이렇게 고백했다. "처음으로 '미적분'이란 말을 들었을 때 난 마치 원시인이 되어 달을 향해 돌을 던지는 것 같은 반응을 보였어. 아무것도 모르겠고 겁도 나고 하니까

+ Advanced Placement : 미국에서 고등학생이 대학 진학 전에 대학 인정 학점을 취득할 수 있는 고급 학습 과정. (옮긴이)

무턱대고 화부터 낸 거지. 이 세상에 유령 따윈 없지만 다항식 괴물은 분명히 있어. 그놈은 이빨도 꼭 갈고리처럼 생겨가지고는 한번 물리면 만성 질염을 일으킨다니까, 글쎄."

솔직히 말해서 우리는 대부분 미적분이 무엇인지조차 모르는 상태에서 어렵고 머릿속만 복잡하게 만든다는 평판만 앞세우는 경향이 있는데, 이러한 미적분에 대한 무조건적인 반감은 이성적이라고 할 수 없다. 미적분의 개념 자체는 매우 단순하고 명료하다. 복잡 다양한 다항식의 여러 미적분 공식 괴물은 세부 사항일 뿐이다. 근본적으로 미적분은 위치, 온도 따위의 변화를 측정하는 방법으로, 동일한 기본 개념을 자동차 운전, 주식시장, 흑사병, 파도타기 등 여러 대상에 적용할 수 있는 보편성이 있다. 미적분 교과서가 그렇게 두꺼운 것도 바로 이 때문이다.

미적분은 2가지 기본 개념으로 나뉜다. 하나는 순간의 변화를 측정하는 방법인 미분이다. 이를테면 자동차의 순간적인 위치 변화를 가지고 속도를 알아내는 것이다. 다른 하나는 무수한 미세 조각들을 합쳐서 전체를 나타내는 방법인 적분이다. 가령 자동차의 속도로부터 주행 거리를 계산하는 데 적분을 활용할 수 있다. 나머지는 모두 이 두 주제의 변주일 뿐이다. 미분과 적분은 장도리 머리의 양 끝과 같다. 하나는 못을 뽑는 데 쓰이고 다른 하나는 못을 박는 데 쓰인다. 전자는 뺄셈과 나눗셈이고 후자는 덧셈과 곱셈이다. 각각 서로의 결과물을 원상태로 '되돌리는' 셈이다. 하지만 모든 수학 문제를 푸는 데 장도리가 필요한 것은 아니다. 어떤 경우엔 드라이버가 최고다. 따라서 미적분은 널따란 수학 도구 창고에 있는 하나의 도구, 특정 종류의 문제에 꼭 맞는 하나의 도구일

뿐이다.+

내가 이렇게 설명해주자 앨리슨은 믿기지 않는다는 듯이 말했다. "그게 다야? 그런데 왜 수학 선생님들은 그렇게 '말하지' 않았지?" 하지만 잘 생각해보면 수학 선생님들도 그렇게 말했을 것이다. 다만 우리 귀에 알아들을 수 없는 외국어로 들렸을 뿐이다. 유명한 과학자, 갈릴레이 Galileo Galilei는 이렇게 말했다. "자연이라는 위대한 책은 수학 기호로 쓰여 있다." 불행하게도 훈련되지 않은 눈과 귀로 보고 듣기에 그 언어는 고대 산스크리트어와 비슷하다. 수학 선생님들이 종잡을 수 없는 말을 한다고 생각하는 것도 무리가 아니다. 우리는 대부분 낯선 기호를 잘 이해하지 못하기에, 기본 산술 외의 그 어떤 정량적 수단도 없이 평생을 헤맨다. 우리는 수표장을 결산할 줄은 알지만 통계, 복리, 확률 등은 전혀 이해하지 못한다. 그래서 우리는 여러 수학 기호를 '제대로' 이해하고서 자유자재로 다루는 사람들에게 휘둘린다. 아는 것이 힘이다. 하지만 무지 상태로 계속 살겠다고 고집한다면 그 힘은 얻을 수 없다.

기본적인 대수학과 미적분에 대한 이해 부족은 과학자를 꿈꾸는 학생들에게 걸림돌이 되기도 한다. 내 친구 리는 고등학교 때 다른 과목은 모두 상위권이었는데 대수학 때문에 고전하다 눈물을 흘렸고, 결국 해

+ 여기서 미적분과 관련된 우리말 기본 표현을 짚고 넘어갈 필요가 있다. '적분하다'는 '적분을 구하다'와 같은 뜻인 반면, '미분하다'는 '도함수를 구하다', '미분계수(순간 변화율)를 구하다'와 같은 뜻이다. '미분을 구하다'라는 말은 쓰지 않는다. '도함수'와 '미분계수'는 실제로 어느 정도 혼용되기 하나 엄밀히 보자면 뜻이 다르다. 도함수는 함수를 임의의 점에서 미분한 결과(함수)이고, 미분계수는 함수를 특정 점에서 미분한 결과(값)이다. 각 개념의 자세한 뜻은 뒤에 본문에서 다룰 것이다. (옮긴이)

양생물학자의 꿈을 접어야 했다. 그녀는 여전히 과학을 사랑하지만, 오늘날까지 수학에 대한 증오를 마음속 깊이 품고 있다. "그게 내 자존심을 완전히 뭉개버렸고 아직도 속을 거북하게 해. 수학을 전혀 모르진 않지만, 방정식 비슷한 것만 봐도 식은땀이 나고 비명을 지르며 달아나게 된다니까."

얄궂게도 나는 수학을 혐오하긴 했으나 수학 공부에 성공했다. 적어도 일반적인 평가 기준, 즉 성적으로 볼 때는 그랬다. 기하학과 대수학에서 높은 점수를 받긴 했지만 나는 암기한 공식에 숫자를 집어넣어 착실히 기계적으로 답을 짜냈을 뿐이었다. 그런 행위가 얼마나 중요한지, 현실 세계의 문제를 푸는 데 그게 얼마나 유용한지는 제대로 알지 못했다. 더군다나 나는 내 무지의 심각성을 자각하고 있었다. 내 이해 부족이 탄로 나서 내가 사기꾼으로 알려질까 봐 조마조마해하며 살았다(심리학자들은 이를 '사기꾼 증후군'이라고 부른다).

나는 죽는 날까지 방정식만 봤다 하면 움찔거리며 살아야 할지도 모른다. 하지만 나는 과학 저술가가 되었고 물리학과 사랑에 빠졌다. 수학적인 부분과 그런 건 아니다. 나는 물리학의 다채로운 역사, 인물, 멋진 실험, 큰 생각을 좋아했다. 어느 운명적인 날, 나는 앨런 초도스라는 물리학자에게 '왜' 모든 물체가 질량과 상관없이 같은 속도로 떨어지느냐고, 흔히 관찰하는 바에 따르면 정반대이지 않느냐고 물었다. 그건 직관에 반대되는 것 같았다.

이런 생각은 갈릴레이가 보여준 유명한 실험의 밑바탕이었다. 일반적 조건(대기 중)에서 동전과 깃털을 동시에 떨어뜨리면, 동전이 먼저 땅에 닿는다. 이 현상에 대해 갈릴레이는 중력과는 또 다른 힘(공기 저항)이 깃털의 하강 속도를 늦추는데, 그 까닭은 깃털이 동전보다 표면적이 넓기 때문이라고 추론했다. 진공 상태에서는 공기 저항이 없을 테니 모든 물체의 중력 가속도가 똑같을 것이다. 당시 그는 진공 상태를 만들어낼 기술이 없어서 자기 가설을 검증하지 못했지만, 17세기에 뉴턴$^{Isaac\ Newton}$은 갈릴레이의 주장에 해당하는 수학 공식을 이끌어냈다.

오늘날 진공 기술은 일반화되었고, 동전·깃털 실험은 물리학 시범에서 빼놓을 수 없는 주제가 되었다. 나도 그런 시범을 직접 봄으로써 물체는 질량과 상관없이 같은 속도로 떨어진다는 것을 확인한 셈이다. 아니, 정말 확인한 걸까? 내가 그 실험을 직접 준비해 수행한 적도 없지 않은가. 그게 일종의 속임수였는지, 실험 장치에 잘못된 부분이 있었는지 내가 어떻게 알겠는가?

앨런은 잠시 생각에 잠겨 수염을 쓰다듬더니, 내가 그 주장을 굳이 믿을 필요는 없다고 일러주었다. 그리고 자기가 방정식을 차근차근 설명하는 것을 들으면 왜 그런지 명백해질 거라고 말했다.

나는 처음에는 앨런의 설명을 들으려고 하지 않으나 나중에는 "이건 '진짜' 수학이 아니야. 간단한 대수학일 뿐이라고!"라는 앨런의 설득에 넘어갔다. 그의 말이 옳았다. 그는 칠판에다가 어떻게 해서 방정식 양변의 소문자 m—물체의 질량(지구의 질량인 대문자 M과 구별된다)—이 상쇄되는지를 차근차근 보여주었다. 그건 곧 물체의 질량과 가속도가 무관하다는 뜻이었다. 그때 나는 수학이 내 삶과 관련되어 있음을 처음 깨달았다. 수학은 무엇보다도 직관에 반하는 물리학 개념을 이해하는 데 도움이 될 수 있다. 물론 대수학이나 미적분의 도움 없이도 그럴 수 있다. 하지만 내가 그 방정식의 효력을 보았을 때, 빠져 있는 줄도 몰랐던 마지막 통찰의 퍼즐 조각이 제자리를 찾아 들어갔다. 마침내 수학에 의미 있는 맥락이 생긴 것이다.

그래서 나는 숫자와 추상적 기호에 대한 반사적 경계를 조금씩 늦추며, 수학이 '현실 세계'에서 수행하는 역할을 마지못해 인정하기 시작했다. 그것은 현실을 완전히 새롭게 바라보는 방식의 감질나는 맛보기였기에, 나는 수학 혐오 인생 처음으로 그걸 더 배우고 싶어졌다. 책 몇 권[+]과 티칭사의 DVD 시리즈로 무장하고 물리학자 남편의 지원을 받으며 지금껏 놓친 것들을 탐구하기 시작했다.

일단 미적분을 파고들다 보니, 나는 이 난해해 보이는 개념을 온갖 대상에 적용할 수 있음을 깨달았다. 그 대상은 자동차 연비, 다이어트와 운동, 경제, 건축에서부터 인구 증가·감소 이론, 디즈니랜드 놀이기구의 역학, 카지노 크랩스 게임의 확률, 주역의 역점에 이르기까지 다양했다. 사실상 우리는 자신도 모르는 사이에 일종의 미적분을 늘 하고 있었던 것이다. 야구 경기에서 외야수는 타자가 친 공이 어디쯤 떨어질지 가늠해야 한다. 외야수가 알든 모르든 그의 뇌는 공의 경로를 계산하며 그에게 신호를 보내 그가 어디로 가야 공을 잡을 수 있는지 알려준다. 그 과정 어딘가에 숨어 있는 것은 하나의 미적분 문제다. 어쩌면 두 개일지도.

[+] 맨 처음에 내가 얼마나 무지했는가 하면, 『완전한 바보를 위한 미적분 길잡이』도 약간 벅찰 정도였다. 그 책의 제목을 '반똑똑이를 위한 미적분 길잡이'로 바꿔야 하지 않을까.

오리건 대학의 생물학자 로커리Shawn Lockery에 따르면, 하찮은 벌레조차 미적분을 한다고 한다. 로커리는 회충이 먹이를 찾을 때 미각과 후각을 쓰는 방식을 알아냈는데, 회충의 먹이 접근법을 흔히 어른과 아이가 함께하는 '핫 앤드 콜드hot-and-cold' 게임에 비유했다. 이 게임은 어른이 아이에게 "뜨거워져(혹은 차가워져)"라고 말함으로써 아이가 목적지 쪽으로 나아가도록 하는 것이다. 회충 역시 피드백에 반응해 방향을 바꾼다. 단, 회충은 여러 가지 맛의 강도—이 경우엔 염분 농도—가 얼마나 변하는지 계산해 피드백을 얻는다. 미적분 용어로 말하자면, 회충은 미분계수를 구해 어떤 양이 특정 지점에서 순간적으로 얼마나 변하는지 알아낸 다음, 그에 맞게 행동을 조정하는 셈이다.

하물며 벌레도 미적분을 할 줄 아는데, 만물의 영장인 인간이 미적분을 피하려 한다는 게 말이 될까. 내가 보기에, 문맹은 부끄러워하면서 수학맹은 용인하는 사회적 분위기를 과학자들이 한탄하는 데는 일리가 있다. 우리는 좀 더 수학적인 사람이 될 수 있다. 그렇다고 모두 수학 천재가 될 필요는 없다. 하지만 기본적으로 수학, 좁게는 미적분이 일상생활에 어떻게 적용되는지 이해해야 하며, 식은땀 흘리지 않고 기초 방정식을 바라볼 수 있어야 한다. 그것은 어쨌든 우리 지성사에서 빼놓을 수 없는 부분이다.

19세기 말의 수학자 스미스William Benjamin Smith는 『무한소 분석Infinitesimal Analysis』의 머리말에서 이렇게 말했다. "미적분은 인간의 지력이 발명한 가장 강력한 생각 무기다." 미적분은 무조건 외우고 따라야 하는 틀에 박힌 규칙이라기보다 유기적 독립체에 가깝다. 물리학자들이 문제

푸는 모습을 지켜보면, 여러분은 엄청난 융통성을 목격하게 될 것이다. 그들은 과제를 완수하는 데 필요한 대로 숫자를 반올림하고 단순화하며 제멋대로 다룬다. 즉, 미적분 틀에 갇혀서 궁리하는 것이 아니라 미적분을 자기 목적에 맞춘다. 주변 세계에서 관찰한 바를 토대로 미적분 문제를 고안하고 푸는 행위는 소설을 쓰거나 교향곡을 작곡하는 행위 못지않게 창의적인 시도다. 따라서 결코 쉬운 일은 아니다. 어떤 일이든 간에 그걸 배우고 익히는 최선의 방법은 열심히 연습하는 것이다.

대학생 시절 나는 수학적 무지를 자랑하려고 "영문학 전공. 수학은 '네'가 해!"라고 적힌 티셔츠를 보란 듯이 입고 다녔다. 한참이 지난 후에야 나는 그런 방어적·적대적 태도가 뭔가를 제대로 이해하는 데 걸림돌이 된다는 것을 깨달았다. 이제 나에겐 새 티셔츠가 있다. 거기 적힌 글은 내 사고방식의 변화를 상징한다. "미적분을 깔보면 나한테도 실례야." 아르키메데스도 분명히 자신의 기하 도형을 그렇게 여겼을 것이다. 그에게 수학은 전능하고 영원하며 목숨보다 소중했다.

무한대 너머로

어떤 x 함수를 y라고 하자.
임의의 값 x_0를 고른 다음에
변화를 조금 주고 Δx라 하자.
그에 따라 y 값도 변화하겠지.
그렇게 얻은 비율 $\frac{\Delta y}{\Delta x}$에서
Δx를 조심조심 0으로 보내자.
다 제대로 했다면 그 극한값이
이른바 $\frac{dy}{dx}$, 바로 $\frac{dy}{dx}$야.

— 톰 레러Tom Lehrer
〈도함수 노래The Derivative Song〉

곰팡내 풍기는 낡은 다락방에서는 무엇이 삭고 있을까? 잊어버린 사진첩, 좀먹은 옷가지, 버려진 장난감들. 어쩌면 보잘것없는 기도서로 위장한 진귀한 수학책 필사본이 있을지도 모른다. 바로 그것이 1990년대 후반의 어느 날 한 프랑스인 가족이 벽장에서 찾아낸 물건이다. 너덜너덜하고 꼬질꼬질한 그 기도서는 가장자리에 그리스 문자의 윤곽이 희미하게 남아 있었고, 사이사이에 그림도 실려 있었다. 귀중한 물건을 찾은 게 아닐까 하여 가족은 그 책을 런던의 크리스티스 경매장으로 가져가 감정을 받았다. 아니나 다를까 그건 재정적인 면에서 약삭빠른 처신이었다. 1998년 그 기도서는 200만 달러에 팔렸다.

그토록 낡고 오래된 책의 무엇이 그렇게 특별했을까? 이 수수께끼는 수많은 과학자가 다양한 파장의 빛으로 디지털 사진을 찍고 엑스레이 촬영으로 형광 이미지를 얻어낸 후에야 제대로 풀 수 있었다.[+] 과학자들은 10년 가까이 분석에 매진한 끝에, 문서 표면의 기도문 바로 아래에 아르키메데스의 글이 있음을 밝혀냈다. 그것도 그저 단상을 적은 글이 아니라, 그 위대한 수학자의 분실된 문헌 두 편이었다. 그중 한 편인 『방법The Method』은 장차 적분학으로 발전할 학문을 역사상 최초로 다룬 저작으로 평가된다.

2000여 년 전 아르키메데스는 파피루스 두루마리에 『방법』을 썼다. 나중에 누군가가 원전을 양피지에다 베껴 적었는데, 그 복사본은 1229년까지 콘스탄티노플 도서관에 방치된 채 썩어갔다. 중세에는 양피지 재활용이 흔한 관습이었다. 어느 날 미로나스Johannes Myronas라는 수도승이 새 종이가 필요해서 그 양피지를 재활용했다. 기존의 잉크를 긁어내 제거한 후, 잔존하는 원문 위에 자신의 기도문을 베껴 썼다. 그런 다음에 기도문이 어떻게 되었는지는 아무도 몰랐다. 한참의 시간이 흐른 후, 1908년 콘스탄티노플 도서관을 방문한 덴마크 언어학자 하이베르그John Ludwig Heiberg에 의해 그 책은 마침내 세상에 모습을 드러냈다. 하이베르그는 잔존 원문을 현미경으로 판독하려 한 첫 인물이었다. 그가 최초의 (불완전한) 필사를 마쳤을 무렵 책은 또다시 사라졌고, 그로부터 90년이 지난 후 프랑스의 눅눅한 벽장에서 다시 발견됐다.

+ 알고 보니 시금치가 수수께끼를 푸는 열쇠였다. 스탠퍼드 대학 싱크로트론 방사 연구소의 물리학자 베르크만Uwe Bergmann은 독일의 한 학회에서 아르키메데스의 팰림프세스트(원본의 일부나 전체를 지우고 덧쓴 고대 양피지 문서) 이야기를 듣고는 자신의 시금치 광합성 연구법을 그 양피지에도 적용할 수 있음을 깨달았다. 그렇게 하면 문서를 훼손할 염려도 없었다. 시금치에는 철분이 들어 있고 팰림프세스트에 쓰인 잉크에도 철분이 들어 있었으므로, 두 경우 모두 같은 기법을 쓸 수 있었다.

이 발견의 중요성을 제대로 인식하려면 역사적 맥락을 어느 정도 파악할 필요가 있다. 이것은 모두 곡선 문제에서 비롯했다. 맨 처음에 유클리드Euclid라는 고대 그리스 수학자가 있었다. 그의 기하학 세계는 평면, 직선, 점으로 단순하게 구성되어 있었다. 가끔 호와 원이 등장해 약간의 다양성을 보여줄 뿐이었다. 이런 내용이 담긴 『원론Elements』은 13권으로 구성되어 있으며, 역사상 가장 영향력 있는 수학 문헌으로 꼽힌다.[+] 유클리드의 기하학 공리 가운데 곡선에 대한 부분이 확연히 부족하다. 그는 분명 곡선 모양에 익숙했을 것이다. 후대의 고대 그리스 수학자 아폴로니오스Apollonios의 글에서 유클리드가 원뿔 단면을 연구했다는 근거를 찾아볼 수 있다(하지만 그 주제에 관해 유클리드가 썼을 법한 논문은 하나도 남아 있지 않다).

원뿔을 절단하면 4가지 곡선이 나온다. 원, 타원, 포물선, 쌍곡선이 그것이다. 어떤 곡선을 얻는가는 원뿔을 자르는 평면의 각도에 달려 있다. 예컨대 단순히 수평으로 자르면 원이 나온다. 평면을 살짝 기울이면 그 원은 타원이 된다. 평면을 원뿔의 한쪽 면과 평행을 이루도록 기울이면 그 타원은 포물선이 된다. 끝으로, 평면을 두 번째 원뿔과도 교차하도록 기울이면 쌍곡선이 생긴다.

[+] 링컨Abraham Lincoln은 안장주머니에 유클리드 책을 넣고 다녔으며, 밤늦도록 등불 곁에서 그 책을 공부했다. 그는 훗날 이렇게 술회했다. "증명이 무엇을 의미하는지 이해하지 못한다면 결코 변호사가 될 수 없을 것이다. 그래서 나는 스프링필드에서 벗어나 고향의 아버지 집으로 갔다. 그 후 나는 유클리드 책 여섯 권의 어떤 명제라도 보는 즉시 암송할 수 있을 때까지 그곳에 머물렀다."

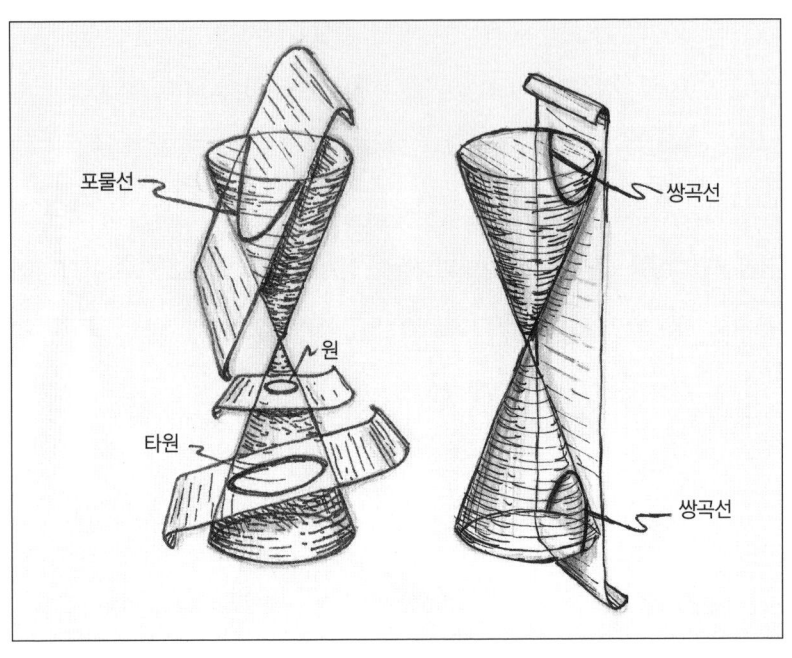

그 밖에도 갖가지 곡선이 많이 있지만, 그것들은 진기한 기하학적 도형에만 비할 바가 아니다. 곡선은 움직이는 기하학적 구조다. 앞뒤로 오가는 진자는 호를 그린다. 낙하하는 사과의 위치 함수 그래프는 포물선 모양이다. 야구공의 궤적도 마찬가지다. 태양 주위를 도는 행성은 타원 궤도로 움직이는 반면, 혜성은 대체로 쌍곡선 궤도를 따라 이동한다. 마찰 저항이 없는 상태에서 진동하는 스프링은 사인파를 형성한다. 이런 운동은 모두 매끈하게 이어지는 곡선 그래프로 나타낼 수 있고, 역으로 그 곡선은 움직이는 물체의 궤도를 예측하는 데 쓸 수 있다. 그런 까닭에 기하 곡선은 미적분 세계의 핵심을 이루며, 내 수학 탐구의 출발점이 되었다.

위험한 곡선들

아르키메데스는 뭔가 발명하길 좋아했는데, 특히 기발한 무기를 만들어 내는 재주가 뛰어났다. 전설에 따르면, 그는 유리나 청동 재질의 거대한 거울을 늘어세워 놓고 태양 광선을 모은 후 초점을 맞추고 방향을 바꿈으로써, 멀리서 적군의 배를 불태울 수 있게 했다. 돋보기로 햇빛을 모아 벌레를 태우는 행위의 확대판인 셈이었다. 고대 역사 기록에 따르면, 이 교묘한 '살인 광선' 장치로 아르키메데스는 기원전 213년 시라쿠사를 포위한 로마 함대를 공격해 잿더미로 만들어버렸다.+

그 목적을 달성하기 위한 최선의 거울 대형은 포물선이었다. 철두철미한 발명가였던 아르키메데스는 바로 그 곡선의 아래 넓이를 어떻게 구할지 고민하기 시작했다. 곡선은 유클리드 기하학에서도 어려운 문제였다. 깔끔한 직선으로 이루어진 삼각형이나 직사각형의 넓이를 계산하는 것은 간단한 문제다.

하지만 고대 수학자들은 곡선 아래 넓이를 구할 수단을 찾으려고 머리를 싸맸다. 아르키메데스가 태어나기 100년 전쯤 그리스의 천문학자이자 수학자인 에우독소스Eudoxus는 곡선 아래 넓이의 참값은 구하지

+ 이것은 12세기 역사가 조나라스Joannes Zonaras의 글에 나오는 이야기다. 그는 이렇게 썼다. "결국 그는 기상천외한 방법으로 로마 함대를 모조리 불살라버렸다. 그는 일종의 거울을 해 쪽으로 기울여 태양 광선을 한 점에 모았다. 두껍고 매끄러운 거울에 반사된 빛이 모이자 커다란 불꽃이 일어났다. 그는 사정거리 안에 정박해 있던 배에 그 빛의 초점을 맞춰 한 척도 남김없이 전부 태워버렸다."

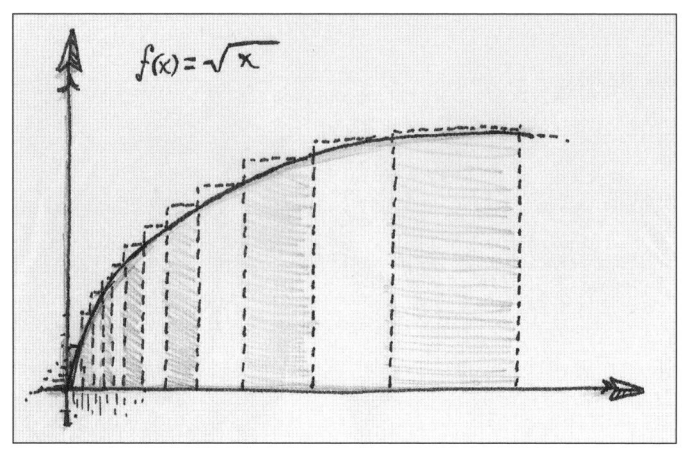

못해도 일련의 직사각형을 거기 채워 넣으면 근삿값은 구할 수 있음을 깨달았다.(위의 그림 참고)

그런 식으로 계산할 경우 우리는 가로와 높이를 곱해 각 직사각형의 넓이를 계산하기만 하면 된다. 각 직사각형 넓이의 합이 곧 곡선 아래 넓이의 근삿값이 된다. 계산 결과를 개선하려면 곡선 아래 넓이를 더 작은 직사각형들로 채운 다음 다시 각 넓이를 구해 합산하면 된다. 직사각형 크기가 작을수록 곡선 아래가 빽빽하게 채워지면서 근삿값이 참값에 가까워질 것이다. 그런데 이런 과정을 세 번, 네 번 반복하면서 직사각형 크기를 줄여나가다 보면 결국 지쳐 쓰러지고 말 것이다. 에우독소스는 이것을 '실진법悉盡法, method of exhaustion'이라고 일컬었는데, 이만큼 적절한 용어도 없다. 에우독소스에 대해 알려진 바는 거의 없지만, 플라톤Platon 밑에서 공부하던 시절 그는 집에서 12킬로미터나 되는 길을 꼬박 걸어가 플라톤의 수업을 들었다고 한다. 피로에 익숙했던 셈이다.

아르키메데스는 배를 불태우는 살인 광선을 고안하는 데 에우독소스의 방법을 응용했다. 그는 삼각형 넓이 계산법을 잘 알고 있었다. 그래서 포물선 안에 하나의 큰 삼각형을 그렸다. 그러자 삼각형 양옆으로 틈이 생겼다. 각각의 틈에 더 작은 삼각형을 그렸더니, 또다시 네 군데의 작은 틈이 생겼다. 이런 식으로 점점 작아지는 틈을 채우기 위해 계속해서 삼각형을 더 작게 그려 넣었다. 그런 다음 각 삼각형의 넓이를 구해 합산함으로써 포물선 아래 넓이의 근삿값을 얻었다.

비록 근삿값이긴 했지만 최종 결과는 아르키메데스가 만족할 만큼 정확했다. 더 중요한 것은 그게 미적분 정의를 향해 내딛은 중요한 첫걸음이었다는 점이다. 실진법 과정을 반복할 때마다 삼각형 크기가 작아지므로, 곡선 아래에 들어가는 삼각형의 수가 많아진다. 어느 순간 삼각형 수(에우독소스의 방법대로라면 직사각형 수)가 무한해진다면, 그때가

'정확한' 곡선 아래 넓이를 얻는 시점이다. 일련의 무한한 대상을 합산하는 이 과정이 바로 적분의 핵심이다.

사실 아르키메데스는, 실용적인 살인 광선을 만드는 데는 곡선 아래 넓이를 어림하는 것만큼 성공하지 못했을지도 모른다. 시라쿠사 포위전의 그 중대했을 법한 순간을 재현하려는 시도가 수년간 여러 차례 있었다. 가장 최근의 시도는 2005년에 MIT 공대생 팀이 주도했다. 그 팀은 거대한 청동·유리 반사경을 샌프란시스코 만 해변에 설치한 후, 50미터 떨어진 곳의 작은 낚싯배에 햇빛을 모아 불을 붙이려고 했다. 하지만 효과가 없었다. 그래서 그들은 배를 더 가까이 20미터 근방까지 움직였다. 이번에는 작은 불꽃이 겨우 일었으나 곧바로 꺼져버렸다.

문제 중 하나는 구름이었다. 거울은 햇빛이 비칠 때만 효과가 있다. 동쪽으로 바다를 접하고 있는 시라쿠사에서 아르키메데스의 장치는 오전에만 유용했을 것이다. 게다가 시간 제약도 있다. 살인 광선의 효과는 곧바로 나타나지 않는다. 항구에 정박한 로마 함대에 불화살을 쏘는 편이 훨씬 실용적이고 효과적이었을 것이다. 이것은 TV 프로그램 〈호기심 해결사Mythbusters〉 진행자들의 결론이었다. 그들은 직접 배 방화를 재현하려다 실패한 후 MIT에 도전장을 내밀었다. 이 프로그램 제작 책임자 리스Peter Rees는 『가디언Guardian』지에서 아르키메데스의 살인 광선 이야기가 전설일 가능성이 크다고 말했다. "그게 불가능하다는 말은 아닙니다. 다만 전쟁용 무기로는 너무나 비실용적이라는 것이지요."

그 무기가 비실용적이라고 판명되긴 했지만, 그걸 만들어본 덕분에 아르키메데스는 기하 곡선의 중요한 측면을 깨달았다. 그는 평평한 거울을 늘어세워, 직선으로 이뤄진 임시변통의 포물선을 만들어냈다. 전체 모양은 포물선에 가까웠다. 어떤 곡선이든 확대하면 할수록 점점 더 직선에 가까워 보인다. 아르키메데스는 이를테면 원을 불변의 정적 완전체가 아니라 무수한 조각(이 경우에도 삼각형)이 합쳐진 축적물로서 역동적으로 볼 수 있음을 깨달았다.

바로 그런 방법으로 아르키메데스는 원 넓이 계산법(반지름과 원주의 곱의 절반)을 증명하려 했다. 이 계산법은 오늘날 수학 교과서에 나오는 일반 공리다. 그게 하도 효과적이어서 아르키메데스는 나중에 에우독소스의 방법을 응용해 구(3차원 원)의 부피를 계산하려고, 구를 구에 외접하는 원기둥에 넣었다. 그 해법이 자기 업적 중 가장 훌륭하다고 여긴 아르키메데스는 자기 묘비에다 원기둥에 내접한 구 그림을 새겨달라고 말했다. 역사 기록에 따르면, 키케로^{Cicero}가 기원전 75년에 시라쿠사에 가서 아르키메데스의 묘비를 찾았는데, 거기에는 정말 원기둥에 내접한 구가 새겨져 있었다고 한다.

실진법의 문제는 계산 과정이 말 그대로 무한정 계속된다는 데 있다. 아무도 곡선의 '정확한' 아래 넓이를 계산할 수 없을 것이다. 그 누가 직사각형이나 삼각형을 무수히 그릴 수 있겠는가? 무한대를 처리해낸 것은 미적분의 중대한 성과다.

대부분의 사람이 처음 미적분과 맞닥뜨렸을 때 그랬듯이 고대 그리스인들은 무한대 개념을 온전히 이해하지 못했다. 그것은 인간의 유한한 정신으로 쉽게 파악할 수 있는 대상이 아니다. 그래서 아르키메데스의 방법론은 아직 적분법의 '발명'에는 미치지 못했다. 그 성급한 로마 병사와 충돌하지 않았더라면 아르키메데스는 적분법을 발명했을지도 모른다. 사이프는 『제로: 위험한 개념의 역사』에서 이렇게 비꼬아 말한다. "아르키메데스를 죽인 것은 로마가 수학에 남긴 가장 큰 공적이다. 로마 시대는 7세기 동안 계속되었는데, 그 세월 동안 이렇다 할 수학적 발전은 전혀 없었다."

그려보라

유럽 수학이 황량한 중세의 침체기를 겪는 동안 동양에서는 진정한 문예 부흥의 기운이 싹트고 있었는데, 특히 바그다드가 9세기 과학과 수학의 문화적 메카로 떠올랐다. 이 지적 부활 이면의 원동력은 칼리프caliph+ 알라시드Hārūn al-Rashīd로, 786년부터 809년까지 이슬람 제국을 통치했다. 그는 세계 곳곳에서 들어온 수학·과학의 고전들을 아랍어로 번역할 것을 엄명했다. 그 고전에는 고대 그리스의 문헌은 물론, 인도·남아시아·중국 학자들의 연구물도 포함되었다. 그의 후계자 알마문Abu Jafar al-Ma'mūn은 한 걸음 더 나아가 '지혜의 집Bayt al-Hikma'을 창설했다. 그것은 이슬람 세계의 최고 지성인들을 모아놓은 학구적 '두뇌 집단'이었다.

그 지성인들 중 한 명인 알콰리즈미Abu Jafar al-Kwarizmi는 현대 대수학

+ 칼리프: 정치와 종교 모두에 권력을 행사하는 이슬람 교단의 지배자를 이르는 말. (옮긴이)

의 선구자로 볼 수 있는 인물이다. 그는 미지수를 방정식으로 푸는 법을 처음 생각해냈다. 알콰리즈미는 양변에 같은 수를 더하거나 빼거나 곱해 방정식 양변의 '균형을 맞추는' 그 지루한 연습 문제, 오늘날까지 고등학생들의 골칫거리가 된 바로 그 문제를 만들어낸 장본인이다. 그는 자기 두뇌의 소산을 '복원과 대비'라고 불렀는데, '복원'을 뜻하는 아랍어가 'al-jabr'인 까닭에 오늘날 우리는 이 분야를 대수학algebra으로 알고 있다.

방정식의 해를 구하는 방법을 개발하면서 알콰리즈미는 우리가 당연시하는 기호를 전혀 쓰지 않았다. 등호는 16세기가 되어서야 나타났다.✝ 그는 현대 대수학의 표기법도 쓰지 않았다. 대신 미지수를 변수가 아니라 단어로, 방정식을 문장으로 표현했다. 사실상 수학 방정식의 본질이란 문장을 상징적 약어로 단순화함으로써 수량을 좀 더 쉽게 다루는 데 있다. 대수학은 기호를 다루고 기하학은 모양을 다루지만, 둘은 수학적으로 연관되어 있다. 그러나 둘은 알콰리즈미의 연구 후 수백 년이 더 흐른 뒤에야 비로소 융합했다. 프랑스 철학자 페르마Pierre de Fermat와 데카르트René Descartes는 17세기 초에 기하학과 대수학의 관계를 명확히 밝힘으로써 미적분 발전에 결정적인 연결 고리를 만들어냈다.

피혁 상인의 아들 페르마는 툴루즈 의회의 고문으로 일하는 법률가였다. 그는 승진이 빨랐는데, 이는 그 시대의 높은 사망률 덕분이었다.

✝ 웨일스의 수학자 레코드Robert Recorde가 등호를 발명한 것으로 알려져 있다. 그는 등호를 처음 이용한 논문 「기지機智의 숫돌The Whetstone of Witte」(1557)로 영국에 대수학을 소개했다.

당시는 걸핏하면 전염병이 도시를 휩쓸고 지나갔다. 페르마도 한때 전염병에 걸렸으나 용케 목숨을 건졌다. 나중에 그는 툴루즈 인근의 판사가 되었는데, 그 시절에는 이단 성직자를 관례적으로 화형에 처했다. 짐작건대, 사리가 밝은 페르마는 판사의 사교 활동이 금기시된다는 점, 그 금기를 깨면 판결 시 이해관계에 흔들릴 수 있다는 점을 알고 있었다. 그런 점 덕분에 페르마는 연구에 파묻혀 수학 증명을 탐독하는 데 저녁 시간의 대부분을 쏟을 수 있었다.

1620년대에 페르마는 2차원 곡선을 고찰한 아폴로니오스의 저서 『평면 자취$_{Plane\ Loci}$』를 처음 접했다. 페르마는 그 고대 학자들의 몇몇 연구 결과를 (엄격하게 수학적으로) 증명하기 시작했다. 그러던 중 아폴로니오스의 기하학적 '진술'을 x와 y 등의 방정식 기호를 사용하여 대수적으로 표현할 수 있음을 깨달았다.

사각형, 삼각형, 곡선 등의 기하 도형은 모두 하나의 방정식으로 표현할 수 있다. 이건 우리가 수학 시간에 외워야 했던 공식들이다. 예를 들어 원은 $x^2 + y^2 = r^2$이고, 아르키메데스의 살인 병기 포물선은 $y = ax^2$이다. 그래프 위의 점은 괄호로 묶은 순서쌍 (x, y)로 나타낼 수 있다. x 값은 한 점이 원점 $(0, 0)$에서 가로축 방향으로 얼마나 멀리 떨어져 있는가를 의미한다. y 값은 세로축에 대해 같은 의미를 띤다. 방정식으로 좌표를 충분히 만들어낸 다음, 데카르트 좌표계[+]에 점을 표시하고 연결하면, 곡선을 얻게 된다. 좌표계 위에 그린 점이 많을수록 더 부드러운 곡선을

✢ 직각 좌표계나 직교 좌표계라고 부르기도 한다. (옮긴이)

얻을 수 있다.

우리가 이걸 데카르트 좌표계로 알고 있는 까닭은 내성적인 페르마가 자기 연구물을 출판 가능한 형태로 다듬느라 꾸물거렸기 때문이다. 페르마의 아이디어는 1637년에 『평면과 입체의 자취 서설 Introduction to Plane and Solid Loci』이 출판되면서 비로소 세상에 알려졌다. 같은 해에 데카르트는 간단히 「기하학 Geometry」이라 명명한 별개의 논문에서 거의 같은 문제를 논했다.

1596년에 태어난 데카르트는 겨우 한 살 때 폐결핵으로 어머니를 여의었다. 아버지는 지방 고등법원 법관으로, 아들의 철학·수학 교육을 라플레슈 대학의 예수회 사제들에게 맡겼다. 그러나 데카르트는 1616년에 법학 학위를 딴 후 '책으로 하는 공부를 그만두고' 다채로운 경험을 최대한 쌓기 위해 세계를 여행하기로 마음먹었다. 한편 데카르트는 철학과 수학에 대한 관심을 거두지 않고 계속해서 두 분야의 지식을 적극적으로 추구했다. 전해오는 이야기에 따르면, 어느 날 그는 침대에 누워 파리 한 마리가 윙윙거리며 날아다니는 모습을 지켜보던 중, 세 수직 교차 축의 방향별 거리를 나타내는 세 수로 파리의 위치를 표현할 수 있음을 깨달았다(그 축은 방 벽 모퉁이의 교차점에서 형성된 선들과 일치했다). 이 통찰은 데카르트 좌표계의 기반을 이루었다. (페르마와) 데카르트는 이 좌표 체계로 각종 도형을 방정식과 숫자로 바꾸었다.

페르마와 데카르트는 곡선과 대수식의 잠재적 변환 개념을 각자 이해했지만, 사람들은 데카르트의 논문을 조금 더 좋아했다. 그 이유는 데카르트의 표기법이 더 쓰기 쉬웠기 때문이다. 하지만 페르마는 그 개념

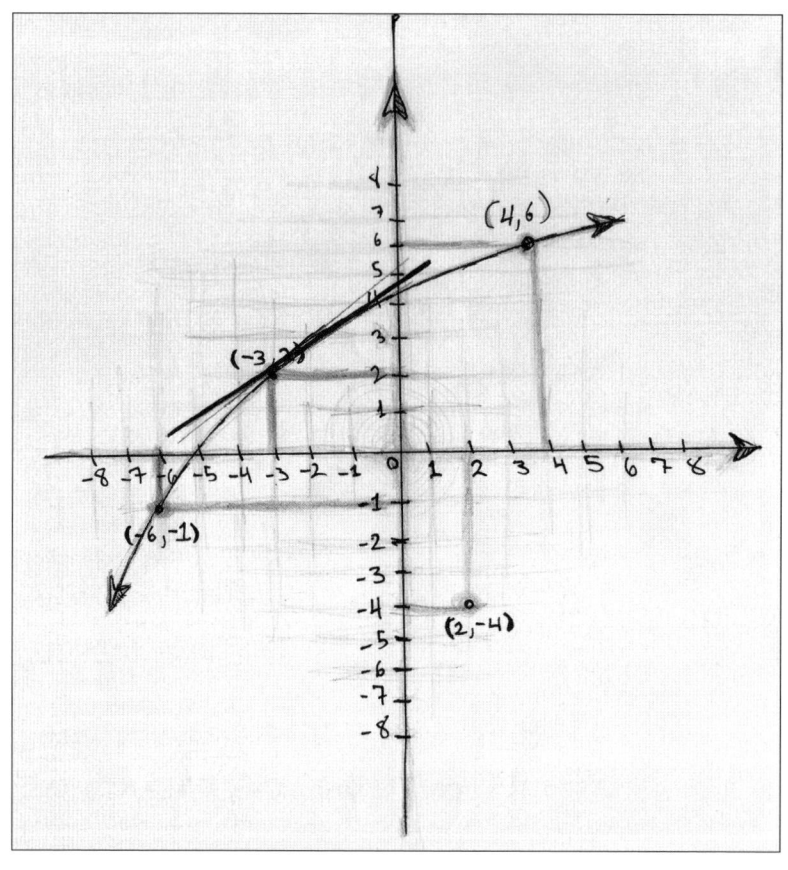

이 어느 쪽으로나 유용함을 깨달았다. 즉 그는 방정식을 그래프로 바꿀 줄도 알았고, 그렇게 얻은 곡선을 연구함으로써 추상적 대수학 연구만으론 밝히기 힘든 측면을 깨닫기도 했다.

무엇보다도 페르마는 수식을 기하 도형으로 변환하면 어떤 범위 안에서 가장 큰 값과 가장 작은 값을 찾기가 쉬워짐을 깨달았다(오늘날 우리는 그걸 최댓값과 최솟값이라고 부른다). 곡선 위의 어떤 점에서든 바로 그 점에만 닿는 직선, 즉 접선을 그릴 수 있다. 접선의 모양을 살펴보기만 하면 우리는 그 기울기를 알아낼 수 있다.

접선 기울기가 양수이면(접선이 왼쪽에서 오른쪽으로 갈수록 높아지면), 해당 수식의 함수는 증가한다. 반대로 접선 기울기가 음수이면(접선이 갈수록 낮아지면), 함수는 감소한다. 기울기가 가파를수록 함수는 더 빨리 증가하거나 감소한다. 최댓값과 최솟값은 어디에 있을까? 바로 접선 기울기가 0이 되는(접선이 수평을 이루는) 곳에 있다. 이전에 아르키메데스가 적분법을 발명하기 직전까지 갔듯이, 페르마는 미분법을 발명하기 직전에 이르렀다.

요컨대 곡선의 아래 넓이는 적분에 해당하고, 곡선의 접선 기울기는 미분계수에 해당한다. 대수학과 기하학이 어우러짐에 따라 미적분이 화려하게 등장할 무대가 마련되었다. 결국 미적분 발명의 영광은 뉴턴과 라이프니츠Gottfried Wilhelm Leibniz에게 공동으로 돌아갔다. 그들은 각각 1660년대와 1670년대에 획기적 발명을 해낸 후, 미적분 발명자의 타이틀을 놓고 장기적인 지적 공방전을 벌였다.

거인들의 싸움

뉴턴은 따로 소개할 필요 없이 현대 물리학의 아버지로 거의 전 세계에 잘 알려져 있다. 이는 그가 화려한 경력이 끝날 무렵 『광학Opticks』에 발표한 빛의 본질론과 전성기에 출판한 걸작 『프린키피아(자연 철학의 수학적 원리)Principia』 덕분이다. 『프린키피아』는 단연코 영향력이 가장 큰 과학서이긴 하지만—18세기 수학자 라그랑주 Joseph-Louis Lagrange는 이 책을 '인간 정신의 가장 위대한 산물'이라고 일컬었다—가장 덜 읽히는 책에 속한다. 중력의 본질과 운동의 법칙을 극히 현학적인 17세기 라틴어 산문으로 표현한, 방정식이 빼곡히 들어찬 3권짜리 수학 이론서가 여름 해변에서 읽을 만한 책은 아닐 것이다. 뉴턴은 '수학을 겉핥기로 아는 사람들의 참견을 피하려고' 그 책을 일부러 어렵게 쓴 듯하다. 거장 뉴턴은 아마추어를 경멸했다.

뉴턴은 영국 링컨셔 주에서 1642년 문맹 자작농이던 아버지가 죽고 두 달이 지난 후에 태어났는데, 예정보다 너무 일찍 나온 데다 몸집도 왜소해 도저히 살아남을 수 없을 것 같았다. 뉴턴이 겨우 세 살이었을 때 어머니 해나는 스미스라는 성직자와 재혼하고 곧바로 집을 떠나 새로운 가정을 꾸렸다. 그 바람에 어린 뉴턴은 조부모에게 맡겨졌다.

아들이 농부가 되길 바란 해나는 열일곱 살의 뉴턴에게 가족 농장을 물려주려 했다. 그러나 뉴턴은 양이나 소를 치고, 닭 모이를 주고, 농산물을 시장으로 나르는 일에 형편없이 서툴렀다. 날이면 날마다 그는 나무 아래 그늘에 드러누워 책을 읽으며 공책에 생각을 적거나, 들판의 한 지점에서 다른 지점으로 팔짝 뛴 후 그 거리를 계산하곤 했다. 그는 분필과 금색 잉크 제조법, '새를 취하게 만드는' 기술, 표음문자를 발명했다. 또 '수차와 댐'을 고안하는가 하면, 잠시 마술 속임수에 관심을 두기도 했다. 요컨대 뉴턴은 능숙한 농부가 되기 위해 배워야 할 온갖 잡일만 '아니면' 무엇이든 했다.

해나는 결국 두 손을 들고 뉴턴을 케임브리지 대학으로 보내 지적인 삶을 추구하게 했다. 거기서 그는 1665년에 과학·수학 학사 학위를 취득했다. 그의 대학원 공부는 케임브리지에 전염병이 도는 바람에 중단되었다. 학생, 교수 할 것 없이 모두 그 도시를 떠났고, 이듬해 뉴턴도 고향으로 돌아와 혼란과 위험이 지나가길 기다렸다. 나중에 그는 이 시기를 "발명과 심화 수학과 [자연] 철학에 관한 한 내 생애 최고의 전성기"라고 술회했다. 그건 허풍이 아니었다. 그는 운동 법칙 3가지와 '만유인력의 법칙'을 내놓았을 뿐 아니라 그것들을 통찰하는 데 필요한 수학적 도구, 즉 미적분법도 발명했다.

"뉴턴은 곡선을 이론상의 단순한 기하 형태나 구조로 여기지 않고 실생활의 곡선으로 생각하기 시작했다. 곡선을 건물이나 풍차 따위의 정적 구조물로만 보지 않고 수량이 변화하는 역동적 운동으로도 본 것이다." 『미적분 전쟁』에서 제이슨 바르디가 한 말이다.

뉴턴이 나무에서 떨어지는 사과를 보고 중력의 핵심을 간파했다는 유명한 (하지만 사실이 아닐 듯한) 일화를 생각해보자. 사과의 위치와 속도는 매 순간 변화한다.+ 물리학자들이 타임 제로(시간 변수 t 값이 0일 때)라고 부르는 시간에는 사과가 아직 나무에 매달려 있다. 몇 분의 1초 후에는 사과가 떨어지기 시작하고, 또 몇 분의 1초 후에는 나뭇가지에서 땅으로 가는 도중이고 등등. 사과는 매우 조금씩(이를 '무한소'라 부른다)

+ 사과가 떨어지기 시작하면 가속도는 일정하다.

낙하하다 결국 땅이나 뉴턴 머리에 떨어진다. 여기서 특정 시각에 대한 사과의 위치를 나타내는 작은 점을 데카르트 좌표계에 하나하나 찍고 연결하면, 포물선의 절반에 해당하는 곡선이 나온다.

곡선을 그린 다음, 뉴턴은 페르마의 이전 연구를 이용해 곡선의 접선 기울기 계산법을 알아냈다. 그 기울기가 바로 미분계수인데, 뉴턴은 이를 '유율^{fluxion}'이라고 일컬었다. 이어서 그는 곡선의 아래 넓이 계산이 정반대 과정에 해당함을 깨달았다. 뉴턴이 통찰한 핵심은 미분계수와 적분의 관계다. 곡선 아래 넓이 계산(적분)은 접선 기울기 계산(미분)의 역이다. 이게 바로 미적분의 기본 정리다.

뉴턴은 다른 흥미로운 관계도 알아차렸다. 사과의 속도는 사과 위치의 미분계수이고, 사과의 가속도는 사과 속도의 미분계수다. 이것은 적분에서도 통한다. 시간에 따라 누적되는 가속도를 합산하면 사과의 속도를 얻을 수 있고, 시간에 따라 누적되는 속도를 합산하면 사과의 위치를 얻을 수 있다. 미적분의 기본 정리 덕분에 한 문제를 다른 문제로 바꿀 수 있게 되었다. 낙하하는 사과의 위치를 알려주는 방정식이 있으면, 우리는 사과의 속도 방정식을 이끌어낼 수 있다.

뉴턴의 방법이 획기적인 까닭은 그것의 보편성 때문이다. 낙하하는 사과의 속도와 위치에 적용할 수 있는 방정식은 태양 주위를 도는 행성, 커피가 식는 속도, 예금계좌의 이자 누적 방식 등 한 수량이 다른 수량과 관련하여 변화하는 체계라면 어디든지 적용할 수 있다. 말하자면 미적분은 교묘한 다용도 도구인 셈이다. 그걸 활용하여 우리는 연습을 많이 하고 창의력을 조금 발휘하면 약간의 정보로 '훨씬' 많은 정보를 추론해낼 수 있다.

현대 미적분에서는 위치, 속도, 가속도 등의 수량이 '함수'로 알려져 있다. 이 개념은 뉴턴 시대에는 존재하지 않았다. 다음은 일종의 교과서적 정의로, 이론적으로 정확하긴 하나 미적분 초보자에게는 실질적 의미를 거의 전달하지 못한다. "함수란 각 x 값에 대응하는 y 값이 하나만 있는 순서쌍의 집합이다."

하지만 함수를 이해하는 또 다른 방법은 그걸 인과 관계로 보는 것이다. 예컨대 변수 x와 y는 완전히 상호의존적이어서 둘 중 하나(원인, 독립변수)가 변하면 다른 하나(결과, 종속변수)도 변한다. 미적분은 바로 이 변화의 속도를 나타낸다. 경제학에서 가격은 변덕스러운 소비자 욕구에 따라 오르내리는 수요와 공급의 '함수'다. 물리학에서 위치에너지는 높이의 '함수'다. 사과의 위치에너지는 사과가 나뭇가지에 얼마나 높이 매달려 있는가에 달려 있다. 그 위치에너지는 사과가 떨어짐에 따라 운동에너지로 변환된다.

뉴턴의 사과의 경우, 위치 함수는 점들—종합해보면 낙하 매 순간의 사과 위치를 설명해주는 점들—의 집합이다. 이와 비슷하게, 매 순간의 사과 속도를 나타내는 점들은 속도 함수를 구성한다. 그러나 함수란 단순히 구성 요소의 총합에만 비할 바가 아니다. 그것은 총합을 초월한다. 함수가 강력한 도구인 까닭은 거기서 우리가 예지력을 얻을 수 있기 때문이다. 이제 우리는 각 순간의 사과 위치나 속도를 구하려고 새로운 계산을 수행할 필요가 없다. 함수만 있으면 우리는 모든 순간의 사과 위치나 속도를 '알 수' 있는 셈이다.

역사가들은 대부분 뉴턴이 미적분의 기본 정리를 최초로 진술했을 뿐 아니라 미분과 적분을 단일 작업에 최초로 적용했다는 데 동의한다(뉴턴이 그런 용어를 쓰진 않았지만). 문제는 그도 페르마처럼 출판을 미뤄 버릇했다는 데 있었다. 페르마의 꾸물대는 태도 덕분에 데카르트는 아무 간섭도 받지 않고 우승을 차지한 후 대수학·기하학 연결의 공동 영예를 주장했다.

뉴턴은 미적분 연구물을 1704년에야 『광학』 뒷부분에 실린 논문 「곡선의 구적법에 관하여On the Quadrature」에서 발표했다. 구적법quadrature은 곡선 아래 넓이 계산법의 아명이다. 그 무렵 라이프니츠가 내놓은 미적분법은 이미 서유럽에서 파문을 일으키고 있었다. 페르마와 데카르트는 퉁명스러운 언쟁을 몇 차례 벌이긴 했지만, 수학적 논쟁에서 대체로 정중한 태도를 유지했다. 반면에 뉴턴의 꾸물거리는 태도는 과학사에서 가장 격렬했던 논쟁, 이름하여 미적분 전쟁을 일으켰다.

1646년 독일에서 태어난 라이프니츠는 어릴 때도 특출한 학생이었다. '조숙'이 그의 가운데 이름이 될 수도 있었다(실제로는 빌헬름이다). 그는 여섯 살 때 아버지가 돌아가시는 바람에 어머니 손에서 자랐다. 어머니는 아들의 지적 재능을 키워주었다. 여덟 살 무렵 그는 아버지의 장서들을 독파하며 라틴어와 그리스어를 독학했는데, 그 덕분에 아리스토텔레스Aristoteles를 비롯한 철학자들의 고전을 읽을 수 있었다. 그는 열다섯 살에 라이프치히 대학에 들어갔고, 2년 후 법학사 학위를 받고 졸업했다. 그의 정규 교육 과정에서 눈에 띄게 빠져 있는 것은 수학이다. 그는 수학을 오로지 독학으로만 배웠다.

라이프니츠는 네덜란드 수학자 하위헌스Christiaan Huygens와 조우하면서 기하학과 운동 수학에 관심이 생겼다. 그는 하위헌스와의 만남으로 "완전히 새로운 세계를 보게 되었다"고 말했다. 한가한 시간에 그런 관심사를 탐구하던 라이프니츠는 1671년에 스텝 레커너step reckoner라는 작고 편리한 기계를 발명했다. 그 기계는 현대 계산기의 전신으로 덧셈, 뺄셈, 곱셈, 나눗셈뿐 아니라 제곱근 계산도 할 수 있었다. 그의 생각은 이랬다. '뛰어난 사람이 노예처럼 계산에 힘쓰며 시간을 허비하는 것은 당치 않은 일이다. 기계를 쓰면 그런 일은 아무에게나 맡길 수 있다. 더없이 훌륭한 지력을 왜 하찮은 산술에 낭비하는가?'

하위헌스의 권유로 라이프니츠는 무한소를 다룬 파스칼Blaise Pascal의 책은 물론, 곡선의 접선 작도 규칙을 만든 슬루스René François de Sluse의 책도 읽었다. 라이프니츠는 파스칼의 무한소 접근법을 슬루스의 접선 규칙과 결합하면 어떤 기하 곡선에든 적용할 수 있음을 깨달았다. 이 똑같은 핵심(그 방법의 보편성)을 간파한 라이프니츠는 결국 뉴턴과 별개로 미적분법을 발명해냈다.

라이프니츠는 1684년에 미분론을 처음 출판하고, 2년 후 적분론을 내놓았다. 이 이론은 돌풍을 일으켰고 뉴턴의 자존심을 상하게 했다. 뉴턴은 자신의 이전 미발표 논문에 들어 있는 생각을 라이프니츠가 훔쳤다고 확신했다. 그 논문은 수년간 학계에서 은밀히 돌아다니고 있었다(뉴턴은 『광학』을 출판하기 한참 전부터 자신의 새로운 기법을 과학 연구에 활용했다). 다음 몇 해 동안 뉴턴 진영과 라이프니츠 진영 사이의 긴장이 심화되면서, 머지않아 충돌이 일어나리라는 소문이 나돌았다. 그러나 비로소 노골적인 전쟁이 터진 것은 뉴턴이 자기 논문을 『광학』에 발표한 후였다.

미적분 전쟁의 선공은 「곡선의 구적법에 관하여」에 대한 익명의 논평이었다. 1704년 초 유럽 잡지에 실린 그 논평은 뉴턴이 라이프니츠의 생각을 '빌렸음'을 암시했다. 라이프니츠는 죽을 때까지 부인했지만, 역사가들은 대부분 라이프니츠가 그 논평을 썼다고 보았다. 그것은 그가 일종의 '양말인형극'을 벌인 적이 있기 때문이었다. 맞수의 저작에 대한 악평을 익명으로 여러 편 쓴 후, 자기 이름으로 쓴 논설에서 그런 악평을 (누가 봐도 호의적으로) 비평했다. 당시 뉴턴은 훨씬 유명한 과학자이자 영국학사원의 핵심 회원이었다. 뉴턴은 양말인형극을 벌이진 않았지만 자신의 상당한 영향력을 행사해서라도 그 과학 분쟁을 진압하려 했다. 과학계에 오랫동안 몸담으면서 뉴턴은 라이프니츠 외에 플램스티드John Flamsteed, 하위헌스, 후크Robert Hooke와도 다투었는데, 매번 험악한 싸움을 겪었다. 뉴턴은 사교적인 사람이 아니었다. 그가 숫총각으로 죽었다는 소문이 날 만도 했다.

라이프니츠에게 보낸 한 편지에서 뉴턴은 자신이 미적분을 발명했다는 '증거'를 제시했다. 하지만 그는 그걸 라틴어 글자수수께끼로 표현했다. 즉 글자 하나하나를 모두 알파벳순으로 늘어놓은 것이다. a 6개, c 2개, d 1개, e 13개, f 2개 등등. 누구든 글자들을 쉽게 재배열한 후, 바로 뉴턴이 핵심 개념을 먼저 알았다는 증거를 찾아낼 듯싶었다. 하지만 '증거'를 해독하려는 사람도 거의 없었을뿐더러, 솔직히 말해 '증거'는 해독된 상태에서도 그리 명백하지 않았다. 대충 번역하면 그 문장은 다음과 같다. "방대한 유량을 포함하는 임의의 방정식에서 유율을 찾아낸다. 그 역도 마찬가지." 이는 그 나름대로 미분계수 개념을 요약한 말이다. 뉴턴은 수학 선생으로는 형편없었을 것이다.

그 논란에서 뉴턴을 편들던 영국학사원은 결국 1715년에 미적분 발명의 공로가 뉴턴에게 있다고 인정했다. 라이프니츠는 공동의 공로를 끝내 인정받지 못하고 이듬해에 세상을 떠났다. 오늘날에는 두 사람이 미적분에 대한 2가지 상보적 접근법을 상징한다고 보는 것이 통설이다. 라이프니츠는 뉴턴보다 더 이론적이었고, 그의 표기법은 현대 과학자들이 아직까지 쓰고 있다. 반면에 뉴턴은 미적분의 실용적인 적용에 좀 더 초점을 맞추었다. 라이프니츠는 미적분calculus이란 용어를 만든 공로를 주장할 수도 있다. 이 용어는 고대 로마인들이 셈을 할 때 쓰던 돌멩이의 이름을 딴 것이다.

미적분법은 과학계에서 곧바로 인정받지 못했다. 아직 찾지 못한 마지막 퍼즐 조각이 하나 있었다. 미적분을 이용하면 정답을 구할 수야 있었지만, 수학자들은 무한소 개념 때문에 엄청나게 애를 먹었다. 또다시 무한성 문제가 못난 고개를 쳐든 것이다. 예컨대 뉴턴은 자기 방법이 효과를 보이게 하려고 신비한 속임수에 어느 정도 의존했다. 그의 주장에 따르면, 유율의 단위는 너무나 작으므로—0과 똑같지는 않으나 무한히 가까우므로—실용적 목적을 위해서라면 무시해도 된다. 뉴턴의 방정식에서 그것들은 사실상 아무 이유 없이 사라져버린다. 방정식이 풀릴 때 유율 단위가 어떻게 되는가에 대한 정확한 설명은 100년이 더 지나도록 나오지 않았다.

라이프니츠는 Δx를 매우 작은 증분을 뜻하는 기호로 채택했다. 이 기호를 쓰면 무한소 개념을 온전히 유지하면서도 실수처럼 다룰 수 있다(현대 표기법에서 과학자들은 dx로 무한소를 나타내기도 한다). 하지만 이 방법도 속임수 같다는 수학자가 많았다. 그런 회의론자들의 우두머리는 아일랜드 주교 버클리George Berkeley다. 1734년(뉴턴이 죽고 7년이 지난 후) 에 버클리는 뉴턴과 라이프니츠가 무한소 개념을 날조했다고 비난했다. 또 무한소를 "죽은 수량의 영혼"이라고 부르며, 그들이 그따위 것을 편하게 생각한다면 "신에 관한 어떤 주장에도 예민하게 반응할 필요가 없을 것"이라고 말했다.

극한을 구하라

매력적인 로맨틱 코미디 영화 〈아이큐I.Q.〉(1994)에서 아인슈타인Albert Einstein(고 월터 매튜 분)은 지식인 조카딸 캐서린 보이드와 마음씨 고운 자동차 정비공 에드 월터스 사이에서 짓궂은 중매인 노릇을 한다. 역사적 사실과 결출한 저명인사에 매료된 나머지, 상당히 자유로운 각색에 반감을 느끼는 사람도 더러 있을 것이다. 그러나 이 영화에는 감탄할 만한 요소가 많이 들어 있다. 하다못해 아인슈타인의 실제 친구 괴델Kurt Gödel, 포돌스키Boris Podolsky, 리프크네히트Nathan Liebknecht도 조연 배역에 포함되어 있다.

정비소 사장 밥은 아인슈타인을 직원 프랭크에게 이렇게 소개한다. "알베르트 아인슈타인 박사님이시라네. 세상에서 제일 똑똑한 분이지!" 그러자 프랭크는 뉴저지 말씨를 한껏 살려 인사한다. "안녕하세요?"

한 멋진 식당 장면에서 캐서린은 에드에게 제논의 역설 중 하나를 간략히 설명해준다. 제논^{Zenon}은 기원전 5세기에 살았던 그리스 철학자로, 운동에 대해 많이 생각했다. 구체적으로 말하면, 그는 모든 운동이 환상일 것이라 추측하고는 이를 '증명하는' 유명한 논증을 제시했다.

캐서린은 그걸 이렇게 설명한다. 그녀가 한 걸음을 내딛어 전체 거리를 반으로 줄이고, 다음 걸음으로 남은 거리를 다시 반으로 줄이고, 그러다 보면 무한히 계속 나아가기만 할 뿐 결코 에드에게 가지 못할 것이다. 둘 사이의 거리는 점점 줄어들겠지만 0이 되지는 않을 것이다. 여기에는 둘의 지적 수준 및 사회적 지위의 간격을 메울 방법이 없다는 캐서린의 믿음이 숨어 있다. 그러나 실천가 에드는 그냥 그 가상의 선을 넘어 간격을 없애버린다. "그런데 제가 어떻게 해냈죠?" 당황한 캐서린은 말을 더듬는다. "그……글쎄요." 하지만 미적분을 알고 있었다면(알아야 하고말고), 그녀는 그 '수수께끼'를 쉽게 풀었을 것이다.

아마 여러분도 제논 역설의 한 변형을 접해본 적이 있을 것이다. 나도 그런 적이 있다. 남들 앞에서 인정하자니 창피하지만 나는 그게 미적분의 본질과 관련되어 있는 줄 몰랐다. 한 역설에서 제논은 자신의 주장을 설명하려고, 식당의 젊은 커플이 아니라 표적[+]—우리 고등학교 수학 선생님이라고 치자—으로 날아가는 화살을 예로 든다. 하지만 기본 개념은 같다. 표적까지 가려면 화살은 전체 거리의 처음 절반을 가고, 또

남은 거리의 절반을 가고 하는 식으로 무한 번 이동해야 한다. 이 논리에 따르면, 화살과 표적 사이의 거리가 점점 줄어들긴 하겠지만, 화살이 그 간격을 완전히 없애고 표적에 도달하지는 못할 것이다. 수학 선생님은 살아남아 또 우리를 괴롭힐 것이다.

이에 못지않은 역설적인 추론이 또 있다. 어느 순간에서든 화살은 고정된 특정 위치에 있다. 즉 어떤 시간에서든 한 장소에만 존재할 수 있다. 이 말은 엄밀히 따지면 화살이 각 특정 순간에 정지해 있다는(움직이지 않는다는) 뜻이다(전체적으로 보면 각 점들이 모여 움직이는 화살이 되긴

+ 또 다른 제논 역설에는 거북이와 도보 경주를 벌이는 아킬레스가 나온다. 아킬레스가 훨씬 빠르므로 거북이가 먼저 출발한다. 아킬레스가 거리를 절반으로 좁힐 때마다 거북이도 조금 더 앞으로 나아간다. 둘 사이의 거리가 점점 줄어들긴 하지만, 아킬레스는 결코 거북이를 따라잡지 못한다. 그 진행은 영원히 계속되기 때문이다. 하지만 실제로는 그렇지 않다. 아킬레스는 거북이를 아주 쉽게 제칠 것이다.

하지만). 어쨌든 운동이란 물체의 위치가 시간의 흐름에 따라 변하는 방식의 표시다. 하지만 운동을 무한히 작은 증분 ─ 영화필름 뭉치의 각 프레임과도 비슷하다 ─ 으로 분해해보면, 우리는 물체가 0시간 동안 움직인 거리, 즉 순간적인 운동 거리를 구하고자 했음을 자각하게 된다. 고로 이것은 역설이다.

현실 세계에서 이런 일은 일어나지 않는다. 결국 화살은 표적에 이를 것이고, 수학 선생님은 그 극한을 저주하며 숨을 거둘 것이다. 에드는 캐서린과의 간격을 없앨 것이고, 둘은 그 후로 계속 행복하게 살 것이다. 이처럼 상식에 비춰보면 그 논증은 설득력이 다소 떨어진다. 그러나 제논은 자기 역설이 곧이곧대로 받아들여지길 바라지 않았다. 그리스인들은 이 문제의 정교한 수학적 해법이 없었을지는 몰라도, 이 모순을 해소해야 할 필요성만큼은 분명히 인식하고 있었다.

수학적으로 말하자면 문제는 여기에 있다. 제논의 역설은 그 진행이 궁극적 목표, 즉 극한 없이 무한히 계속되리라는 가정에 기초한다. 그러나 물리적 현실에서는 무한한 연속물에도 어떤 유형의 극한이 존재할 수 있다. 무한한 연속물에도 유한한 합계가 있을 수 있다. 화살과 표적의 경우, 속도가 늘 일정하더라도 두 점 사이의 거리가 줄어들면 앞으로 경과할 시간도 줄어든다.

무한성 문제는 2000년간 수학계의 위대한 지성인들을 쩔쩔매게 했다. 그리스인들은 0이라는 개념이 없었을 뿐 아니라, 두 점 사이의 유한한 거리를 무수한 조각들로 나눌 수 있음을 이해하지도 못했다. 그들이 생각하기에, 날아가는 화살의 연속적 운동은 무한한 수의 불연속적 단계들로 나뉜다. 그런데 무한한 수란 것이 분명히 존재하므로 그리스인들은 화살이 표적을 향해 영원히 날아가리라고 상상했다.

그 문제를 해결하려고 아리스토텔레스는 '잠재적 무한'과 '실제적 무한'을 구별한 후, 후자는 존재하지 않는다고 주장했다. 어떤 선이 길어질 가능성은 항상 있다. 그것은 잠재적으로 무한하다. 하지만 실제로 무한히 긴 선이 있을까? 그건 있을 수 없다. 아리스토텔레스를 뒤따른 아르키메데스는 실진법으로 곡선 물체의 정확한 넓이를 구할 수 있다고는 주장하지 않았다. 그걸 구하려면 실제로 무한한 수의 삼각형이나 직사각형이 필요할 테니까. 아르키메데스는 누구든 마음 내키는 만큼 근삿값을 개선할 수 있다고 말했을 뿐이다. 이 개념을 그 역시 잠재적 무한성이라고 불렀다. 아니면 역사가와 수학자들이 그렇게 믿었거나.

1990년대에 아르키메데스의 팰림프세스트를 재발견한 사건이 그렇게 중요한 것은 바로 이 때문이다. 1908년에 하이베르그는 관련 페이지를 베껴 적지 못했다. 너무 심하게 훼손되어 있었기 때문이다. 현대의 분석법 덕분에, 오랫동안 베일에 가려 있던 글이 비로소 모습을 드러냈다. 이번에는 스탠퍼드 대학 수학사 교수 네츠Reviel Netz가 복원된 글의 필사 작업을 맡았다. 네츠의 사본에서 암시하는 바에 따르면, 아르키메데스는 역사가들이 짐작한 정도보다 무한 개념을 훨씬 깊이 이해하고 있었다. 그뿐만 아니라 손톱 모양의 도형 부피를 계산하면서 실제적 무한성 개념을 고려해보기도 했다.

하지만 그긴 무한성의 엄격한 수학적 증명을 내놓은 것과는 다르다. 무한소 문제 해결의 공로를 인정받은 사람은 18세기 수학자 장 르 롱 달랑베르Jean le Rond D'Alembert다. 달랑베르의 일대기를 전기 영화로 만들면 오스카상을 받을지도 모른다. 그는 고아였다. 그의 이름은 그가 발견된 파리 교회의 이름 '세인트 장 바티스트 르 롱Saint Jean Baptiste le Rond'에서 따왔다. 그는 유리 직공의 손에서 자랐는데, 친부모가 장군과 귀부인이라는 사실을 나중에 알아냈다.

돌이켜보면 제논의 운동 문제에 대한 달랑베르의 통찰은 너무나 당연해 보인다. 활로 쏜 화살은 여행길에 오른다. 화살이 날아감에 따라 여행은 무수한 세부 단계로 나뉜다. 하지만 화살의 여행은 무한정 계속되지 않는다. 도착지, 즉 우리 수학 선생님이 있다. 그 궁극적 도착지가 바로 극한이다. 화살이 도착지에 이르기 전에 작은 여행을 무수히 하긴 하지만, 그런 작은 여행이 모두 합쳐진다는 것은 곧 화살이 표적을 꿰뚫는다는 뜻이다. 그 합산 과정이 바로 적분이다.

캐서린과 에드의 예로 돌아가 설명해보자. 에드가 한 걸음을 내딛을 때마다 둘 사이 거리는 절반으로 줄어든다. 우리는 그 거리를 모두 더해볼 수 있다. $1 + \frac{1}{2} + \frac{1}{4} + \frac{1}{8} + \frac{1}{16}$ ……. 결국 1과 '무한한 연속물'은 점차 2에 가까워짐을 알 수 있다. 이걸 확인하려면 '극한을 구해'보면 된다. 2가 극한이라면, $2-1=1$, $1-\frac{1}{2}=\frac{1}{2}$, $\frac{1}{2}-\frac{1}{4}=\frac{1}{4}$, 이런 식으로 무한히 계속될 것이다. 이런 계산을 반복할 때마다 결과 값은 0에 가까워질 것이다. 에드는 여전히 두 걸음 거리를 가로지르지만, 어떻게 보면 그러면서 무수한 걸음을 내딛는 셈이다.

이것은 미적분 초보자에게 가장 흔한 걸림돌이 된다. 0.9999…라는 개념이 사실상 1과 같다니! 어느 늦은 밤 내가 극한을 이해하려고 끙끙

대고 있을 때, 남편 숀은 이걸 끈기 있게 설명해주었다. 하지만 나 역시 이 수학적 사실을 선뜻 받아들이지 못했다. 직관적으로 우리는 분수를 유한합이라고 생각한다. 아무튼 우리는 파이의 $\frac{1}{9}$조각을 먹어본 적이 있지 않은가. 하지만 우리는 π나 황금비 ϕ 같은 무리수에 대해서도 배운다. 무리수에서는 일련의 소수 전개가 그야말로 영원히 계속된다.

바로 그게 내 실수였다. 나는 0.999…가 1에 점점 가까워지되 정확히 그 값에 이르지는 않는 무리수라고 생각했다. 이는 사실이 아니다. 0.999…는 소수부에서 같은 수가 끝없이 반복되는 유리수이고, 따라서 유한합이 있다. 이 무한소수의 극한은 1이다. 이 말은 곧 0.999…가 무한급수가 아니라 일정한 값이라는 뜻이다. 모순 같기도 하지만, 사뭇 다른 두 수학적 표기는 그럼에도 같은 수를 나타낸다. 수학 선생님에게 0.999999…는 1의 다른 표기법일 뿐이다.[+]

미적분은 미세한 지식이 모이고 모여 획기적인 전체를 이루면서 발명되었다고 볼 수도 있다. 하지만 함수와 마찬가지로 미적분은 부분의 합에만 비할 바가 아니다. 미적분 덕택에 우리는 정적 용어가 아니라 역동적 용어로 주변 세계를 이해할 수 있게 되었다. 수학자 버린스키는 『미적분 여행』에서 이렇게 이야기한다.

"우리는 끊임없이 발전하고 쇠퇴하는 세계에서 살고 있다. 우리 주변의 만물은 우주를 빙빙 도는 지구의 표면 위에서 흔들거리고 있다. 기

[+] 이를 간단히 증명해보자면 다음과 같다. $x=0.999…$라고 하면 $10x=9.999…$다. 뒤의 식에서 앞의 식을 빼면 $9x=9$가 된다. 그러므로 $x=1$이다. (옮긴이)

하학이 뼈대라면, 미적분은 살아 있는 이론인 만큼 살과 피와 조밀한 신경망에 해당한다."

삶은 끊임없이 움직이고 변한다. 요컨대 삶은 구불구불하다.

미치도록 달리고 싶다

우리는 운동을 주목할 때만 시간을 감지한다. (……) 우리는 시간으로 운동량을 측정할 뿐 아니라 운동량으로 시간을 측정하기도 한다. 둘은 서로를 규정짓기 때문이다.

— 아리스토텔레스

길고 곧은 사막 도로가 열기 속에서 아른거리며 저 멀리 지평선까지 뻗어 있다. 이 음울한 장면은 리들리 스콧Ridley Scott 감독의 고전 영화〈델마와 루이스Thelma and Louise〉의 오프닝이다. 상징적 이미지가 된 이 장면은 두 여인의 장엄한 종말을 암시한다. 마지막에 그들은 1966년형 선더버드 컨버터블을 타고 그랜드캐니언의 절벽에서 떨어지며 영화사에 영원히 기록된다.

주간州間 고속도로 I-15의 로스앤젤레스~라스베이거스 구간은 그렇게 극적으로 끝없이 뻗어 있진 않다. 하지만 잔인한 한여름 땡볕 아래서 장장 3시간을 운전하고 나면, 도로가 영원히 계속될 수도 있겠다는 생각이 든다. 차들이 기어가다시피 하면 더더욱 그렇다. 이 체증은 도로 공사 때문이다. 캘리포니아 주는 트럭 전용 하행선을 증설하고 있다. 그런데 무엇 때문인지 상행선의 교통도 느려졌다. 델마와 루이스였다면 그냥 가속페달을 밟으며 길을 뚫고 나갔겠지만, 우리는 소심한 준법 시민이라 운명을 순순히 받아들인다.

우리는 반짝반짝한 빨간색 프리우스를 타고 I-15 도로 위에 있다. 둘 다 라스베이거스 극성팬이기 때문이다. 가끔 주말여행을 떠나 포커 게임도 하고 쇼핑도 하고 고급 식당이나 온천욕장에서 즐거운 시간을 보내고 나면 기분이 상쾌해진다. 자동차 여행은 동적인 변화율을 다루는 미적분의 좋은 예가 되기도 한다. 운동이란 본질적으로 시간에 대한 위치의 변화다. 지금은 교통 체증 때문에 시간에 따라 위치가 얼마나 변하는지 따질 필요가 없다. 사실 현시점에서 우리는 거의 안 움직이고 있다. 시속 10마일도 채 안 되는 속도로 조금씩 움직인다. 그러는 동안 우리 배 속은 캘리포니아 주 베이커라는 소도시(인구 600여 명)의 매드그릭 카페에서 파는 '세계 최고의 지로'[+]와 팔라펠 샌드위치를 맛볼 생각에 꼬르륵거리고 있다.

장거리 자동차 여행에서는 할 일이 정말 없다. 사막 고속도로를 기어가는 동안 배기가스를 들이마시며 보는 풍경이라곤 먼지 자욱한 언덕, 굴러다니는 회전초, 길게 늘어선 뒷범퍼들뿐이다. 그러므로 지금은 어느 때 못지않게 미적분 기본 문제를 풀기 좋은 시간일 듯싶다. 나는 이미 지루하고 배고픈 데다 짜증도 난다. 게다가 우리가 처한 곤경은 현대식 복장을 갖춘 제논의 역설을 연상시키기도 한다. 제논의 상징인 토가와 샌들을 표백된 리바이스 청바지와 멋진 타조가죽 부츠로 바꿨다고나

[+] I-15를 따라 띄엄띄엄 설치된 매드그릭 카페 광고 메뉴판에 이렇게 적혀 있다.

할까.

생각해보라. 우리의 운동이 시간과 거리의 무한히 작은 증분으로 나뉜다면—미적분 수업 시간에 그랬듯이—도대체 어떤 의미에서 우리는 자신이 '움직인다'고 주장할 수 있을까? 시간과 공간 속에서 위치가 끊임없이 변하더라도 나는 미적분이라는 도구로 순간속도—임의의 순간에 우리가 얼마나 빨리 가고 있는가—를 구해 현대의 제논 역설을 해결할 수 있다. 그런데 만약 모든 시점의 순간속도를 알고 있다면, 그 정보로 우리의 여행 거리(우리의 위치)를 알아낼 수 있을까? 믿음직한 주행계를 엿보지 않고? 미적분 말로는 자기는 할 수 있단다.

빠져나갈 길이 없군!

우선 예비미적분에서 시작해보자. 여기서는 매우 이상적인 조건의 최대한 단순한 예를 이용해 순간속도 개념을 살펴볼까 한다. 내 상상 속에서 I-15는 신비롭게도 〈델마와 루이스〉의 일직선 도로로 바뀐다. 단, 이 길은 끝없이 뻗어 있는 것이 아니라 무수한 점을 사이에 두고 로스앤젤레스의 우리 집과 라스베이거스의 룩소르 호텔을 잇는다.

우리가 룩소르 호텔 입구로 진입하는데 앞에 웬 경찰차가 멈춰 선다고 상상해보자. 경찰관들은 손이 몇 킬로미터 떨어진 곳에서 빨간불을 무시하고 달렸다고 주장한다. 손은 부인한다. 증거로 그들은 시간이 기록된 감시카메라 사진을 보여준다. 거기 나오는 프리우스는 차체 앞부분이 교차로를 통과하기 직전이다. 숀은 말한다. "좋습니다. 하지만 그 사진이 입증하는 건 프리우스가 그 시각에 그 지점에 있었다는 것뿐입니다. 즉, 우리의 위치만 알 수 있을 뿐 속도는 알 수 없습니다. 우리 차가 거기서 신호를 안 기다리고 실제로 움직였다는 걸 그 사진으로 어떻게 증명합니까?" 그는 과학자다. 증거가 필요하다. 가상의 벌금을 물고 싶진 않다. 숀의 주장에 따르면, 그가 빨간불을 무시하고 달렸음을 증명하려면 경찰관들은 촬영 순간의 자동차 순간속도에 대한 결정적 증거를 제시해야 한다.

그 경찰관들에겐 속도를 직접 측정하는 스피드건이 없다. 그러나 숀에겐 안됐지만 그들은 수학에 조예가 깊다. 그들은 1분 전 비슷한 교차로에 있던 프리우스의 시간 기록 사진을 확보하고 있다. 따라서 경찰관들이 신호등 앞의 우리 위치(2분 표지)를 제시하고 거기서 이전 교차로의 우리 위치(1분 표지)를 빼 그동안의 프리우스 이동 거리를 구하는 일은 식은 죽 먹기다. 바로 1마일(약 1.6킬로미터)이다. 이어서 그 1마일을 이동 소요 시간으로 나누면 분속 1마일, 즉 시속 60마일이라는 자동차 평균속도가 나온다.

아! 하지만 숀은 쉽게 포기하지 않는다. 반론이 하나 더 있다. 경찰관들은 프리우스가 일정한 속도로 움직였다고 가정하고 있다. 하지만 운전 경험이 있는 사람이라면 자동차 속도가 좀처럼 일정하지 않다는 사실쯤은 알고 있다. 평균속도가 분속 1마일이라고 해서 그게 우리가 교차로를 가로지를 때의 순간속도라는 법은 없다.

경찰관들은 눈 하나 깜짝 안 한다. 그들은 스피드건 대신 가상 도로 구간을 어떤 최첨단 과학 기술로 보완해두었다. 그것은 도로 구간을 온갖 간격으로 나누고 매 간격에 나노미터 단위의 초소형 감시카메라를 설치하는 기술이다. 이 이야기가 '불신의 자발적 보류willing suspension of disbelief'[+]를 유도한다고 봐도 좋다. 하지만 지금 속도로 나노 기술이 발전하다 보면, 이와 흡사한 시나리오가 머지않아 현실이 될 것이다.

가상의 나노 감시카메라 덕분에 경찰관들은 프리우스의 시간 기록 사진을 무수히 확보하고 있다. 그 사진들은 이 최첨단 도로를 따라 무한히 좁은 간격으로 찍은 것들이다. 이것은 눈에 똑똑히 보이는 증거[++]로, 우리가 집을 떠난 후 모든 시점의 자동차 위치를 입증한다. 미적분 용어로 말하면 위치 함수인 셈이다. 경찰관들은 프리우스의 위치를 시간의 함수로 파악하고 있는 것이다. 감시카메라로 알아본 결과, 프리우스가 신호등에 접근했을 때 등간격들 사이의 시간이 더 짧았다. 이 말은 곧 우리가 실제로 가속하고 있었다는 뜻이다.

가상의 도로를 일정 속도로 주행하는 시나리오든 속도가 끊임없이 변하는 복잡한 현실적 시나리오든 기본 개념은 똑같다. 가속하고 있더라도 프리우스는 여전히 매 순간 특정 속도로 달린다. 어떤 경우든 나는

[+] 불신의 자발적 보류는 문학의 공상적·비현실적 요소를 정당화하는 방식의 하나. 이 개념을 제시한 영국 시인이자 미학자 콜리지Samuel Taylor Coleridge에 따르면, 작가가 환상적 이야기를 재미있고 그럴싸하게 만들어내면 독자는 그 이야기의 사실성에 대한 판단을 보류할 것이다. (옮긴이)
[++] 『오셀로Othello』, 3막, 3장, 365행.

위에서처럼 극히 반복적인 과정으로 증거를 모아 자동차의 속도 및 위치를 입증할 수 있다. 특정 순간에 자동차가 얼마나 빨리 가고 있었는지 밝혀내려고 나는 위에서 설명한 계산을 몇 번이고 되풀이해 간격을 끝없이 좁힌다.

단, 이번에는 결정적인 차이점이 하나 있다. 나는 (속도가 일정한 시나리오에서처럼) 늘 같은 답을 얻는 것이 아니라 매번 조금씩 다른 답을 얻는다. 하지만 간격이 좁아질수록 답은 분속 2마일이라는 하나의 수렴값에 가까워진다. 답은 결코 '정확히' 2가 아니다. 그러나 그것은 분명히 하나의 값에 매우 가까이 접근한다. 극한이 못난 고개를 쳐든다. 문제가 되는 시점의 자동차 순간속도가 분속 2마일이라고 단정해도 괜찮을 것이다.

기발하지 않은가? 뉴턴과 라이프니츠에게, 두 사람 전후의 무수한 수학자에게 경의를 표하는 바이다. 그들은 미분 공식이 유효하다는 증거를 충분히 모을 때까지 똑같은 계산 과정을 몇 번이고 반복했다. 그들의 노력 덕분에 우리는 이 엄청난 반복 과정을 위치 함수의 도함수 도출 과정으로 간소화해 속도 함수$^+$를 얻을 수 있다. 그러고 나면 기본 대수학으로 돌아갈 수 있다. 알아보려는 시점의 값을 함수에 넣기만 하면, 바로 그 순간의 속도가 나올 것이다. 이것이 미적분의 힘이다!

하지만 그 무엇도 숀이 가상의 신호위반 딱지를 면하는 데는 도움이 되지 않는다. 그는 울며 겨자 먹기로 패배를 인정한다. 훌륭한 과학자

✛ 이 과정의 수학적 분석은 부록 1에 나온다.

들의 공통된 특징은 애지중지하던 가설이라도 실험적 증거에 모순되면 두말없이 버리는 태도다. 하지만 그렇다고 그들이 그러면서 행복해한다는 뜻은 아니다.

모든 것들의 합

미분은 아주 간단하다. 반면에 적분은 조금 까다롭다. 개념적으로 적분은 도함수의 뒷면일 뿐이다. 도함수가 있으면 나는 자동차의 위치가 시간별로 변하는 방식에 기초해 속도를 알아낼 수 있다. 적분이 있으면 나는 최첨단 도로의 여러 위치에서 측정한 프리우스 속도에 기초해 우리가 얼마나 멀리 여행했는지 알아낼 수 있다.

현대 과학기술 덕분에 나는 자동차의 주행계와 내장형 GPS 시스템으로 답을 찾을 수 있다. 하지만 만약 주행계와 GPS가 고장 났는데 차 한 대 안 보이는 외딴곳에서 오도 가도 못하고 있다면 어떻게 할 것인가? 내장 컴퓨터와 센서 뭉치가 뒤섞인 그 허풍선이들은 어쨌든 무척 예민하다.

휴대전화가 아직 제대로 작동한다면 우리는 미국자동차협회에 전화할 수 있다. 하지만 우리의 정확한 위치를 그들에게 알려줘야 한다. 여기는 이렇다 할 지형지물이 없다. "왼쪽 세 번째 회전초, 커다란 바위 바로 옆입니다"라고 말해가지곤 범위를 충분히 좁히지 못할 것이다. 우리는 아직 베이커를 지나지 않았음을 알고 있다. 설령 매드그릭 카페를 지나쳤더라도—건물을 그리스 국기 색으로 화사하게 칠하고 그리스 나신상의 복제 석고상으로 입구를 꾸며놓긴 했지만—베이커의 다른 명물 '세계 최대의 온도계'만큼은 분명히 알아볼 것이다. 베이커는 로스앤젤레스 우리 집과 라스베이거스 룩소르 호텔 사이의 188마일 표지에 위치한다. 발이 묶이기 한 시간 전에 우리는 커피를 마시려고 바스토우라는 도시에 들렀다고 치자. 그곳에는 110마일 표지가 있다. 따라서 우리는 로스앤젤레스 집에서 100마일 떨어진 곳과 188마일 떨어진 곳 사이의 어딘가에 있다.

우리 속도가 완벽히 일정하다면 이 문제는 간단하다. 미적분까지는 필요치 않을 것이다. 가령 일정 속도가 시속 60마일이고 우리가 집을 떠난 지 정확히 1시간이 지났다면, 시간과 속도를 곱해, 60마일을 달려왔다고 결론지을 수 있다. 이는 꽤 훌륭한 근삿값일 것이다. 그러나 이는 실제 운전 상황을 반영하지 않는다. 자동차 속도는 끊임없이 변한다. 교통이 혼잡하다가도 어느 순간 길이 뚫리면 속도광 남편은 잃어버린 시간을 만회하려고 시속 60마일 이상으로 밟아댈 것이다.

내가 확보하고 있는 명확한 속도 정보는 속도계를 체크해 얻은 것뿐이다. 다행히도 그 정보만 있으면 나는 우리의 이동 거리를 알아내 미국자동차협회에 위치를 정확히 알려줄 수 있다. 속도계는 여행의 모든 순간의 속도를 보여준다. 이를 종합하면 우리의 속도 함수가 나온다. 그러므로 임의의 순간에 우리가 얼마나 빨리 기고 있었는지 정확히 알 수 있을 것이다.

그런데 속도 변화를 어떻게 계산에 넣을까? 나는 정답 주위에 경계를 설정함으로써 거리 계산에 활용할 수 있는 범위를 얻는다. 우선 그 여행을 작은 시간 증분으로 분해한 후, 구간별로 가장 느린 속도—첫 구간의 경우 바스토우를 떠날 때의 속도—에 기초해 일련의 계산을 한다. 그 구간별 조각들을 합산하면 전체 여행 거리의 근삿값에 도달한다. 그러나 이는 실제 여행 거리를 과소평가한 값일 것이다. 이번엔 각 구간의 가장 빠른 속도에 대해서도 똑같은 계산 과정을 수행해본다. 결과로 나오는 근삿값은 우리의 이동 거리를 과대평가한 값일 것이다. 따라서 정확한 이동 거리는 두 값 사이의 어딘가에 있음을 알 수 있다. 계속해서 전체 여행 구간을 더 작은 시간 증분으로 분해한 후, 구간별 최대 속도와 최소 속도에 대해 똑같은 과정을 수행하여 근삿값 범위를 좁힌다. 이때 구간별 시간 간격은 좁을수록 좋다. 미세한 시간과 거리에서 속도가 급변할 가능성은 적기 때문이다.

이상 세계에서 나는 극도의 인내력으로 간격을 좁히며 이 지루한 과정을 계속해 여행 거리의 근삿값을 개선해나간다. 근삿값 범위는 점점 좁아져 하나의 답에 수렴한다(정확히 그 값에 이르진 않지만). 이 경우에 그 값은 172마일에 수렴한다. 이 지점은 고속도로가 실제로 자이직스 도로 Zzyzx Road와 교차하는 곳이다. 이제 172마일에서 110마일(우리가 마지막으로 정차한 바스토우 내 위치)을 빼기만 하면 된다. 우리는 1시간 전에 바스토우에서 멈춘 이후로 62마일을 이동한 셈이다.

나는 시간 구간을 단 한 번만 분할해서 수렴값을 알아내진 않는다. 그걸 알아내려고 근삿값을 무수히 여러 번 개선한다. 이 예비미적분 연습문제에서는 일련의 근삿값만 나오긴 하지만, 언젠가 간격이 극히 좁아지면 근삿값과 참값의 차이가 미미해질 것이다. 우리가 I-15와 자이직스 도로의 교차점에서 1미터 떨어진 곳과 3미터 떨어진 곳 사이에 있다고 말해주면 미국자동차협회는 우리를 찾아낼 것이다. 하지만 적분을 이용하면 문제가 훨씬 간단해진다. 속도 함수로 속도를 시간에 대해 적분하기만 하면 내 위치의 '정'답이 나온다. 실진悉盡(기진맥진)할 필요 없는 에우독소스식 방법이랄까.

운전 교육

위에서 설명한 예비미적분 방법으로 순간속도와 위치를 제법 정확히 구할 수 있다면, 도대체 미적분이 왜 꼭 필요한 걸까? 이건 결국 함수 문제로 귀결된다. 함수가 있으면 곡선의 모든 점에 대해 일련의 계산을 끝없이 수행하지 않아도 모든 값을 한 번에 얻어내 상당한 노력과 시간을 아낄 수 있다. 함수가 있으면 우리는 엄청난 예지력을 얻을 수 있다. 더군다나 함수들은 유기적으로 서로 연관되어 있다. 속도 함수는 위치 함수의 도함수이고, 가속도 함수는 속도 함수의 도함수다. 가속도 함수를 적분하면 속도 함수가 나오고, 속도 함수를 적분하면 위치 함수가 나온다. 이런 관계 덕분에 우리는 아는 정보에서 모르는 정보를 이끌어낼 수 있다.

『제로: 위험한 개념의 역사』에서 찰스 사이프는 일반적인 방정식을,

우리가 어떤 수를 입력하면 다른 수를 도로 내놓는 기계에 비유한다. 바로 그게 함수가 하는 일이다. 임의의 수를 함수에 넣으면, 함수는 새로운 수를 내놓을 것이다. 도함수나 적분을 구하는 일도 마찬가지다. 단, 이 경우에 우리는 기계에 함수를 넣고 기계는 그에 응해 새로운 함수를 내놓는다. 이는 더 높은 수준의 추상 작용일 뿐이다. 그런 식으로 우리는 미적분을 이용해 한 문제를 다른 문제로 변환한다. 사이프는 이렇게 말한다.

"자연은 평범한 방정식으로 이야기하지 않는다. 자연은 미분방정식으로 이야기한다. 미적분은 우리가 미분방정식을 세우고 푸는 데 필요한 도구다. 문제의 조건을 설명하는 방정식을 집어넣으면 (……) 답을 암호로 표현하는 방정식이 튀어나온다."

'쑥 집어넣으면 뽕 튀어나오는' 이 방법은 우리가 고등학교 기하학과 대수학의 고비를 넘기는 데 도움이 될지도 모른다. 그러나 함수와 도함수 및 적분(알려져 있다면)을 모조리 달달 외우기만 해서는 미적분에 성공할 수 없다. 본래 미적분은 논리적 문제를 만들고 푸는 일, 즉 더 창조적인 일과 관련되어 있다. 사실상 미적분 문제를 만드는 행위는 이야기를 지어내는 행위와 비슷하다. 단어 대신 수학 기호를 쓸 뿐이다.

모든 이야기에는 논리 흐름이 있다. 미적분 문제도 마찬가지다. 중심인물을 확인하고 줄거리의 윤곽을 잡아 구조의 뼈대를 세운다. 그런 다음엔 흔히 그러듯 세부 요소에 특색을 부여한다. 이야기는 〈모자 쓴 고양이 The Cat in the Hat〉처럼 간단할 수도 있고, 조이스 James Joyce의 『피네간의 경야 Finnegan's Wake』처럼 복잡할 수도 있다. 하지만 두 경우 모두 이야기의 한계를 설정하는 일부터 시작해 발전하게 마련이다. 작가든 물리학자든 오랫동안 백지(혹은 컴퓨터 화면)를 응시하며 영감이 떠오르길 기다리기는 마찬가지다. 이런 현상은 어느 날 밤이든 우리 집에 오면 목격할 수 있다.

우리의 이상화된 시나리오 둘을 이야기라는 관점에서 다시 살펴보자. 누가 주인공인가? 첫 번째 예(숀이 가상의 신호위반 딱지를 피하려던 이야기)에서는 위치다. 그것이 우리가 이용할 수 있는 누적 자료, 즉 이미 알고 있는 정보이기 때문이다. 매 시점에서 프리우스는 도로 위의 어떤 위치에 있다. 그 모든 점이 모여 위치 함수(시간의 함수로 나타낸 위치)를 이룬다. 우리는 이 함수를 대수적으로 $p(t)$로 표현한다. 여기서 p는 위치 position[+]를, t는 시간 time을 나타낸다. 분명히 말해두지만, 내가 p를 고른 까닭은 그게 기억하기 쉽기 때문이다. 나는 그걸 x나 q나 Sally라고 부를 수도 있었다. 그랬더라도 이 맥락에서 그것은 여전히 똑같은 대상, 즉 위치를 나타낼 것이다. 특정 변수에 의미를 부여하는 것은 바로 맥락이다.

우리는 모든 p 값을 데카르트 좌표계에 점으로 나타낸 다음 그 점들을 이어 곡선을 얻을 수 있다. 이제 주인공의 '얼굴', 즉 위치 함수를 확보한 셈이다. 이 말은 곧 이 방정식에 여러 값을 집어넣으면 어느 시점의 위치든지 기본 대수학으로 알아낼 수 있다는 뜻이다.

숀은 보통 현실 세계에서 자료를 모으면 간단한 함수가 나오지 않

[+] 물리학자들은 이 부분을 읽고 어이없어할지도 모른다. 그들은 보통 방정식에서 질량은 m으로 운동량은 p로 나타내기 때문이다. 하지만 의미를 부여하는 것은 바로 맥락이다. 그러므로 나는 당분간 p를 계속 쓸 것이다.

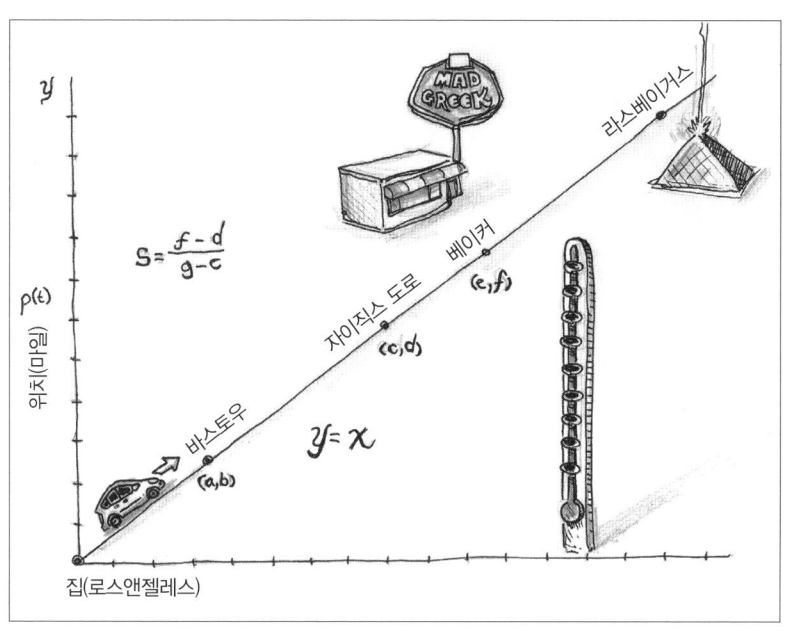

는다고 주장한다. 하지만 물리학자들은 깔끔하게 적을 수 있는 간단한 함수로 복잡한 세상의 근삿값을 구하면 유용할 때가 많다고 주장한다. 그렇게 해서 이야기가 더 나아진다면 뭐 괜찮다, 많고 많은 작가들도 이야기를 제멋대로 뜯어고치니까.

주인공의 궁극적 목표는 무엇인가? 위치에 대한 '단서'를 확보한 상태에서 우리는 특정 시점의 속도를 알아내고 싶다. 심지어 주요 갈등도 있다. 주인공이 그 목표에 어떻게 도달하는가? 그건 우리가 얻은 단서, 즉 위치 함수를 이용하는 추론 과정이다. 우리는 위치 함수를 미분해 속도 함수를 찾아낸다. 속도 함수가 있으면 어느 시점의 순간속도든지 알아낼 수 있다. 그러기 위해 우리는 현재 위치(p)에서 시작한다. 먼저 우리 위치를 아주 조금 미래로 가져간 다음, 나중 값에서 먼저 값을 빼 이동 거리를 구한다. 이어서 그 이동 거리(Δp)를 작은 시간 변화(Δt)로 나누면, 그 짧은 구간의 평균속도를 얻을 수 있다.

우리는 같은 문제에 기하학적으로 접근할 수도 있다. 도함수로 곡선의 접선 기울기도 얻을 수 있다는 사실을 기억해보라. 우리의 곡선이 매 시점의 프리우스 위치를 나타낸다면, 특정 점에서 곡선에 닿는 접선 기울기는 그 시점의 프리우스 속도, 즉 순간속도를 말해줄 것이다. 자동차가 전진하고 있다면, 그래프에서 그 운동은 위로 기운 접선으로 나타날 것이다. 자동차가 후진하고 있다면, 접선은 아래로 기울 것이다. 접선 기울기가 가파를수록 자동차는 빨리 달린다. 그래프의 최솟값이나 최댓값에서 접선 기울기는 0인데, 이는 곧 자동차가 정지해 있다는 뜻이다.

정확한 접선 기울기를 어떻게 찾을까? 우선 그래프 위의 두 점을 잇는 직선을 그린 다음, 직선이 두 점 사이의 x축 방향에 대해 y축 방향으로 올라가거나 내려가는 정도를 살펴본다. 미분계수를 얻으려면 비율―예컨대 움직이는 자동차의 위치가 두 시점에서 얼마나 다른가―을 알아내야 한다. 직선의 기울기란 곧 위치 변화량을 시간 변화량으로 나눈 분수다. 우리는 더 가까운 두 점에 대해서도 같은 일을 한다. 그러길 반복하다 보면 그 직선들은 어떤 접선에 수렴하는데, 그 접선 기울기가 바로 순간속도를 나타낸다. 두 점이 서로 가까울수록 더 정확한 기울기 근삿값을 구할 수 있다. 두 점 사이에 거리가 없을 때 비로소 정답을 얻는다. 이건 극한의 시각화다. 높이의 차이가 0이 되면 두 점 사이의 거리도 0이 된다.

이제 두 번째 예, 즉 속도에 기초해 운전 거리를 알아내는 이야기로 적분을 다시 살펴보자. 다른 주인공의 관점에서 같은 이야기를 하는 셈인데, 이것은 '서술 방식'을 어떤 중요한 측면에서 바꿔놓는다. 이 경우 우리의 주인공은 속도 함수다. 위치는 모르고 속도는 아는 상황에서 우리는 속도에서 위치를 이끌어내고자 한다. 앞서 확인했다시피, 도로 위 매 순간의 프리우스 속도—속도 함수—를 아는 상황이라면 우리는 지루하게 시간을 잡아먹는 그 예비미적분 방법으로 운전 거리를 알아낼 수 있다. 함수의 '얼굴'이 있으므로, 어떤 두 점 사이의 곡선 아래 넓이를 오랜 친구 에우독소스의 실진법으로 구할 수 있다.

지름길이 하나 있다. 운전 종료 지점에서 출발 지점을 빼기만 하면 정확히 같은 답을 얻을 것이다. 물론 나는 종료 지점을 정확히 '모르고', 그래서 문제는 복잡해진다. 내가 확보한 정보라고는 속도 함수와 출발 지점뿐이다. 수많은 미적분 책들이 장담하는 바에 따르면, 속도 함수가 어느 위치 함수에서 나왔는지 적분으로 알아낸 다음, 그 위치 함수를 이용해 운전 종료 시점의 우리 위치를 구하기만 하면 된다.

물리학자들은 현실 세계에서 필요한 적분을 어떻게 찾을까? 그들은 보통 책을 찾아본다. 농담이 아니다. 이 일의 상당 부분은 우리 이전에 태어난 수학자들이 몇 대에 걸쳐 이미 해놓았다(그들의 꼼꼼한 영혼을 축복하라). 그러니 왜 그 모든 숫자를 다시 처리하는 데 소중한 시간을 낭비하겠는가? 미적분 교과서들은 보통 궁지에 몰린 학생들을 도와주려고, 알려진 도함수와 적분의 표를 담고 있다. 그렇지 않으면 선생님들이 학생들에게 공식 일람표를 나눠주기도 한다. 손은 미적분 교과서를 오래전에 내버렸다. 대신 『표준 수학 일람표Standard Mathematical Tables』라는 큼직한 파란색 책을 가지고 있다. 그 책은 약간의 해설과 이해할 수 없는 수많은 기호로 가득 차 있다. 이제는 미적분 앱을 여러분의 아이폰에 내려받을 수도 있다. 문제는 적분을 하나하나 빠짐없이 표에 넣기란 불가능하다는 데 있다. 심지어 『표준 수학 일람표』도 자체의 결점을 다음과 같이 냉정히 인정한다. "적분 일람표가 아무리 방대하더라도 바라던 바와 딱 맞아떨어지는 적분을 표에서 찾는 것은 매우 드문 일이다."†

가끔 패턴이 드러나기도 한다. 예를 들어, 임의의 상수 곱하기 x의 도함수와 적분을 구하는 데 유용한 계산 요령이 있다. 앞서 이야기했듯 미분과 적분은 정반대 과정이다. 각 과정은 서로의 결과물을 원상태로 되돌린다. 적분은 곱하고 더하는 과정이다. $2x$라는 함수(2는 상수, 즉 변하지 않는 수다)의 경우, 적분은 x^2이다. 미분은 빼고 나누는 과정이므로, x^2의 도함수는 $2x$다. 같은 방식으로 생각하면 $2x$의 도함수는 2다. 손의 설명에 따르면 이건 일종의 보편적 법칙이다.‡‡

여러분이 무슨 생각을 하는지 안다. '2는 상수인 줄 알았는데, 그게 어떻게 함수가 되기도 하지?' 처음에는 나도 그게 헷갈렸다. 손의 설명에 따르면, 위 예에서 2는 맥락에 따라 다른 역할을 한다. 함수 $2x$에서 2

---

† 우리가 8장에서 만날 18세기 수학자 요한 베르누이Johann Bernoulli 역시 그 어려움을 인정했다. 그는 이렇게 쓰기도 했다. "그러나 도함수의 적분을 찾기란 함수의 도함수를 찾기가 쉬운 만큼, 딱 그만큼 어렵다. 더군다나 적분을 찾을 수 있는지 없는지 장담할 수 없는 도함수도 있다."

‡‡ 어떤 상수 a와 n에 대해서 ax^n의 도함수는 anx^{n-1}이다. 역으로 ax^n의 적분은 $\frac{ax^{n+1}}{n+1}$과 같다. 왜 보편적 법칙인지 이해가 되는가?

는 상수 역할을 한다. 하지만 2x의 도함수를 구했더니 2라는 새로운 함수를 얻었다. 이제 2는 함수 역할을 한다. 전문적으로 말하면 그것은 종속변수(보통 y로 나타낸다)다. 우리가 임의의 수(x, 독립변수)를 함수에 집어넣으면, 함수는 그 수를 2로 보낼 것이다. 그걸 (x, 2)라는 순서쌍으로 생각해보자. 여기서 x는 어떤 수든지 될 수 있다. 아무튼 요점은 '이 특정 시나리오(상수 곱하기 x)에서는 미분 공식만 있으면 기계적으로 적분 공식을 찾아낼 수 있다'는 것이다.

일단 필요한 적분을 찾고 나면 우리는 곡선 아래 넓이를 잘게 나눠 지겹도록 곱하고 더하는 과정에 의존하지 않아도 된다. 대신 곡선 범위 끝의 적분 값에서 그 범위 처음의 적분 값을 빼기만 하면 된다. 가령 함수 x^4의 1~4구간을 적분하고 싶다고 치자. 우리는 위의 간단한 요령으로 x^4의 적분 $\frac{x^5}{5}$을 구할 수 있다. 이제 알아보려는 구간(1~4) 내 x의 최댓값과 최솟값을 거기 넣은 다음, 계산 결과끼리 빼기만 하면 된다. 답은 1,023 나누기 5, 즉 204.6이다. 이는 곧 x축 위의 점 1과 4 사이에서 그 곡선의 아래 넓이가 204.6이라는 뜻이다. 바꿔 말하면 우리가 그 두 시점 사이에서 204.6마일을 갔다는 뜻이다.

〈중력과 부력Gravity and Levity〉이라는 블로그를 익명으로 운영하는 한 물리학자는 고등학교 수준의 물리학과 미적분이란 일종의 게임이라고 이야기한다.

"그건 간단한 논리 퍼즐과 같다. 그 퍼즐에서는 게임의 규칙을 제시한 후(공식 일람표로), 그걸 활용해 답을 구하라고 했다. 내 친구 중 한 명은 이를 다음과 같이 간결하게 표현했다. '물리란 알고 있는 변수와 알아내고 싶은 변수를 파악한 다음 그 변수들이 모두 들어 있는 방정식을 공식 일람표에서 찾아내는 일일 뿐이다.' 그런 물리는 게임과 별로 다를 바가 없었다. 우리는 종이 위에 어떤 기호들을 재배열함으로써 답을 구하고 바로바로 만족감을 느낀다."

그 게임에 자연스레 취미를 붙이는 학생들도 있는 반면, 나처럼 그러지 못하는 이들도 있다. 하지만 그걸 게임으로 다루는 수준을 넘어서서 현실 세계의 문제를 푸는 데 활용하는 법을 배우기 전에는 그 누구도 미적분의 힘을 온전히 이해하지 못할 것이다.

여러분의 연비는 달라질 수도 있다

설령 포커 게임을 지더라도 나는 이미 이 주말여행에서 실질적 이익, 즉 미적분 기본에 대한 소중한 통찰력을 얻었다. 미분과 적분은 1가지 상황, 즉 프리우스가 평탄한 직선로를 달리는 상황을 다르게 바라보는 2가지 방법이다. 나는 미분으로 우리 위치에 기초해 속도를 알아낼 수도 있고, 적분으로 우리 속도에 기초해 여행 거리를 알아낼 수도 있다.

프리우스의 속도계와 주행계는 이런 계산을 늘 하고 있다. 이처럼 편리하고 작은 장치를 만들어내다니 인간이란 얼마나 영리한가. 그 장치의 주된 목적은 정확한 속도·위치 정보를 알아내는 일이다. 예전의 수학자들은 그걸 일일이 손으로 계산했다. 이 장치들의 비결은 무엇일까? 속도계와 주행계는 자유로이 활용할 수 있는 실시간 자료를 훨씬 많이 확보하고 있다. 이 장치들은 되도록이면 (각각 속도와 거리에 대한) 모든 자료를 실시간으로 수집하게끔 만들어졌다. 속도계는 속도 함수를 제공하고, 주행계는 위치 함수를 제공한다. 이 정보가 있으면 우리는 미적분에 의존하지 않아도 필요한 것을 거의 다 알아낼 수 있다.

속도계는 바퀴 회전수를 일일이 헤아려 자동차 속도를 분석한다. 옛날 자동차의 속도계는 기계식으로, 변속기에서 계기판으로 구불구불 올라가는 구동케이블에 연결되어 있었다. 기본적으로 구동케이블은 촘촘히 감긴 코일스프링이 중심 철사를 감싸고 있는 복선이다. 자동차 바퀴가 돌아가면 변속기의 기어도 돌아가는데, 그 회전 속도를 속도계가 측정해 표시한다.

프리우스의 속도계는 전자식으로(주행계도 마찬가지다), 구동케이블이 아니라 크랭크축에 장착된 속도감지기에서 회전 데이터를 얻는다. 감지기는 톱니가 달린 금속 원반과, 자기장 방사 코일이 내장된 탐지기의 조합물에 불과하다. 원반이 회전하며 코일을 지나칠 때 톱니는 자기장을 간섭해 일련의 파동을 만들어낸다. 파동은 단선을 따라 자동차의 컴퓨터로 간다. 금속 원반의 각 톱니가 코일을 지날 때마다 컴퓨터는 자기 파동을 헤아린다. 실시간 속도가 속도계에 표시되고, 덕분에 우리는 여행 속도를 계속 파악할 수 있다. 속도계와 연결된 디지털 주행계는 4만 파동마다 주행 거리에 1마일을 추가한다.

사실 프리우스에 내장된 컴퓨터는 거기서 멈추지 않는다. 그 컴퓨터는 속도·거리 데이터와 기름 사용량 감지기로 수집한 데이터를 결합해, 기름 갤런당 자동차 주행 거리를 밝혀낸다. 그것도 실시간으로 함은 물론, 해당 기간의 평균도 낸다. 이 모든 정보는 화려한 디지털 디스플레이로 처리되고 표시된다. 비디오게임을 방불케 하는 그 디스플레이는 임의의 순간에 우리가 기름을 얼마나 쓰는지, 우리 운전 습관이 기름 소비 양상을 어떻게 개선하거나 악화시킬 수 있는지 보여준다. 끊임없이 변하는 역동적 디스플레이를 눈앞에 둔 상황이 얼마나 산만한지 고려해 볼 때, 프리우스 운전자들이 도랑에 빠지지도 앞차를 들이받지도 않을 수 있다는 것은 그야말로 기적이다.

투덜이들이 내 야무진 하이브리드 자동차를 흠잡겠다면 그러라고 해라. 하지만 실시간 그래픽 디스플레이 덕분에 나는 내가 운전할 때 에너지를 얼마나 많이 소비하는지, 운전 습관, 지형, 날씨의 사소한 변화가 전체 연비에 얼마나 큰 영향을 미치는지 너무나 잘 알고 있다. 우리의 연료절약형 운전에 끊임없이 피드백을 제공함으로써 프리우스는 우리를 좀 더 경제적인 운전자로 훈련시켜준다. 예컨대 서서히 속도를 높이면, 몇 초 만에 속도를 시속 0마일에서 60마일로 높이겠답시고 페달을 마구 밟을 때보다 에너지 소모를 줄일 수 있다.

그뿐만 아니라 차가 밀리더라도 일정 속도로 가면 급출발·급정거 하는 것보다 낫다. 완전히 멈춘 후 다시 출발할 때마다 자동차의 관성을 맨 처음부터 다시 이겨내야 하기 때문이다. 나는 앞차와 내 차 사이에 어느 정도 여유 거리를 두려고 노력한다. 그래야 급히 브레이크를 밟지 않고 부드럽게 멈출 수 있다. 최상의 조건에서는 mpg(갤런당 마일) 차이가 75 대 25로 크게 벌어질 수도 있다. 나는 혼잡하기로 악명 높은 로스앤젤레스 고속도로에서 짜증이 날 때마다 이걸 생각한다. 달팽이의 속도로 기어갈지도 모르지만 나는 목적지에 늦게 도착할지언정 평균 mpg를 높여 이득을 본다. 이런 운전을 뭉뚱그려 경제운전hypermiling이라고 부른다.

일정 속도로 가더라도 일반적으로 속도가 빠르면 빠를수록 속도를 유지하는 데 더 많은 에너지가 든다. 공기 저항(항력)이 커지기 때문이다. 항력을 극복하려면 엔진은 끊임없이 움직여야 하고, 결국 연료를 더 많이 소비하게 된다. 극히 단순한 모양이 아닌 한 어떤 물체의 항력 계수를 정확히 계산하기란 힘들다. 하지만 보통 빠른 속도에서 항력은 속도의 제곱에 비례한다. 쉽게 말해 시속 100마일로 달리면 시속 50마일로 달릴 때 경험할 항력의 4배를 경험하게 된다는 뜻이다.[+]

연료 효율이 조금만 향상되더라도 총절감량은 나중에 크게 늘어난다. 그러므로 제한속도 이하로 달리면 장기적으로 에너지를 상당히 절약할 수 있다. 1974년에 연방 정부는 고속도로 제한속도를 시속 55마일로 정했는데, 그러면 더 안전해서가[++] 아니라 기름이 부족한 시기에 연료를 아낄 수 있기 때문이었다. 이와 비슷하게 오르막 운전은 내리막 운

[+] 그렇다. 프리우스는 그 속도에 이를 수 있다. 다들 알다시피 2007년에 전 부통령 앨 고어Al Gore의 아들이 하이브리드 자동차를 타고 시속 110마일로 달리다 잡히기도 했다. 날렵한 공기역학적 모양 덕분에 그 자동차는 네모난 사이언 xB보다 항력 계수가 작다.

[++] 2008년 오스트레일리아 애들레이드 대학 과학자들의 연구 결과에 따르면, 천천히 운전하는 것이 더 안전하다고 한다. 60km/h 이상에서 교통사고를 당했을 때 중상을 입거나 사망할 확률은 5km/h씩 증가할 때마다 2배로 늘어난다. 따라서 65km/h로 달릴 경우 심각하거나 치명적인 사고를 당할 확률은 2배로, 70km/h에서 그럴 확률은 4배로 증가한다. 운전자가 위험을 알아차리고 반응하려면 1.5초가 필요한데, 빨리 달릴수록 반응할 시간이 줄어들기 때문이다.

전보다 에너지를 많이 소모한다(자전거 마니아들에게 물어보라). 맞바람을 거슬러 운전하는 경우도 마찬가지다. 어떤 운전 상황에서는 누구든 속수무책이다. 휘몰아치는 옆바람을 맞으며 산길을 따라 솔트레이크시티에서 로스앤젤레스로 10시간 동안 운전하고 나서 내 평균 mpg가 어떻게 달라졌는지는 묻지도 마라.

왜 사람들은 기름 도둑 같은 지금의 자동차를 프리우스 같은 하이브리드 자동차로 바꾸지 않을까? 답을 알고 나면 놀랄지도 모른다. 우리는 대부분 기름(돈) 절약이 mpg와 부합한다고 생각한다. 그러나 듀크 대학 푸쿠아 경영대학원의 래릭Richard Larrick과 솔Jack Soll의 논문(『사이언스Science』, 2008년 6월 20일)에 따르면, 사실상 gpm(마일당 갤런)은 mpg에 '반비례'한다. 그들은 이를 'mpg 착각'이라고 부른다.

가령 여러분에게 자동차 2대가 있다고 하자. 한 대는 손의 도요다 코롤라처럼 mpg가 34이고, 다른 한 대는 우리 아버지의 고물 시보레 픽업트럭처럼 mpg가 18이라 하자. 돈을 최대한 절약하려면, 34mpg 코롤라를 값비싼 50mpg 하이브리드 자동차로 바꿔야 할까, 아니면 18mpg 픽업트럭을 28mpg 일반 자동차로 바꿔야 할까? 여러분은 기름을 최대한 절약해 초기 투자액을 되도록 빨리 되찾고자 한다. 계산을 해본 결과, 34mpg 자동차를 50mpg 하이브리드 자동차로 바꾸면 1만 마일당 94.1갤런을 절약할 수 있는 반면, 18mpg 트럭을 28mpg 자동차로 바꾸면 1만 마일당 자그마치 198.4갤런이나 절약할 수 있다.

결론적으로 여러분은 돈을 최대한 절약하려면, mpg가 낮은 자동차(시보레 픽업트럭)를 저렴한 새 자동차로 바꾸는 편이 훨씬 낫다. 이것은

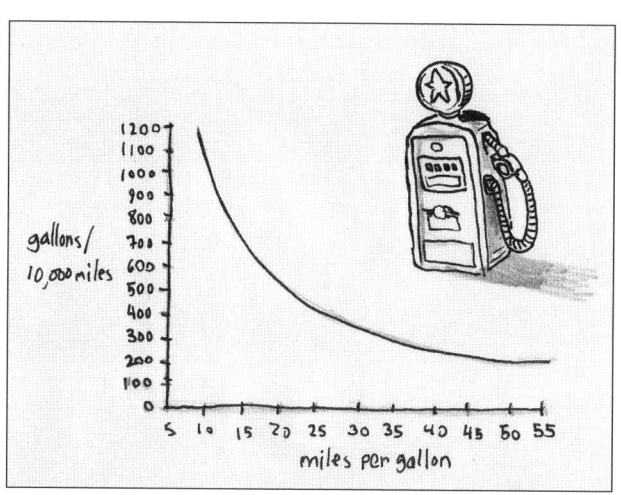

직관에 반대되는 듯하다. 어쨌든 첫 번째 예는 16mpg나 향상되고 두 번째 예는 겨우 10mpg만 향상되지 않는가. 하지만 이를 그래프로 그려보면, 여러분은 gpm이 mpg에 반비례함을 똑똑히 확인할 수 있을 것이다.

그래프 기울기는 mpg가 낮은 부분에서 가파르다가 mpg가 높아질수록 완만해진다. 이처럼 간단해 보이는 계산조차 오해를 불러일으키는 까닭은 바로 우리가 안타깝게도 기본적 수학 개념을 제대로 파악하지 못하고 있기 때문이다. 이 경우 우리의 무지에는 손해가 따르기도 한다.

이런 이유로 나는 태양열 전지가 장착되고 연비가 향상된 2010년형 프리우스 광고를 읽을 때 이따금 배가 아파도 참아낸다. 위 계산에 따르면, 내 2007년형 모델을 신형으로 바꾸는 일은 비용 효율이 좋지 않다. 투자액을 만회하는 데 시간이 너무 오래 걸릴 것이다. 나는 그냥 지금 프리우스를 마르고 닳도록 모는 편이 훨씬 낫다.

수학적 모델

속도와 거리를 손수 계산하는 것보다 디지털 속도계와 주행계를 보는 편이 낫다면, 우리는 도대체 왜 미적분이 아직 필요할까? 미적분이 대부분의 과학 분야에서 필수 요소인 까닭은 그게 있어야 과학자들이 복잡한 현실 세계 시스템(교통 패턴 등) 연구에 필요한 수학적 모델을 만들 수 있기 때문이다. 수학적 모델은 프리우스의 컴퓨터 계기판처럼 추상적 개념을 우리에게 보여줄 뿐 아니라, 과학자들이 현실 세계의 일을 예측할 수 있게 해준다.

물론 수학적 모델이라고 다 실용적 쓰임새가 있는 것은 아니다. 이를테면 위상기하학자들은 4차원 시공간에 존재하지 않는 가상의 다차원 모양을 연구하기도 한다. 그러나 보편적으로 느끼는 수학적 모델의 매력은 그 모델을 이용해 시스템의 변화를 예측하고 더 현명한 판단을 내리는 방식에 있다. 예를 들면 혼잡한 고속도로에서 체증이 해소되길 기다릴 것인가, 아니면 우회로를 찾아 이 길의 잠재적 서행을 아예 피해버릴 것인가(I-15에서 후자는 선택할 수 없다. 우회로가 전혀 없기 때문이다)의 문제를 놓고 판단을 내리는 데 수학적 모델을 활용할 수 있다.

자료로 이용할 측정점이 많을수록 수학적 모델은 정확해질 것이다. 뚝뚝 떨어진 점들이 아니라 줄줄이 이어진 실시간 자료가 있다면 더할 나위 없이 좋을 것이다. 바로 이런 까닭에 공공 기관들은 더 나은 자료로 교통 흐름 예측 모델을 개선하려고 매년 7억 5,000만 달러를 교통 감시에 쓴다. 예를 들어 메릴랜드, 버지니아, 미주리, 조지아 등 몇몇 주의 교통부는 운전자 휴대전화의 전파 신호를 추적해 교통 패턴을 감시하는 소프트웨어를 실험하고 있다. 휴대전화는 켜져 있기만 하면 된다. 교통부는 실제 대화는 절대 감시하지 않겠다고 맹세한다.

지정된 지역 곳곳에 '감시소'가 들어선다. 그곳은 전파 신호를 탐지할 수는 있지만 내보낼 수는 없다. 감시소에서는 휴대전화 신호를 찾아 수신 시간을 기록할 것이다. 컴퓨터는 전파 신호가 휴대전화에서 감시소까지 오는 데 걸린 시간을 분석해, 고속도로 위의 휴대전화 위치를 거의 정확히 계산할 수 있다. 휴대전화 사용자의 2차원 위치를 알려면 그런 감시소 세 곳의 자료가 필요하다. 고속도로를 따라 설치한 무선표지로 차량의 지점 간 통과 시간을 재면 자동차의 위치와 속도를 알아낼 수도 있다. 캘리포니아 주 버클리 시는 '똑똑한 차 똑똑한 길Smart Cars and Smart Roads'이라는 시험 연구를 계획하고 있다. 여기 참여하는 자동차에 장착된 무선 장비는 주행 도로에 내장된 센서에서 나오는 전파를 수신한다. 이런 식으로 자동차들은 앞길의 사고 여부 같은 주요 정보를 중계할 뿐 아니라 익명으로 자료를 수집할 수도 있다.

교통 체증은 물질의 상태 변화와 조금 비슷하다. 한산한 도로에서 멀찍멀찍 떨어져 있는 차량은 차선을 바꿔가며 원하는 속도로 마음껏 달릴 수 있다. 이는 기체의 분자 운동과 매우 비슷하다. 교통량이 많아지면 '자동차 분자'는 더 빽빽이 모인다. 움직일 공간이 줄어들므로 차량은 평균속도가 느려져 액체처럼 이동한다. 자동차 분자가 더 밀집하면 차량의 속도는 더 줄어들고, 그에 따라 활동 범위도 제한된다. 결국 자동차 분자들은 딱딱하게 굳어 고체가 된다. 이 시점은 물이 얼음으로 바뀌는 결빙점과 유사하다.

이게 훌륭한 비유이긴 하지만, 현실은 좀 더 복잡하다. 물리학자 커너Boris Kerner는 몇 년간의 독일 고속도로 교통 자료를 분석해, '교통은 일반적으로 자기 조직화의 법칙을 따른다'는 사실을 알아냈다. 그의 모델은 교통 상태를 자유 흐름, 정지(고체 상태), 동조 흐름이라는 특이한 중간 상태의 세 기본 범주로 나눈다. 그 중간 상태에서는 밀집한 자동차 분자들이 마칭밴드의 구성원들처럼 일제히 움직인다. 도로의 차량 밀도 때문에 모두 비슷한 속도로 가는 자동차들은 서로 긴밀히 의존한다. 즉 '서로 밀접히 연관되어' 있다.

자동차들끼리 밀접히 연관되어 있을 때는 아주 작은 동요만 일어나도 감속의 잔물결이 말썽 차량 뒤 행렬 전체로 퍼져나갈 것이다. 가령 여러분 앞의 난폭한 아우디 운전자가 여자 친구에게 문자를 보내려던 참이라고 하자. 그러다 그가 고개를 들어 보니 바로 앞의 BMW를 들이받기 일보 직전이라 황급히 브레이크를 밟는다면 어떻게 될까? 여러분도 급히 브레이크를 밟아야 하고, 여러분 뒤차의 운전자도 그래야 하고…….

고속도로 나들목이 가깝거나 I-15에서처럼 도로 공사(혹은 대형 사고)로 길이 차단될 때 교통 체증이 그렇게 자주 나타나는 이유도 부분적으로는 그것 때문이다. 간간이 감속의 잔물결이 이는 가운데 부단한 동조 흐름 상태가 언제까지고 계속될 수도 있지만, 그 균형은 깨지기 쉽고 매우 불안정하다. 자동차의 수와 밀도가 계속 늘어나다 보면, 여러분은 결국 '막다른 골목', 즉 지금 나처럼 멈췄다 가길 짜증 나도록 반복하는 상태에 이르게 된다. 이런 상태에서는 극심한 교통 체증을 한 고비 넘겨 봤자 얼마 안 가서 또 다른 체증을 만나게 된다. 결국 그 모든 체증은 하나의 큰 체증으로 수렴한다. 교통이 완전히 마비되는 것이다.

하지만 시간을 충분히 두고 기다리면 최악의 교통 체증도 결국 해소된다. 우리는 마침내 공사 구간에서 벗어나고, 숀은 가속페달을 마음껏 밟는다. 자이직스 도로는 저 멀리 뒤로 사라진다. 곧 우리는 매드그릭 카페에서 지로와 팔라펠을 맛있게 먹고, 먹음직스러운 피스타치오 바클라바 파이를 포장해 간다. 그리고 길을 걷다 UFO 관련 잡동사니로 장식한 구멍가게에서 '외계인 육포'도 산다(베이커는 참 다채로운 도시다). 1시간쯤 후, 배가 터지도록 먹은 우리는 악명 높은 라스베이거스 스트립 거리를 달려 룩소르 호텔로 간다. 그곳에서는 행운의 여신과 확률의 미적분이 카지노에서의 우리 운명을 결정할 것이다.

카지노 로열

확률론은 사실상 상식을 미적분으로 바꿔 표현한 것일 뿐이다.

― 피에르 시몽 드 라플라스 Pierre Simon de Laplace

전설적인 라스베이거스 도박꾼 그리스인 닉(본명 니콜라스 앤드리아 단돌로스)은 자기 어림으로 생전에 5억 달러 넘게 따고 잃으며, 빈털터리와 벼락부자 사이를 수없이 오갔다. 그러던 중에 그는 별의별 사람을 다 만났다. 갱 두목 알 카포네, 건달 벅시 시걸, 코미디언 막스 형제, 여배우 에바 가드너, 대통령 존 F. 케네디 등등. 라스베이거스를 방문한 유명 인사들은 하나같이 도박판의 마지막 진정한 큰손을 만나고 싶어 했다. 세계에서 가장 유명한 물리학자 아인슈타인도 학술 토론회 때문에 라스베이거스에 왔을 때 당연하다는 듯이 닉을 찾았다. 그때 아인슈타인 또한 크랩스와 룰렛 테이블에서 도박에 푹 빠져 있었다.+ 도박꾼 친구들이 아인

+ 그날 한 저명한 물리학자는 이렇게 말했다. "아인슈타인 박사님은 오늘 아주 끝장을 보실 참인가 봐." 그러자 그의 동료는 이렇게 말했다. "근데 박사님은 아무래도 뭔가 알고 계신 것 같단 말이지!"

슈타인을 전혀 모른다는 걸 눈치챈 닉은 그를 이렇게 소개했다. "프린스턴에서 오신 리틀 앨이야. 뉴저지 쪽에서 힘깨나 쓰시는 분이지."

내가 이 ('믿거나 말거나'일 듯한) 이야기를 해주자 숀은 껄껄대며 웃는다. 그는 진정한 도박꾼이라면 멋진 별명이 있어야 한다며 대뜸 여기 있는 동안 자기를 S-머니로 불러달라고 한다. 우리는 보통 라스베이거스에서 포커를 많이 하지만 이번엔 크랩스를 배워보고 싶다. 그 게임은 확률의 적분을 논하기에 안성맞춤이기 때문이다. 확률론의 상당 부분은 운에 달린 게임, 특히 주사위나 막대를 던지는 게임을 분석하다가 생각해낸 것이다. 심지어 크랩스 원리라는 수학 정리도 있다. 크랩스 원리는 반복 시행에서 일어나는 사건의 확률을 중점적으로 다룬다. 이 원리를 탐구하는 데 진짜 카지노의 크랩스 테이블에 가보는 것보다 좋은 방법이 또 있을까?

인터넷상에도 크랩스 게임 도움말이 많고, 그중에는 관련 확률을 조목조목 분석한 자료도 있다. 하지만 이런 도움말은 보통 복잡하고 난해하다. 물론 온라인 크랩스 게임도 있다. 이 게임에서 여러분은 진짜 돈을 걸지 않고 가상의 주사위를 굴리며 내기를 하는 연습을 할 수 있다. 그러나 조만간 여러분은 테이블 앞으로 걸어 나가 지갑을 열어야 한다. 크랩스를 제대로 이해하려면 라스베이거스 같은 현실 공간에서 손을 더럽히며 게임을 해봐야 한다.

크랩스는 시끌벅적하고 속도감 있는 게임이다(20초에 한 번꼴로 주사위를 던진다). 이런 속도는 아직 게임 규칙을 파악하기도 바쁜 초보자들에게 부담이 되기도 한다. 그래서 우리는 뉴욕 카지노의 초보자용 일일 수업을 듣기로 했다. 강사는 날씬하고 말쑥한 남자로, 희끗희끗한 머리를 단정히 빗어넘겼고 가는 테 안경을 썼으며 짓궂은 농담을 곧잘 던졌다. 나는 그를 도미니크라고 불렀다. 30년간 딜러로 일해온 도미니크는 크랩스 규칙뿐 아니라 라스베이거스 역사 속의 다채로운 일화도 기꺼이 들려주었다.[+]

도미니크는 기본 규칙인 주사위 다루는 법부터 알려준다. 크랩스 게임을 새로 시작할 때 딜러는 밀봉된 5개들이 새 주사위 한 줄을 뜯는데, 첫 '슈터(주사위 던지는 사람)'는 그중에서 2개를 골라야 한다. "무슨 일이 있어도 주사위 5개를 전부 테이블에 던져놓고 '얏지Yahtzee!'[++] 하고 외치지는 마세요." 도미니크의 충고다. 그렇게 하면 모든 사람이 우리가 초짜라는 사실을 알게 된단다.

주사위는 반드시 한 손으로 쥐어야 한다. 참가자가 그걸 부정주사위로 바꿔치기하지 못하게 하기 위해서다. 같은 이유로 우리는 주사위를 두 손 사이에 넣고 비벼도 안 되고 주사위에 입을 맞춰도 안 된다(도미니크 왈, "그걸 어디에 숨겼을지 누가 알겠어요"). 주사위에 입김을 살짝 불며 행운을 비는 정도는 괜찮지만, 다음 슈터를 생각해서 거기에 침이 튀지 않도록 조심해야 한다. 또 네바다 주 게임 위원회의 지침에 따라 카지

[+] 도미니크에 따르면, 'eighty-six(내쫓다)'라는 표현의 유래는 마피아가 라스베이거스 카지노를 운영하던 시절로 거슬러 올라간다. 사기꾼을 잡으면 카지노 담당 대장은 부하에게 이렇게 지시했다. "Eighty-six that guy(저 자식 86해버려)!" 이 은어는 그 사람을 도심 8마일 밖으로 데려가서 6피트 깊이로 파묻으라는 뜻이었다.

[++] 얏지: 주사위 5개를 던져 점수를 매기는 아동용 게임. 주사위 5개 모두 같은 수가 나오면 최고 점수인 50점을 얻는데, 이때 "얏지!" 하고 외친다. (옮긴이)

노에서는 두 주사위 모두 맞은편의 테이블 벽에 부딪혀야 한다고 강조한다. 그러지 않으면 참가자 중 누군가 '농간'을 부릴 수도 있기 때문이란다. 우리는 모두 돌아가며 연습 삼아 주사위를 던져본다. 도미니크는 주사위를 '너무' 세게 던지지 않도록 조심하라고 경고한다. 하지만 그래도 신이 날 대로 난 참가자는 그걸 우악스레 던져 테이블 밖으로 튀어 나가게 할 것이다. 그 주사위는 풍만하고 가무스름한 미녀의 가슴골로 들어갈지도 모른다!

해저드에 빠진 귀족

수 세기 동안 몇몇 종류의 크랩스 게임이 나돌았지만, 역사 기록에 세세한 내용까지 뚜렷이 나타나 있진 않다. 크랩스는 십자군 전쟁 때 영국 기사들이 좋아하던 해저드hazard라는 옛날 게임에서 비롯했다는 설이 있다. 전쟁 중이던 1125년에 그들은 해저스Hazarth라는 성을 포위했었다. 어쩌면 그 게임은 아랍에서 생겨났는지도 모른다(아랍어 '알자르al-zar'는 '주사위'를 뜻한다). 아니면 크랩스의 유래는 역사를 훨씬 더 거슬러 로마제국 시대까지 올라갈까? 당시 로마 병사들은 돼지 손가락뼈로 조잡한 주사위를 만들었다. 초서Geoffrey Chaucer의 『캔터베리 이야기Canterbury Tales』에도 이 게임과 관련된 내용이 분명히 나온다. 또 크랩스는 17세기 프랑스에서도 특히 귀족들 사이에서 선풍적인 인기를 끌었다.

크랩스를 미국에 가져온 주인공은 이름을 발음하기도 힘든 프랑스계 미국인 귀족 버나드 베세라 필립 드 마리니 드 맨더빌Bernard Xavier Philippe de Marigny de Mandeville이다. 마리니는 1785년 뉴올리언스의 부유한 백작의 아들로 태어났는데, 그의 가정교육은 특권 의식을 부채질했다. 그 지역에서 전해오는 이야기에 따르면, 1798년에는 루이 필리프Louis-Philippe 공작(1830년에 프랑스 국왕으로 즉위)과 그의 두 동생이 마리니가의 농장을 방문했다. 이어 벌어진 호화로운 잔치에는 특별히 금으로 제작한 식기류도 나왔다. 그런데 잔치가 끝난 후에는 엄청난 낭비벽을 과시하려고 금 식기류를 모두 강에다 버렸단다. 필리프 공작이 쓴 접시를 쓸 자격이 있는 사람은 아무도 없기 때문이었다나 뭐라나(나는 가난에 허덕이는 지역민들이 강바닥을 샅샅이 뒤져 버려진 보물을 건져냈길 바란다).

그런 걸 보고 자란 마리니 도련님이 결국 씀씀이가 헤프고 방탕한 망나니가 된 것은 그리 놀랄 일도 아니다. 아들이라면 껌뻑 죽던 아버지가 세상을 떠난 후 그는 열다섯 살이라는 어린 나이에 어마어마한 유산을 상속했다. 참을성 많은 후견인은 이 고집불통 십 대에게 두 손을 들고, 마리니를 런던으로 보냈다. 거기서 그가 절제를 배울 수 있길 바랐다. 하지만 웬걸 마리니는 이런저런 도박장을 뻔질나게 드나들었는데, 그중 가장 유명한 곳은 알맥스였다. 바로 거기서 마리니는 해저드를 배웠고, 몇 년 후 그것의 단순화된 버전을 뉴올리언스로 들여왔다. 그 게임은 방언으로 '크라포crapaud'라고 불렸다. 이 단어는 뉴올리언스에서 프랑스인을 낮잡아 이르는 말 '자니 크라포Johnny Crapuad'에서 나왔다. 미국인들은 나중에 그 단어를 '크랩스craps'로 줄였고[+], 이 게임은 미시피 강

너머로 재빠르게 퍼져나갔다.

마리니는 1868년 무일푼으로 세상을 떠났다. 계속 불어나는 노름빚을 갚으려고, 한때 광대하던 농장을 쪼개고 쪼개 다 팔아치웠기 때문이다. 그를 기억하는 사람은 거의 없지만, 2가지 유산은 남아 있다. 하나는 뉴올리언스의 포부어 마리니 지구(예전의 마리니 사유지)이고, 하나는 요즘 날로 인기가 더해가는 크랩스 게임이다. 실제로 포부어 마리니 지구에는 도박 역사에서 크랩스 시조의 위치를 반영하는 크랩스 거리도 있다.

크랩스 규칙은 수 세기 동안 여러 번 개선되었지만, 기본 원리는 아직 그대로다. 참가자들은 번갈아 슈터가 되며, 각 게임이 끝날 때마다 테이블 둘레를 따라 순환한다. 게임은 매번 '컴아웃롤 come-out roll'로 시작한다. 참가자들이 첫 판돈을 '패스라인 pass line'에 걸고(패스 베트), 슈터가 주사위를 굴린다. 주사위 끗수가 7이나 11이 나오면, 패스 베트를 한 사람 모두 돈을 따게 된다. 반면에 2나 3이나 12가 나오면, 모두 돈을 잃게 된다. 그 밖의 수가 나오면, 그 수는 이번 게임을 하는 동안 '포인트 point'가 된다.

첫 슈터는 아내와 함께 라스베이거스에 온 중년의 동유럽계 남자다(유리라고 하자). 그는 출발이 좋다. 바로 7이 나오자 사람들은 환호성을 지른다. 우리는 딴 돈을 받고 패스라인에 새로 판돈을 건다. 유리는 다시

+ 'crapaud'는 '두꺼비'를 뜻하는 프랑스어다. 프랑스인들은 통통하고 육즙이 풍부한 개구리 뒷다리를 버터와 마늘로 요리한 소테라면 사족을 못 쓴다. 다른 설에 따르면 'craps'는 해저드 게임의 지는 주사위 끗수를 뜻하는 'crabs'가 변형된 것이다. 하지만 이 설에는 'crapaud' 설의 유쾌한 허풍이 없다.

주사위를 굴린다. 이번엔 8이 나온다. 이 수는 포인트가 되고 게임은 계속된다. 포인트가 정해졌으므로, 우리는 계속 판돈을 걸고 유리는 그 포인트(8)가 다시 나오거나 7(크랩스)이 나올 때까지 계속 주사위를 굴린다. 우리는 전자의 경우엔 돈을 따고, 후자의 경우엔 돈을 잃는다. 두 경우 모두 그 게임은 끝나고 슈터가 바뀌며 새 게임이 시작된다.†

이게 크랩스의 전부라면 게임은 금방 지루해질 것이다. 그래서 크랩스가 진화함에 따라 다른 종류의 베트가 추가되었는데, 베트마다 배당률이 제각각이다. 예를 들어 참가자는 컴아웃롤에서 일반적인 패스 베트 대신 '돈트패스don't-pass' 베트를 선택할 수도 있다. 이 베트는 사실상 슈터 및 나머지 참가자들과 반대로 판돈을 거는 행위다. 충고 한마디만 하자면, 돈트패스 베트를 할 경우 따돌림을 당할 수도 있다. 크랩스는 매우 사교적인 게임이고, 참가자들은 보통 크랩스 테이블에서 뭉친다. 그들은 슈터와 한 배를 타기 때문이다. 슈터와 반대로 판돈을 거는 것은 그 분위기에 찬물을 끼얹는 짓이다. 돈트패스 베트에서 승패 규칙은 정반대다. 슈터가 굴린 주사위의 끗수가 2나 3이면, 돈트패스 베트 한 사람은 돈을 따는 반면, 나머지 참가자들은 돈을 잃을 것이다. 주사위 끗수가 7이나 11이면 그는 돈을 잃겠지만, 테이블의 나머지 사람들은 그의 불행을 고소해하며 축배를 들 것이다.

중요한 차이점은 주사위 끗수가 12가 되었을 때 나타난다. 이 경우

† 2009년 5월 뉴저지에서 온 중년 여자 드마로는 크랩스에서 주사위를 가장 오래 굴린 신기록을 세웠다. 4시간 18분! 그 크랩스 게임은 그녀가 겨우 두 번째로 해본 것이었다. 그날 그녀는 주사위를 154번이나 굴렸으나, 결국 돈을 잃고 말았다.

돈트패스 베트를 선택한 사람은 돈을 따지도 잃지도 않는데, 이를 '푸시 push'라고 한다. 이건 게임 승률을 유지하는 수단일 뿐이다. 컴아웃롤에서 패스 베트를 선택한 경우, 패자가 되는 수는 3가지, 승자가 되는 수는 2가지다. 반면에 컴아웃롤에서 돈트패스 베트를 선택한 경우에는 승자가 되는 수, 패자가 되는 수 모두 2가지다. 그러므로 컴아웃롤 돈트패스 베트의 승산이 50 대 50이라고 결론짓고 싶은 사람도 있을 것이다. 하지만 이는 오해다. 크랩스처럼 비교적 단순한 게임에서도 확률은 그보다 더 복잡하다. 수백 년간 과학자와 수학자들이 이 분야에 매료된 것도 바로 그 복잡성 때문이다.

기회를 만나다

배당률과 전략에 주목해 확률 게임을 분석한 선구자 중 한 명은 16세기의 의사 · 점성술사 · 수학자 카르다노Girolamo Cardano다. 1501년에 태어난 그는 출발이 그리 순조롭지 않았다. 이미 아이를 셋이나 낳은 어머니는 부모 노릇 하기에 지친 나머지 그를 낙태하려고 약쑥, 보리알, 버드나무를 달여 먹었다. 카르다노는 살아남았지만 몇 개월 되지도 않아 가래톳페스트에 걸려버렸다. 당시 아이들에게 이 병은 사형선고나 다름없었다. 놀랍게도 그는 또 살아남았다(유모와 배다른 형제 셋은 죽었다).

아버지 파지오는 십 대의 카르다노가 법학을 공부하길 바랐지만,

소년은 법학보다 의학을 더 공부하고 싶어 했다. 처음에 그는 가정교사로 기하학, 연금술, 천문학, 점성술을 가르쳐 학비를 벌었다(점성술과 연금술은 지금도 정당한 학문으로 인정받는다). 하지만 그러던 중 노름에 취미를 붙였고, 돈 따는 재주가 자신에게 있음을 깨달았다. 학비로 쓰고도 남을 1000크라운을 금세 모은 카르다노는 1520년에 『확률 게임에 관하여 Liber de ludo aleae』라는 글을 쓰기 시작하더니, 죽기 직전까지 다듬고 또 다듬었다.

카르다노는 의사 일보다 노름을 더 잘했던 것 같다. 아니면 환자 고객을 끌어당기는 사업 수완이 부족했거나. 그는 처음에 본업으로 가족을 부양하려고 몹시 몸부림쳤으나, 머지않아 또 노름에 의존해 간신히 끼니를 이어갔다. 결국은 행운의 여신이 그에게 미소를 보내는 듯했다. 카르다노는 책 몇 권을 잇달아 발표해 호평을 받더니 1550년 무렵에는 늘 꿈꿔왔던 명의가 되었다.

아이들만 낳지 않았더라면 좋았을 텐데. 카르다노의 끔찍한 세 자식은 아주 몹쓸 종자였다. 그들의 행실을 전해 들으면 로마의 폭군 칼리굴라Caligula도 얼굴을 붉힐 거다. 딸 키아라는 열여섯 살 때 의붓오빠 조반니를 유혹해 아이를 뱄다가 낙태했고, 결혼 후에도 문란한 관계를 계속 맺더니 결국 매독에 걸려버렸다. 그 의붓오빠는 나중에 자기 아내를 독살한 죄로 유죄를 선고받았고, 카르다노는 그를 변호하느라 재산을 낭비했다. 조반니는 즉시 사형당했다. 마땅히 그래야 했겠지만. 막내아들 알도는 종교재판의 고문 집행자가 되어 아버지에게 불리한 증언을 했고, 그 바람에 카르다노는 잠시 감옥에 갇히기도 했다. 결국 그는 1576년 9월 무일푼에 정신까지 나간 상태로 자기 원고를 절반 넘게 태워버리고서 세상을 떠났다.

남아 있는 원고 중 하나인 『확률 게임에 관하여』는 카르다노가 죽고 거의 한 세기가 지난 1663년에야 비로소 출판되었다. 그 무렵 다른 학자들은 카르다노의 분석을 이미 되풀이하고 앞질렀다. 하지만 궁지에 몰렸던 비운의 의사도 확률론의 역사에서 작은 자리를 차지할 자격은 있다. 14장 「조합된 점수에 관하여On Combined Points」에서 카르다노는 오늘날 우리가 표본공간의 원리로 알고 있는 개념을 제시했다. 표본공간이란 무작위 과정(주사위 던지기나 동전 던지기)에서 나올 수 있는 모든 결과의 집합이다. 카르다노에 따르면, 가령 주사위 던지기에서 이길 확률은 이기는 결과의 비율과 같다. 주사위는 6면 중 어느 면으로든 착지할 수 있으므로, 그 6가지 잠재적 결과가 표본공간을 구성한다. 그중 하나의 수에 내기를 걸면 우리가 이길 가능성은 $\frac{1}{6}$이 된다. 그중 3개의 수에 내기를 걸면 우리가 이길 가능성은 $\frac{3}{6}$으로 커진다.

카르다노의 방법론은 그가 노름하는 데 도움이 되긴 했지만, 분석에 다소 결함이 있었다. 그는 모든 결과의 발생률이 같다고 가정했지만, 사실상 확률은 결과마다 제각각이다. 갈릴레이는 17세기 초에 「주사위 게임 고찰Thoughts about Dice Games」이라는 소논문에서 이를 증명했다. 갈릴레이는 확률론에 별로 관심이 없었다. 경사면에 공을 굴리고 속도 재는 일을 더 좋아했다. 그러나 후원자인 토스카나 공화국의 공작은 노름을 병적으로 좋아하는 사람으로, 주사위 3개로 하는 게임에서 10이 9보다 좀 더 자주 나오는 까닭을 몹시 궁금해했다. 갈릴레이는 그것은 합계가 10인 조합이 합계가 9인 조합보다 많기 때문이라고 (올바르게) 결론지었다. 주사위 3개에서 10이 나올 경우의 수는 27인 데 비해 9가 나올 경우의 수는 25다. 특정 결과가 나올 확률이 경우의 수에 달려 있다는 것은 이제 확률론의 공리다.

갈릴레이는 그 분석을 더 이상 발전시키지 않았다. 그의 관심은 다른 연구 주제에 가 있었다. 그러나 도박에 빠진 부유한 고위층 후원자들은 확률론을 더 연구하라고 재촉했다. 그중 한 명인 야심만만한 프랑스 수필가 공보Antoine Gombaud는 슈발리에라는 호칭을 썼는데, 이것은 그의 작품에서 공보의 분신으로 등장하는 인물 슈발리에 드 메어의 이름에서 따온 단어다.

공보는 아마추어 수학자를 자처하는 문인으로, 1654년에 어쩌다 보니 다음과 같은 '점수 문제'에 골몰하게 되었다. 확률 게임의 참가자가 사정이 생겨 게임을 중단했다가 끝맺지 못할 경우, 판돈을 어떻게 분배할 것인가? 이 문제는 1494년 이탈리아 수도사 파치올리Luca Pacioli가 『산술집성算術集成, Summa de arithmetica, geometria, proporcioni et proporcionalita』이라는 글에서 처음 내놓았다(그렇다. 수도사도 도박의 유혹에 빠졌다. 중세에는 텔레비전이 없었으니까). 즉, 이 문제가 도박계에서 200년 가까이 돌고 돌던 즈음에 공보가 참을 만큼 참았다고 결단을 내린 셈이다. 그는 그 수수께끼의 답을 알고 싶었다.

공보는 젊은 수학자 파스칼에게 도움을 청했다. 파스칼은 건강을 생각해서 정신노동을 삼가라는 의사의 충고를 듣고 도박을 배운 적이 있었다. 당시 그는 만성 위염, 구토증, 편두통, 하반신 국부 마비 등을 앓았다. 공보의 이야기에 관심이 생긴 파스칼은 이 수수께끼를 풀려면 완전히 새로운 분석법을 고안해야 함을 곧바로 알아차렸다. 그 해결책은 게임 중단 시점의 점수에 따른 개인별 승산을 반영해야 하기 때문이다. 그리하여 파스칼과 동료 수학자 페르마의 전설적인 편지 교환이 시작되었고, 몇 주 만에 두 사람은 현대 확률론의 기반을 닦았다. 그들이 곧바로 깨달은 바에 따르면, 이 문제를 풀기 위해서는 가능성 있는 경우를 모두 열거한 다음 각 참가자가 이길 경우의 수의 비율을 구해야 한다.

캘리포니아 공대의 수학자 믈로디노프는 『춤추는 술고래의 수학 이야기』에서 점수 문제의 해법을 명쾌히 설명해준다. 그는 애틀랜타 브레이브스가 뉴욕 양키스를 이긴 1996년 월드시리즈를 예로 든다. 브레이브스가 첫 두 경기에서 이겼다. 그런데 그 시점에서 양키스가 역전할 확률은 얼마나 될까? 답을 얻으려면, 양키스가 이기는 시나리오의 수를 모두 헤아린 후, 그들이 지는 시나리오의 수와 비교해야 할 것이다. 남은 경기에서 양키스의 승산과 브레이브스의 승산이 매번 같다고 가정하고서 계산해보면, 양키스가 월드시리즈 우승 팀이 될 확률은 $\frac{6}{32}$(약 19퍼센트)인데, 이에 비해 브레이브스가 우승할 확률은 $\frac{26}{32}$(약 81퍼센트)이다. "파스칼과 페르마에 따르면, 그 월드시리즈가 예기치 않게 중단되었을 경우에 우승 상금은 바로 그런 식으로 나눠야 했다. 첫 두 경기 후에 내기를 했다면, 배당률도 그렇게 정해야 했다." 믈로디노프의 결론이다.

그 시기에 파스칼은 주머니 사정이 나빴겠지만, 건강이 전혀 좋아지지 않았다. 얄궂게도 페르마와 편지를 주고받은 정신노동 때문에 파스칼은 몇 주 후 '혼수상태'에 빠졌고 영영 완쾌하지 못했다. 그는 독실한 교인이 되어 이전의 '타락한' 행동을 삼가며 살다 서른여섯 살에 뇌출혈로 사망했다. 그냥 노름을 계속하는 편이 나았으려나?

위험과 보상

'라스베이거스에서 일어난 일은 라스베이거스에 남는다'는 광고 문구가 있다(아마도). 보통은 여러분의 돈도 거기 남는다. 크랩스에서 확률은 아주 간단하다. 정육각형 주사위 2개밖에 없기 때문이다. 가능한 조합이라고 해봐야 36가지뿐이다. 두 주사위는 각각 경우의 수가 6이니까(6 × 6 = 36). 하지만 모든 결과가 똑같은 확률로 나오지는 않는데, 게임 승률을 유지하는 비밀은 바로 여기에 있다. 예컨대 결과가 2일 경우의 수보다 결과가 7일 경우의 수가 더 많다. 결과가 2가 되려면 스네이크 아이(1+1)가 나와야 한다. 반면에 합이 7이 되는 조합은 3가지다. 1+6, 2+5, 3+4. 게다가 각 주사위는 별개의 물체이므로 확률에는 4+3, 5+2, 6+1이라는 조합도 포함된다. 고로 7은 나올 확률이 가장 높은 수다. 게임이 본격적으로 시작된 후의 지는 끗수(크랩스)가 7인 것은 우연이 아니다.

각종 크랩스 베트의 승산과 배당까지 고려하면 위 확률은 어떻게 작용할까? 패스 베트와 돈트패스 베트에서 배당률은 1 대 1이다. 즉 승자는 자기가 건 판돈 1달러당 1달러를 받는다. 그렇다고 패스 베트에서 우리 승산이 50 대 50(0.5)이라는 뜻은 아니다. 실제 확률은 0.49293으로, 50 대 50에 약간 못 미친다. 이로써 카지노가 약 1.42퍼센트의 우위를 차지하게 된다.

일단 컴아웃롤에서 포인트가 정해지고 나면, 카지노의 우위를 줄이는 가장 유리한 부수적 베트는 '프리오드즈free odds' 베트다. 예를 들어 슈터가 주사위를 다시 던지기 전에 S-머니는 아까 그 패스라인 뒤에 칩을 1~3개 더 놓을 수 있다. 패스 베트의 배당률은 1 대 1인 반면, 프리오드즈 베트의 배당률은 승패 확률의 비의 역수와 정확히 일치한다. 포인트가 4나 10이면, 승패 확률의 비는 1 대 2($\frac{3}{36}:\frac{6}{36}$)다. 고로 슈터가 던진 주사위에 7이 나오기 전에 그 포인트가 나올 경우 배당률은 2 대 1이다. 가령 프리오드즈 베트로 10달러를 걸었다면, S 머니는 20달러를 딸 것이다. 포인트가 5나 9일 경우, 승패 확률의 비는 2 대 3($\frac{4}{36}:\frac{6}{36}$)이다. 따라서 똑같이 10달러를 프리오즈 베트로 걸면, 15달러를 따게 된다. 포인트가 6이나 8이면, 승패 확률의 비는 5 대 6($\frac{5}{36}:\frac{6}{36}$)이다. 그러므로 10달러를 프리오즈 베트로 걸면, 12달러를 따게 된다.

도미니크는 프리오즈 베트야말로 카지노의 우위를 극소화하고 참가자의 상금을 극대화하는 탁월한 방법이라고 장담한다. 하지만 우리가 이길 수 있는 주사위 끗수는 여전히 하나(포인트)뿐이다. 만약 이길 수 있는 끗수가 더 많다면, 우리는 승산을 더 높일 수도 있을 것이다. 그런 이유로 '컴come' 베트와 '포인트point' 베트가 쓰인다. 컴 베트를 하려면, 다음번 주사위가 굴려지기 전에 테이블의 '컴COME' 칸에다 칩을 놓으면 된다. 그러면 다음번 주사위에서 어떤 수가 나오든 그 칩만의 포인트가 된다. 그러므로 우리는 그 포인트로 이길 수도 있고 컴아웃롤에서 정해진 원래 포인트로 이길 수도 있다. 물론 주사위 끗수로 7이 나오면, 우리는 바로 진다. 게임이 끝났으니까.

컴 베트에는 불리한 조건이 몇 가지 따른다. 첫째, 그것은 '계약 베트'다. 패스 베트와 돈트패스 베트처럼, 해당 게임이 끝날 때까지 그대로 유지된다는 뜻이다. (우리는 '돈트컴don't-come' 베트를 선택해 또다시 슈터와 반대로 돈을 걸 수도 있다.) 둘째, 우리 운명은 새 포인트를 결정하는 주사위 끗수에 좌우된다. 새 포인트를 직접 고르고 칩을 마음대로 더하거나 도로 가져오고 싶다면, '플레이스place' 베트를 하면 된다. 배당률이 컴 베트만큼 좋지는 않지만 우리는 게임을 좀 더 통제할 수 있다. 그 밖에 위험부담이 더 높은 베트도 많이 있지만, 우리가 크랩스에서 선택할 수 있는 적절한 승산의 베트는 여기서 이야기한 것뿐이다. 길게 보면 어쨌든 돈을 잃겠지만, 그래도 훨씬 천천히 잃을 것이다.

자, 이제 실제로 게임을 해볼까? 고맙게도 카지노에서 판돈이 작은 초보자용 테이블을 1시간 동안 제공하는 덕분에 우리는 새로 배운 기술을 연습할 수 있다. 우리 가족 중 수학을 제일 잘하는 S-머니는 약삭빠르게도 도미니크의 충고대로 패스 베트에 대한 프리오드즈 베트의 규모를 최대한 활용해 카지노의 우위를 최소화한다(완전히 없애지는 못하지만). 실험 삼아 컴 베트와 플레이스 베트에 집중하는 나는 더 나은 배당률과 더 큰 게임 통제력을 맞바꾸며 두 전략을 비교해본다.

심리적 관점에서 보면, 크랩스는 교묘하게 만들어진 게임이다. 확률은 분명히 카지노에 유리하도록 조작되어 있지만, 그쪽으로 너무 쏠려 있진 않다. 그랬더라면 전혀 재미없었을 것이다. 참가자들은 보상감이 필요하다. 설령 그게 일시적 승리의 환영에 불과하더라도 상관없다. 그래서 이 게임은 중독성이 그토록 강하다. 내가 곧 깨달은 바에 따르면, 우리는 가끔 몇 번 연달아 돈을 따기도 하지만, 대체로 우리가 딴 총액은 우리가 최소한으로 쓴 판돈 총액에도 미치지 못한다. 결론적으로 크랩스 게임은 기껏해야 느린 출혈일 뿐이다. 우리가 그걸 좀처럼 알아채지 못하는 까닭은 돈을 잃는 사이사이에 따는 푼돈에 눈이 멀어 장기적 재정의 대출혈을 보지 못하기 때문이다.

하지만 어쨌든 1시간 후 우리는 총 145달러를 챙겨 자리를 뜬다(내가 45달러, S-머니가 100달러를 딴다. 이것은 여러 가지 배당률의 효과가 뚜렷이 드러나는 예다. 어디까지나 믿거나 말거나이지만). 내가 보기에 우리는 끗발이 좋았던 데다, 돈을 따고 있는 상황에서 그만둘 줄도 알았다. 천생

물리학자인 S-머니는 헛기침을 하더니, 확률론에 따르면 '좋은 끗발'이나 '나쁜 끗발'이란 느낌일 뿐이라고 알려준다. 각 주사위 던지기는 전후의 주사위 던지기와 무관하다. 바로 그것이 순수한 무작위 사건의 본질이다. 그러므로 주사위를 던지는 매번 승산은 같다. 슈터가 던진 주사위에서 같은 수가 연달아 20번 나오든 200번 나오든 상관없다. 마지막으로 던진 주사위에서 나온 수는 다음에 일어날 사건에 영향을 미치지 않는다. 돈을 따거나 잃을 '조짐'이란 건 없다.

그럼에도 우리가 크랩스 게임에서 얼마나 자주 돈을 딸지는 알아낼 수 있다. 하지만 이 개념을 실제 미적분으로 변환하는 일은 쉽지 않다. 그 부분적 이유는 주사위 던지기는 불연속 사건의 영역―반복 시행에서 독립 사건의 확률을 분석하는 영역―에 속하는 반면, 미적분은 본래 연속적인 것을 다루기 때문이다. 주사위 던지기 각 시행 결과의 확률을 좌표에 그려보면, 피라미드 모양이 나올 것이다. 이것은 더없이 좋은 모양이긴 하지만, 연속 함수를 나타내진 않는다.

하지만 주사위를 2000번 이상 던진 후, 액수별로 따고 잃은 횟수를 데카르트 좌표계에 그려보면, 일반적인 종 모양 곡선, 즉 정규분포곡선이 나올 것이다. 무작위 표본―주사위를 무작위로 여러 번 던져 얻은 결과 등―에서는 자료 값이 평균값 근처에 몰려 있는 분포가 나타난다. 평균값은 곡선의 꼭대기가 있는 곳에 해당하는데, 자료 값은 그 꼭대기에 가장 밀집해 있고 양 끝으로 갈수록 줄어든다. 크랩스에서 거액을 따거나 잃는 일은 매우 드무니만큼 종형 곡선의 양쪽 극단에 나타날 것이다. 반면에 소액을 따거나 잃는 결과는 곡선 꼭대기 주위에 모여 있을 것이다.

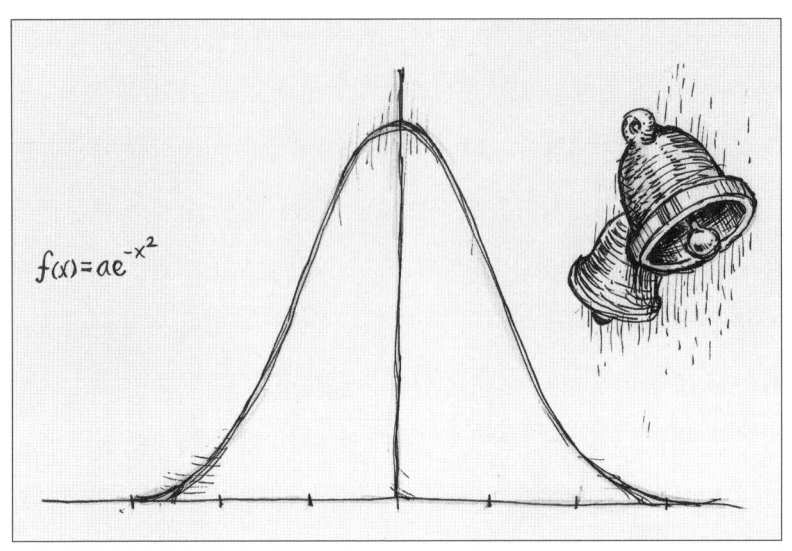

　이제 예쁜 종 모양의 곡선이 있으므로 우리는 크랩스에서 돈을 딸 빈도를 미적분으로 계산할 수 있다. 우선 우리는 자신이 무엇을 계산하는지부터 이해해야 한다. 즉 줄거리부터 짜야 한다는 뜻이다. 우리가 주사위를 던질 때 특정 숫자가 나올 확률은 앞서 말한 확률에서 바뀌지 않는다. 피라미드 모양 그래프에서 나타나듯, 7이 나올 확률은 언제나 $\frac{1}{6}$ 이다. 우리는 다른 질문을 던지고 있다. 주사위를 2000번 던질 경우 우리가 돈을 따거나 잃을 확률은 얼마인가?

　이로써 질문은 반반의 확률을 가정한 '이것이냐 저것이냐' 문제로 축소된다(다시 말하지만 크랩스 게임의 확률은 절대 반반이 아니다. 우리가 문제를 단순화하려고 그렇게 가정했을 뿐이다). 이 경우, 주사위를 던질 때 우리의 승산은 매번 50 대 50이고, 각 결과는 전후의 결과와 무관하다. 이것은 난보亂步, random walk 혹은 여러 수학자가 좋아하는 표현으로 취보醉步, drunkard's walk로 알려져 있다. 우리가 주사위를 많이 던질수록, 하루저녁의 크랩스 게임을 마칠 때 승자나 패자가 될 확률은 그 매끈한 종형 곡선의 분포에 더 가까워진다. 우리가 주사위를 무한 번 던지면, 승패 확률은 종형 곡선과 정확히 일치할 것이다.

그 확률을 어떻게 계산할까? 적분을 구하면 된다. 종형 곡선의 정적분 공식은 명쾌히 표현된 적이 없다. 그건 보통 컴퓨터로 계산한다. 하지만 그 개념의 핵심은 이러하다. 마음속에 수직선을 하나 그려보자. 왼쪽은 음의 무한대로, 오른쪽은 무한대로 뻗어 있고, 한가운데에는 0점이 찍혀 있다. 그 위에는 0에서 정점에 이르는 표준 종형 곡선이 있다. 이것은 승산 50 대 50의 결과 분포를 나타낸다. 패자가 될 확률은 음의 무한대와 0 사이의 곡선 아래 넓이고, 승자가 될 확률은 0과 무한대 사이의 곡선 아래 넓이다. 이 단순화된 예에서 각 넓이는 $\frac{1}{2}$이다. 주사위를 많이 던질수록 우리는 그 확률에 더 가까이 다가가게 될 것이다. 50 대 50의 승산에서 주사위를 무한 번 던지면 우리는 본전치기를 하게 될 것이다.

우리는 x축 위의 점을 임의로 골라 더 구체적으로 이야기해볼 수도 있다. 예컨대 500을 골랐다 치고, 우리가 돈을 잃거나 500달러 이하를 딸 확률을 구해보자. 답은 음의 무한대와 500 사이의 곡선 아래 넓이가 될 것이다. 500달러 이상을 딸 확률을 알고 싶다면, 500과 무한대 사이의 곡선 아래 넓이를 계산하면 된다.

크랩스의 가장 큰 문제는 승산이 50 대 50이 아니라는 데 있다. 가령 카지노에 약간의 우위가 있어서 승산이 49 대 51이라고 치자. 이제 아까 그 종형 곡선이 약간 왼쪽으로 이동함에 따라 우리가 패자가 될 가능성이 조금 더 커진다. 게임을 오래 할수록 우리는 그 분포에 가까이 접근하게 될 것이다. 그뿐만 아니라 우리는 베트의 종류와 규모도 고려해야 한다. 크랩스의 확률은 주사위의 끗수뿐 아니라 각종 베트의 배당률과도 연관되어 있기 때문이다.

비법을 역이용하라

우리가 크랩스에서 승자가 된 것은 단기적으로 운이 좋았던 덕분이다. 우리는 순전히 우연으로 확률적 적시타를 친 데다, 돈을 따고 있을 때 게임을 그만둘 줄도 알았다. 라스베이거스는 노름꾼들이 비법—카지노를 이길 수 있는 완벽한 전략—을 알아냈다고 확신하게 만드는 것으로 악명이 높다. 그들은 착각에 빠진다. 설령 이 일편단심 낙관론자들이 모든 변수를 계산에 넣었다손 치더라도, 카지노가 근소한 우위만 차지하고 있으면 저울은 돌이킬 수 없이 한쪽으로 기울어버린다. 우리는 게임을 1시간만 했다. 게임을 충분히 오래 하면 누구든 결국 빈털터리가 되고 말 것이다. 가끔 끗발이 세거나 운이 좋다고 해서 그 사실이 달라지지는 않는다. 카지노는 이런 점에 대해 매우 솔직하다. 뉴욕 카지노의 한 크랩스 딜러(비토라고 하자)는 그 사실을 아예 까놓고 이야기한다. "다들 비법을 알아냈다고 믿죠. 이 테이블에서 돈을 딸 수 있을 거 같아요? 좋아요.

어서 한번 해보시죠. 카지노 사방에 깔린 게 현금인출기잖아요. 다 선생님 같은 분들을 위한 거라고요." 친구여, 비토의 이 주옥같은 말을 새겨듣게나. 유비무환이라 하였으니.

　설령 확률이 여러분에게 유리하더라도 여러분이 승자가 된다는 보장은 없다. 상황이 정반대였다고, '참가자'가 약간의 우위를 차지했다고 상상해보자. 그랬다고 반드시 자동적으로 승리가 뒤따르지는 않는다. 여러분은 이길 확률뿐 아니라 주머니 사정에도 신경을 써야 한다. 확률적으로 유리해도 여러분이 가진 돈의 상당 액수를 매번 판돈으로 걸면, 우위는 금방 사라져버릴 것이다. 이것은 '도박사의 파산gambler's ruin'이라는 이론의 핵심이다. 이 이론을 특히 좋아하는 워싱턴 대학의 물리학자 베이컨Dave Bacon—블로고스피어에서는 '양자 교황Quantum Pontiff'으로 더 유명하다—은 어릴 때 주사위 던지기의 반복 시행 결과를 목록으로 정리하는 일에 푹 빠졌다. 그는 그 일 때문에 괴짜가 되었다고 고백한다. 하지만 그리해본 덕분에 장기적으로 돈을 많이 아꼈을 것이다.

　도박사의 파산 이론은 다음 가정에서 시작한다(크랩스에서는 틀린 가정이다). 참가자는 어떤 확률 게임에서 약간의 우위를 차지하고서 절반을 조금 웃도는 빈도로 이길 것이다. 가령 여러분에게 달러가 있다고 치자. 여러분은 판돈으로 1달러를 걸면 결과에 따라 1달러를 따거나 1달러를 잃을 것이다(크랩스의 패스 베트와 돈트패스 베트의 배당률과 같다). 그 근소한 우위에도 불구하고 여러분이 돈을 2배로 불리지 못하고 모조리 잃을 확률은 얼마나 될까?

　어릴 적 열정을 되살려 베이컨은 간편한 공식을 고안한 후, 거기에 몇몇 값을 집어넣어 어떤 패턴이 나타나는지 살펴보았다. 그가 알아낸 바에 따르면, 우위가 꽤 크더라도(55 대 45라고 하자) 10달러로 시작해서 매번 일정한 판돈을 걸 경우 돈을 2배로 불리기 전에 파산할 확률은 11.8퍼센트다. 우위가 51 대 49이고 178달러로 시작할 경우 돈을 2배로 불리기 전 파산할 확률은 0.1퍼센트, 즉 $\frac{1}{1000}$로 낮아진다. 물론 크랩스에서 여러분은 우위를 차지하지 않는다. 베이컨은 그 계산도 뚝딱 해치웠다. 카지노가 일반적인 1.42퍼센트의 우위를 차지하고 여러분이 수중의 돈 100달러를 2배로 불리고 싶다면, 여러분의 파산 확률은 98.2퍼센트다. 카지노가 그렇게 돈을 많이 버는 데는 다 이유가 있다.

그래서 게임 확률을 연구해본 사람들이 내놓는 도박 제1원칙은 '하지 마라'다.[+] 하지만 여러분이 크랩스를 벼락부자 되기 전략이 아니라 무해한 오락으로 여기기만 한다면, 그것은 무척 재미있는 게임이 될 것이다. 경험해본 바에 따르면, 여러분은 기꺼이 잃을 액수를 미리 정해두고 그걸 하루 오락비로 여기는 편이 낫다. 그 돈을 다 잃고 나면, 상황을 받아들이고 자리를 털고 일어나라. 라스베이거스의 다른 즐거움을 찾아보는 것도 괜찮다.

물론 말만큼 쉽진 않다. 첫째, 카지노에는 크랩스 테이블마다 스틱

[+] 전해오는 이야기에 따르면, 미국물리학회는 한때 연례 회의를 라스베이거스에서 열었다. 모임에 참석한 물리학자들은 쇼걸, 창녀, 블랙잭, 룰렛, 크랩스, 술 등 흔히들 경험하는 퇴폐적인 향락을 모두 멀리했다. 게다가 다들 팁도 아끼는 짠돌이였다. 술집에서도 말다툼 한 번 일어나지 않았다. 돈을 거의 못 번 라스베이거스에서는 학회 측에 다시는 오지 말아 달라고 당부했다. 지금 미국물리학회는 주요 회의를 신시내티, 인디애나폴리스, 덴버처럼 수수하고 점잖은 도시에서 연다.

맨이 있다. 그들은 게임 분위기를 띄우며 참가자들에게 더 위험한 베트를 하라고 부추긴다. 둘째, 2008년 『마케팅 리서치Journal of Marketing Research』지에 실린 한 논문에서는 두 캘리포니아 대학 교수의 연구 결과를 보고했다. 그들이 알아낸 바에 따르면, 도박 예산을 지키겠다고 결심하고 카지노에 간 사람들도 돈을 잃은 게 너무 분해 본전을 찾으려고 판돈을 더 걸기 일쑤였다. 반면에 돈을 딴 사람들은 보통 예산을 지켰다.

도박 중독 증세가 나타나면 문제는 더 심각해진다. 2007년 네브래스카 주의 사업가 와타나베는 1년간 시저스 팰리스와 리오 카지노에서 흥청망청하다 약 1억 2700만 달러를 잃었다. 자기 재산의 대부분을 날려버린 셈이었다. 두 카지노의 모회사 하라스 엔터테인먼트가 도박 빚 미지불로 와타나베를 고소하자, 그는 맞고소로 응했다. 와타나베는 카지노 직원이 자신에게 술을 잔뜩 먹인 후 도박을 하라고 부추겼다고 주장했다. 그때 자신은 술에 취해 판단력이 흐린 상태였다고 했다. 그의 말에도 일리가 있다. 와타나베 같은 도박광(카지노 직원들의 은어로 '고래whale')들은 카지노의 짭짤한 수입원이다. 그래서 카지노는 그들을 깍듯이 모신다. 온갖 특혜를 무료로 제공하며 그들을 계속 행복하게 해준다. 하지만 규칙은 있다. 네바다 주 게임 규정에 따르면, 명백히 술에 취한 사람은 게임을 못 하게 해야 한다. 와타나베의 주장에 따르면, 실제로 그는 강박적인 음주와 도박 때문에 윈 카지노에서 쫓겨났다. 그러나 하라스 엔터테인먼트의 카지노들은 그를 두 팔 벌려 환영했다.

와타나베의 극적인 몰락은 매우 드문 경우다. 파산하지 않고도 카지노에서 크랩스 게임을 얼마든지 즐길 수 있다. 다음의 기본 원칙만 따르면 말이다. 정해놓은 금액으로 게임을 최대한 오래 하라! 이 말은 곧 승산과 배당률이 가장 유리한 베트를 선택해 매 게임에서 되도록 조금만 잃어야 한다는 뜻이다. 그렇다면 가진 돈의 몇 퍼센트를 판돈으로 걸어야 파산하지 않고 장기적 수익을 극대화할 수 있을까? 이것은 '켈리 기준Kelly's criterion'을 이용하면 쉽게 알아낼 수 있다.

텍사스 주에서 태어난 켈리John L. Kelly는 제2차세계대전 때 비행기 추락 사고에서 살아남은 해군 항공대 파일럿이었는데, 나중에 텍사스대학 오스틴 캠퍼스에서 물리학 박사 학위를 받았다. 그 후 석유 회사에 취직하여 과학적인 유전탐사법 교육을 담당했다. 하지만 고용주의 직감이 켈리의 이론적 모델보다 나았다. 그래서 켈리는 석유 산업은 숨은 매장물을 감지해내는 사람들에게 맡겨두는 편이 낫겠다고 판단하고는 미국의 일류 연구기관인 벨 연구소에서 일자리를 얻었다. 그는 동료 물리학자들 사이에서 유난히 튀었다. 느릿느릿한 텍사스 말투를 썼고, 무기에 열광했으며, 계산된 위험이라면 달갑게 받아들였다.

1950년대에 켈리가 그 유명한 공식을 만들어낸 것은 바로 TV 인기 프로그램 〈6만 4000달러 퀴즈 쇼$64,000 Question〉에서 받은 영감 덕분이었다. 당시 사람들은 어느 출연자가 우승할지 내기를 걸곤 했다. 하지만 뉴욕 시(프로그램을 만들어 생방송으로 내보낸 곳)와 미국 서부 해안은 3시간 시차가 난다. 켈리가 듣자 하니 서부 해안의 한 노름꾼은 전화로 승자를 미리 알려주는 동료가 뉴욕에 있다고 했다. 그 덕분에 노름꾼은 서부에서 퀴즈 쇼가 방송되기 전에 유리한 위치에서 내기를 걸 수 있다는 것이었다. 여기서 영감을 받은 켈리는 확률과 도박에 대해 깊이 생각하게 되었다. 그의 추론에 따르면, 정보통에게 얻은 정보만 믿고 가진 돈을 몽땅 거는 노름꾼은 잘못된 정보를 처음 입수하는 날 바로 빈털터리가 될 것이다. 반면에 그 노름꾼이 정보를 얻을 때마다 최소한의 금액만 판돈으로 건다면, 그 내부 정보는 더 이상 그리 이익이 되지 않을 것이다. 우승 전략에서 판돈 액수가 얼마나 중요한지 깨달은 켈리는 다음을 밝혀냈다. 우리가 차지한 우위를 배당률로 나누면 가진 돈의 몇 퍼센트를 매번 판돈으로 걸어야 할지 알 수 있다.

배당률은 우리가 이길 경우 얻는 이익을 결정하고, 우위는 확률이 일정한 내기를 반복할 경우 우리가 평균적으로 딸 총액을 설명해준다. '도박사의 파산'의 교훈을 떠올려보라. 확률적으로 유리해도 가진 돈을 단번에 몽땅 걸어서는 안 된다. 단번에 돈을 모두 잃을 확률이 훨씬 높다. 안전하게 아주 조금만 걸어라. 그래도 우리의 수익은 필연적 손해를 만회할 만큼 크지 않을 것이다. 켈리의 공식은 장기적 수익을 극대화하는 최적의 베팅 전략을 보여준다. 켈리에 따르면, 1 대 1의 배당률에서 내기하는 경우 우리는 가진 돈의 $2p-1$에 해당하는 금액을 판돈으로 걸어야 한다. 여기서 p는 이길 확률이다.

라스베이거스 크랩스 게임의 경우, 여러분이 운 좋게도 카지노 소유자가 아닌 한 그 공식은 비관적인 답을 내놓을 것이다. 참가자가 차지하는 우위는 보통 기껏해야 0(50 대 50의 승산)이고, 종종 그보다 조금 더 낮다. 둘 중 어떤 경우든 켈리 기준에 따르면 크랩스 게임에서 우리의 장기적 수익을 극대화하는 최선책은 가진 금액의 0퍼센트를 판돈으로 거는 것이다. 쉽게 말해 게임을 하지 말란 얘기다. 하지만 이것은 재미라는 요소, 즉 우리가 크랩스 게임에서 얻는 순수한 즐거움을 고려하지 않은 냉정한 수학적 분석일 뿐이다.

우리는 이 문제를 조금 바꿔, 주관적 질도 계산에 넣어볼 수 있다. 그러려면 주관적 질에 양적인 값을 부여해야 한다. 가령 승산이 49 대 51로 카지노가 2퍼센트 우위를 차지한다고 치자. 하지만 재미 지수가 3퍼센트라면 우리는 카지노에 대해 총 1퍼센트의 우위를 차지하게 된다. 이것은 곧 이길 확률 0.51에 해당하므로, 켈리 기준에 따르자면 우리는 가진 돈의 2퍼센트를 판돈으로 걸어야 한다. 이제 우리는 바로 그렇게 판돈을 걸어 게임을 최대한 즐길 수 있다. 바꿔 말하면 장기적 수익을 극대화하여 게임을 최대한 오랫동안 할 수 있다. 물론 결국에 가서는 돈을 잃겠지만, 그래도 우리가 가진 돈으로 최대한의 즐거움을 얻을 수 있을 것이다.

켈리 기준에는 부정적인 면, 아니 일장일단이 있다. 켈리 기준을 따라가면 몹시 변덕스러운 결과를 얻게 된다. 그것은 장기적으로는 효과가 있지만, 단기적으로는 엎치락뒤치락하는 운명에 대한 극심한 불안을 낳기도 한다. 조금 덜 극적인 도박을 선호하는 사람들이 좋아할 만한 절충 전략은 켈리 기준에서 권장하는 비율의 절반만 판돈으로 거는 것이다. 그렇게 하면 우리 수익은 켈리 기준에 따른 수익의 $\frac{3}{4}$ 이내에서 최적화되지만, 변덕은 많이 줄어든다. 켈리가 물불을 안 가리는 사람이어서 그런지, 장기적 수익을 낳는 최적의 공식은 보통 단기적 위험을 높이는 듯도 하다. 얄궂게도 켈리는 자기 방법을 직접 시험해보지 못했다. 그는 마흔한 살 되던 1965년에 맨해튼에서 길을 걷다 뇌출혈로 세상을 떠났다. 그럴 확률은 얼마였을까?

건초 더미에서 바늘 찾기

우리는 고전적인 포커를 몇 시간 즐기며 라스베이거스의 화끈한 주말을 마무리한다. 포커는 순전히 무작위적인 확률 게임과 대조적으로 기술과 전략이 중요한 게임이다. 그래서 카지노는 고정된 카지노 우위에 의존하지 않고 참가자 수익에서 일정 비율을 뗀다. 내가 뭘 배웠느냐고? '크랩스'는 적절한 이름이다.[+] 또? 나는 텍사스홀덤Texas hold'em 게임에서 허세 부리는 데 완전히 꽝이다. 하지만 결국 우리는 돈을 얼마 잃지 않고 카지노에서 빠져나온다.

그날 저녁 벨라지오 호텔에서 느긋하게 칵테일을 마시며 나는 확률론과 도박이 점술은 물론이고 가장 유명한 '자연의' 수 π와도 관련되어 있다는 생각에 빠져든다. 풀먼Philip Pullman의 소설 『황금나침반 3: 호박색 망원경The Amber Spyglass』에 나오는 옥스퍼드 대학의 물리학자 메리 말론은 『주역周易』에 나오는 방법대로 서양톱풀 줄기를 던지면(동전을 던져도 된다) 더스트—의식이 있는 신비로운 미립자들의 총체—와 소통할 수 있

[+] 'craps'에서 s가 빠진 'crap'(단수형은 아니다)은 크랩스 게임은 물론이고, 허튼소리, 거짓말, 쓰레기, 똥 등의 뜻으로도 쓰이는 비속어다. (옮긴이)

다는 사실을 알아낸다. 물리학자는 결코 '초자연적' 점술을 이해하거나 표현하지 못할 것이라고 비웃는 사람들은 이걸 생각해보라. 덴마크 물리학자 보어Neils Bohr는 기사 작위를 받을 때 문장 디자인에 태극 문양을 집어넣어 주역의 교묘한 확률 개념 이용 방식에 경의를 표했다.

현실 세계에도 메리 말론의 점술과 짝을 이루는 부분이 있는데, 그것은 뷔퐁의 바늘이라는 오래된 기하확률 문제에 나온다. 이 실험은 프랑스의 박물학자이자 수학자인 뷔퐁Georges-Louis Leclerc, Comte de Buffon이 생각해냈다. 코트도르에서 태어나 자란 뷔퐁은 처음에 법학을 배웠으나 도중에 곁길로 빠져 수학과 과학을 공부했다. 뷔퐁이 학위를 땄는지는 분명치 않다. 어떤 싸움에 휘말린 뒤 어쩔 수 없이 대학을 떠났기 때문이다. 그러고 나서 유럽을 여행하던 뷔퐁은 아버지가 재혼했다는 소식을 듣고서야 돌아왔다. 가족을 아껴서라기보다는 재산을 물려받기 위해서였다.

뷔퐁은 『박물지Histoire naturelle』를 쓴 것으로 가장 유명하다. 자그마치 44권에 담긴 백과사전적 지식은 당시 자연계에 대해 알려진 모든 것을 망라했다. 다윈Charles Darwin의 『종의 기원On the Origin of Species』이 나오기 꼭 100년 전에 뷔퐁은 인간과 유인원의 유사점을 알아차리고는 공통 조상이 있을 가능성을 고찰했다. 그러던 끝에 그는 종이란 분명 그 공통 조상으로부터 진화해왔을 것이라고 결론지었다. 뷔퐁이 구체적인 진화 방식을 내놓진 않았지만, 그의 책은 여러 언어로 번역되었고 다윈에게도 영향을 미쳤다. 『종의 기원』 6판 머리말에서 다윈은 뷔퐁을 "최초로 그것을 과학적 태도로 다룬 근대 저술가"라고 평했다.

확률론 발전에 기여한 뷔퐁의 기발한 이론은 그가 1777년에 발표한 『타일 바닥 게임에 대하여*Sur le jeu de franc-carreau*』에 실려 있다. 처음에 그는 정사각형 타일이 깔린 바닥에 떨어진 작은 동전—정확히 말하자면 에큐 (ecu, 당시 유럽의 화폐 단위)— 을 생각했다. 당시 뷔퐁의 친구들 사이에서는 떨어진 동전이 타일 1장 안에 온전히 들어가느냐, 아니면 이웃한 두 타일의 경계선에 걸치느냐를 놓고 내기하는 놀이가 엄청나게 유행했다. 뷔퐁은 수학을 좋아한 덕분에 친구들보다 조금 더 유리했다. 그는 미적분으로 내기의 확률을 구할 수 있음을 깨달았고, 그로써 처음으로 확률론에 미적분을 도입한 인물이 되었다.

뷔퐁이 관찰해본바, 동전이 타일 1장 안에 들어가려면, 타일보다 작은 어떤 정사각형 안에 동전의 중심이 들어가야 했다. 그 작은 정사각형의 한 변 길이는 타일의 한 변 길이에서 동전의 지름을 뺀 값과 일치했다. 뷔퐁은 동전이 타일 1장 안에 들어갈 확률을 타일 넓이와 작은 정사각형 넓이의 비율로써 수학적으로 표현할 수 있다고 결론지었다.

뷔퐁은 바늘과 체스보드로도 같은 실험을 수행했다(그래서 뷔퐁의 바늘이라는 이름이 붙었다). 바늘을 체스보드에 떨어뜨리면 2가지 상황 중 하나가 벌어진다. 하나는 바늘이 경계선에 걸치거나 닿는 상황이고, 하나는 바늘이 경계선에 전혀 닿지 않는 상황이다(여기서는 약 1인치 간격을 둔 평행선이나 정사각형들 위에 1인치 길이의 바늘을 떨어뜨린다고 가정한다).

뷔퐁은 바늘을 거듭거듭 떨어뜨리면서 그때그때 바늘이 어떻게 떨어지는지 계속 기록했다. 그가 알아낸 바에 따르면, 떨어진 바늘이 경계선에 걸칠 확률은 약 $\frac{2}{\pi}$다. 바늘이 선에 걸친 횟수를 바늘을 떨어뜨린

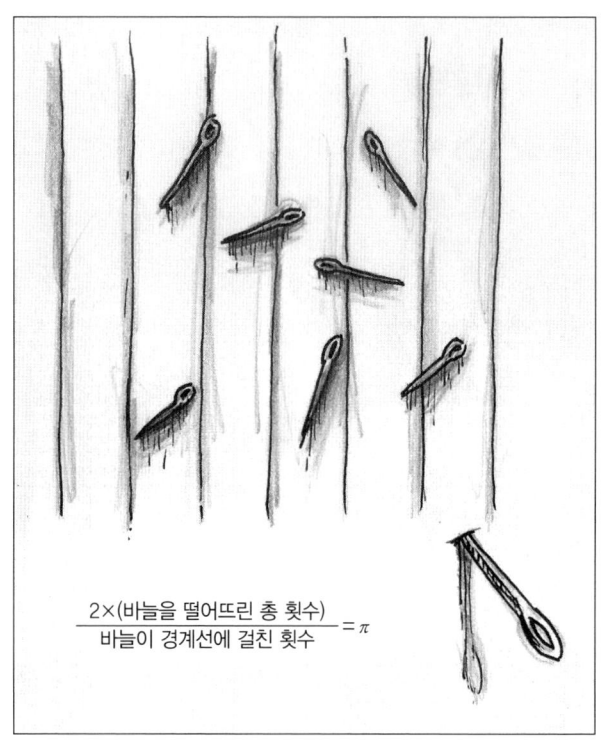

$$\frac{2 \times (\text{바늘을 떨어뜨린 총 횟수})}{\text{바늘이 경계선에 걸친 횟수}} = \pi$$

총 횟수로 나눠본 뷔퐁은 누구든 바늘을 여러 번 떨어뜨릴수록 그 확률값에 더 가까이 다가가리라는 점을 깨달았다. 이를 뒤집어보자면 누구든 바늘을 여러 번 떨어뜨릴수록 π 값에 더 가까이 다가가는 셈이다.

　인터넷상에는 이 실험의 온라인 버전이 많이 있다. 거기 접속하면 '던지기'를 각자 원하는 만큼 몇 번이고 반복할 수 있다. 그 경우에도 여러분은 실험을 여러 번 반복할수록—크랩스 테이블에서 주사위를 여러 번 던질수록, 혹은 룰렛 테이블에서 원반을 여러 번 돌릴수록—계산된 확률에 더 가까이 다가갈 것이다. 단기적으로 끗발이 좋거나 나쁠 수야 있겠지만, 여러분이 게임을 오래 할수록 상황은 더욱더 예측 가능해진다. 그 확률 값이 π와 연관되어 있다는 점은 희한하기 그지없다.

바늘 떨어뜨리기를 무한 번 반복하면, 아까 이야기한 값의 분모는 정확히 π가 될 것이다. 그 확률은 바늘 떨어뜨리기 반복 시행의 극한인 셈이다. 수학자 라플라스는 1812년에 이것을 명쾌히 증명해냈다. 그것은 『호박색 망원경』에서 메리 말론이 깨닫는 사실의 핵심이기도 하다. 겉보기에 바늘(혹은 서양톱풀 줄기)은 패션지 위에 무작위로 흩어지는 듯하지만, 결국 우리는 매우 정확한 수를 얻게 된다. 이런 게 바로 미적분의 힘이다.

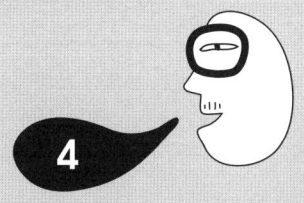

악마의 놀이터

역학은 수학이라는 학문의 낙원이다. 여기서 우리는 수학의 결실을 볼 수 있기 때문이다.

— 레오나르도 다빈치^{Leonardo da Vinci}

햇살이 눈부시게 쏟아지는 일요일 오후, 우리는 캘리포니아의 놀이공원 디즈니랜드에 와 있다. 큰길을 한가로이 거니는 방문객들은 아이스크림을 야금야금 먹기도 하고, 이따금 멈춰 서서 〈몬스터 주식회사Monsters, Inc.〉, 〈인크레더블The Incredible〉, 〈릴로 & 스티치Lilo & Stitch〉 같은 인기 만화영화의 실물 크기 캐릭터와 사진을 찍기도 한다. 그들은 '타워오브테러Tower of Terror'⁺가 기다랗게 드리운 불길한 그림자도, 그 건물에서 퍼져 나오는 비명도 감지하지 못하는 듯하다. 허물어져가는 건물 정면에는 검게 그을린 자국이 나 있다. 아마도 1939년에 벼락이 내리쳐 참사를 빚었으리라.

+ 일종의 엘리베이터로 13층까지 올라가다 중간 중간 멈춰 서서 무서운 장면을 보여준 후, 급강하와 급상승을 몇 차례 반복하고 끝나는 놀이기구. '귀신의 집'과 '자이로드롭'을 혼합한 기구로 볼 수도 있다. (옮긴이)

물론 디즈니랜드의 여러 테마파크에 진짜란 없다. 그 음산한 벽을 뚫고 울려 퍼지는 소리는 극심한 공포에 질려서가 아니라 흥에 겨워서 지르는 비명이다. TV 드라마의 고전 〈중간 지대Twilight Zone〉의 영향을 받은 타워오브테러는 고전적인 자유낙하식 놀이기구를 디즈니랜드가 극적으로 재구성한 형태다. 우리는 그 짧은 순간의 짜릿하고도 오싹한 기분을 맛보려고 45분 가까이 줄을 서 있었다.

건물 안에서 우리는 지난 시대의 빛바랜 영광을 만난다. 가운데가 푹 꺼진 소파, 겹겹이 쌓인 먼지, 갈라진 회반죽벽, 가짜 거미줄이 쳐진 유리 샹들리에가 '로비'에 기품을 더한다.

우리는 느릿느릿 잔걸음으로 가짜 엘리베이터의 탑승구에 이른다. 그곳에서는 호텔 보이 차림의 직원이 우리 모두 안전벨트를 단단히 맸는지 확인한다. 곧 엘리베이터가 올라가다 중간에 멈추더니, 〈중간 지대〉 제작자이자 해설자인 설링Rod Serling의 몽환적인 목소리가 들린다. 그는 1939년 10월 31일 폭풍우가 몰아치던 캄캄한 밤의 전설을 들려준다. 그날 호텔 투숙객 5명은 엘리베이터를 타고 가다 …… '중간 지대'로 이동하고 말았다!

우리가 싸구려 음향 효과에 피식하려는 순간, 엘리베이터는 갑자기 1층으로 곤두박질하더니 도로 꼭대기 층(표면상으로는 13층)까지 치솟는다. 가속도가 우리를 내리누른다. 잠시 멈춘 상태에서 50여 미터 아래의 나머지 공원이 언뜻 보인다. 하지만 엘리베이터는 또다시 떨어진다. 짧은 급강하 후에 좀 더 긴 급강하가 이어지는데, 매번 황홀한 순간적 무중력 상태가 뒤따른다. 그런 다음 우리는 다시 꼭대기로 솟구쳐 올랐다가 마지막 자유낙하로 '지하층'에 내려온다. 거기서 대기하던 가짜 보이가 우리를 남캘리포니아의 햇살이 비치는 바깥으로 안내해준다. 밖으로 나오면서 숀은 나를 보고 싱글거리며 이렇게 외친다. "와! 우린 포물선을 그린 거야!"

디즈니랜드에 가려거든 물리학자를 한 사람 데려가 보라. 색다른 경험을 할 수 있을 테니. 이것은 마법의 왕국을 완전히 새롭게 바라보는 방식이다(이왕이면 모자에 미키마우스 귀까지 달면 더 나을 것이다). 장담하건대 그 누구도 놀이기구를 타면서 미적분과 포물선을 떠올리지 못할 것이다. 다들 자유낙하의 즐거움을 맛보며 소리 지르기 바쁠 테니까.

숀은 디즈니랜드에 와본 적이 없었다. 그래서 나는 이번에 그 문화적 공백을 메우기로 결심했고, 디즈니랜드란 꼭 직접 체험해봐야 하는 미국의 풍물이라고 강조했다. 게다가 미적분과 고전 역학의 역동적 실례를 찾기에 여기보다 좋은 곳이 또 있을까?

놀이공원 물리학은 고등학교 물리 선생님들 사이에서 인기가 많다. 그들은 쉽게 산만해지는 어린 제자들의 관심을 끌 참신한 방법이 절실히 필요하다. 실제로 해마다 물리학의 날^{Physics Day}이 되면, 4000명이 넘는 고등학생들이 버지니아 주 라르고의 식스플래그스 아메리카^{Six Flags America}라는 놀이공원으로 몰려든다. 다들 손수 만든 가속도계(가속도를 재는 장치)와 스톱워치를 들고, 그곳의 극단적인 롤러코스터를 타보고 싶어 한다. 어쩌면 아드레날린이 분출하는 가운데 물리를 조금 배우고 싶어 할지도 모르겠다.

그래서 숀은 일요일을 디즈니랜드에서 보내자는 데 순순히 동의했고, 이제 긴 줄에서 또 다른 긴 줄로 끌려다니고 있다. 이곳은 지나치게 흥분한 아이, 기진맥진한 부모, 자주색 머리의 힙스터[+]들로 바글바글하다. 요란하게 피어싱을 한 그 젊은이들은 최선을 다해 지루한 표정을 지으며, 마치 '단지 그렇게 빈정거리려고 거기 있는 듯이' 껄렁댄다.

자유낙하

남녀노소가 다채롭게 어우러진 그 모습은 바로 월터 디즈니Walter Disney가 1930년대 말에 '마법의 공원'을 처음 구상했을 때 염두에 둔 것이다. 제2차 세계대전 때문에 계획을 미뤘지만, 그는 1953년에 로스앤젤레스 근교에서 40만 제곱미터의 대지를 발견했다. 마법의 왕국을 세울 수 있는 공간이었다. 디즈니랜드는 1955년 7월 19일에 공식적으로 문을 열었다. 난리도 그런 난리가 없었다. 애초에 디즈니는 엄선한 6000명만 그날 행사에 초대하려고 했다. 그러나 위조 초대권이 급조되어 열광적인 군중의 손에 들어갔다. 새벽 2시부터 사람들이 공원 정문에 줄을 서더니, 오후에는 2만 8000명을 넘는 '티켓 소지자'가 공원으로 몰려들었다. 노점은 음식이 바닥났고 놀이기구는 초만원이었다. 몇몇 필사적인 부모들은

[+] 힙스터hipster: 독특한 문화적 코드를 공유하는 일부 중산층 출신의 젊은이들을 가리키는 말이다. (옮긴이)

울부짖는 자식을, 길을 막은 행인의 어깨 너머로 던지기도 했다. 아서 왕 회전목마King Arthur Carousel에 태우기 위해서였다.

날씨도 협조해주지 않았다. 수은주가 40도를 웃돈 더위는 그해 7월 로스앤젤레스 전역을 15일간 달군 혹서에 속했다. 새로 깐 아스팔트가 아직 굳지 않아서 여자들의 하이힐이 끈끈한 타르에 박혔고, 배관공들이 파업하는 바람에 공원에는 물이 나오는 식수대가 거의 없었다.[+] 설상가상으로 가스 누출 때문에 어드벤처랜드Adventureland, 프런티어랜드Frontierland, 판타지랜드Fantasyland는 오후에 문을 닫아야 했다. 투모로우랜드Tomorrowland만 낭패를 면했다. 하지만 길게 볼 때 디즈니랜드는 엄청난 성공을 거두었다. 1965년 10주년을 기념하던 무렵에는 총 방문객 수가 5000만 명을 넘어섰다.

인기 놀이기구 앞의 줄은 여전히 길지만 요즘 디즈니랜드는 군중 관리 솜씨가 더 좋아졌다. 그뿐만 아니라 디즈니 제국은 규모를 확장하고 세계로 뻗어나갔다. 애너하임의 본 공원 안에는 이제 원래 있던 네 '랜드' 외에 뉴올리언스 스퀘어New Orleans Square, 크리터 컨트리Critter Country, 미키스 툰타운Mickey's Toontown도 있다. 플로리다 주에는 디즈니월드가 있고, 지금은 파리, 도쿄, 홍콩에도 디즈니 테마파크가 있다. 2001년에는 디즈니랜드 근처에 캘리포니아 어드벤처California Adventure라는 테마파크도 개장했다. 타워오브테러는 이 공원의 할리우드 픽처스 백롯Hollywood

---

[+] 듣자 하니 디즈니는 마지못해 식수대와 화장실 중 하나에서만 물이 나오게 해야 했는데, 현명하게 후자를 선택했다고 한다. 하지만 배은망덕한 군중은 디즈니가 탄산음료를 팔려고 일부러 식수대를 못 쓰게 만들었다며 그를 고소했다(펩시콜라가 공원 개장을 후원했다).

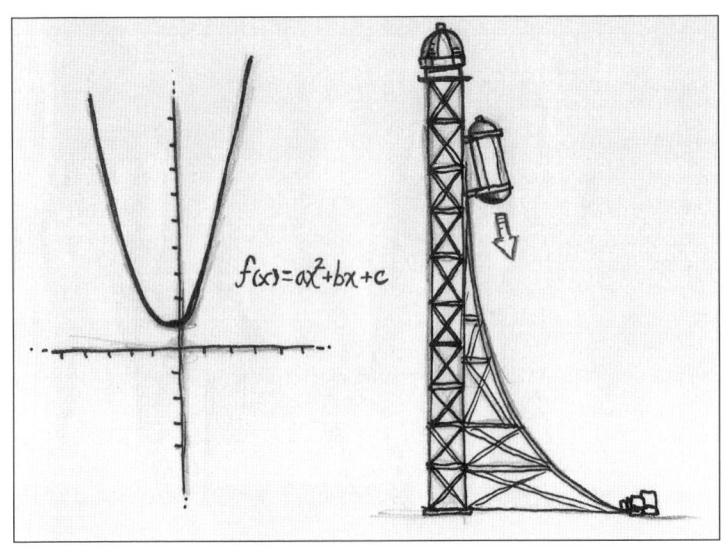

Pictures Backlot 구역에서 찾을 수 있다.

이따금 끔찍한 결과가 따르기도 했지만, 인간은 수 세기 동안 자유낙하의 느낌에 열광해왔다. 번지점프의 엄청난 인기를 생각해보라. 번지점프의 기원 중 하나는 '단자 데 로스 볼라도레스 데 파판틀라Danza de los Voladores de Papantla(비행자의 춤)'라는 고대 아즈텍 의식이다. 이 '단자'는 오늘날에도 '파판틀라 비행자Papantla flyers'라는 이름으로 여전히 행해진다. 한편 1950년대에 영국의 다큐멘터리 영화 제작자 애튼버러David Attenborough는 BBC 제작진을 이끌고 바누아투의 펜테코스트 섬에 갔다. 거기서 그들은 몇몇 원주민들이 담력을 시험하려고 발목에 덩굴을 묶고 높은 나무 단에서 뛰어내리는 모습을 녹화했다. 이스트림 스포츠광들이 자기 몸에 번지코드를 묶고 높은 구조물에서 재미로(때론 돈벌이로) 뛰어내릴 생각을 해내는 것은 시간문제일 뿐이었다.[+] 번지점프는 수많은 사고와 산발적 사망에도 불구하고 지구촌 곳곳으로 빠르게 퍼져 나갔다.

(나처럼) 좀 더 온건하게 스릴을 추구하려는 사람들에게는 더 엄격히 안전을 통제하는 역학적 자유낙하 놀이기구가 제격이다. 식스플래그스 그레이트 어드벤처Six Flags Great Adventure라는 놀이공원은 1983년에 진정한 자유낙하 놀이기구를 거의 최초로 도입했다. L자형 구조물에 달린 4인승 차량은 수압으로 40미터 높이의 탑 꼭대기까지 올라가 몇 초간 정지한다. 버저가 울리면 차량은 하강 트랙을 따라 급속히 내려와 수평의 출구 트랙에서 멈춘다. 수평 트랙이 필요한 까닭은 내려오던 차량이 갑자기 멈추면 탑승자가 크게 다칠 수 있기 때문이다. 차량이 감속하는 동안 그 모든 운동에너지는 좀 더 긴 시간에 걸쳐 소멸되므로 한꺼번에 탑승자에게 전달되지 않는다.

타워오브테러는 1990년대부터 고전적 자유낙하 모델을 서서히 대체한 '드롭타워라이드drop tower ride'[++]의 변형이다. 대체의 주된 이유는 드롭타워라이드가 진정한 자유낙하 놀이기구에 더 가까울뿐더러 기계적 마모도 덜하기 때문이다. 이 기구에서는 곤돌라 차량—타워오브테러에서는 가짜 엘리베이터—이 대형 수직 구조물의 꼭대기로 올라갔다가

[+] 일단의 영국 아드레날린 중독자들은 '옥스퍼드 대학 위험스포츠 클럽'을 조직하고서, 1979년 75미터 높이의 브리스틀 클리프턴 현수교에서 뛰어내렸다. 그들은 곧바로 체포되었지만 단념하지 않았다. 계속해서 그들은 골든게이트교, 이동식 기중기, 열기구에서도 뛰어내렸다.

[++] 높은 곳에서 수직으로 떨어지는 놀이기구. 롯데월드의 자이로드롭도 여기에 속한다. (옮긴이)

다시 지면으로 떨어지는데, 충돌이 발생하기 전에 브레이크가 작동해 속도를 늦춘다(타워오브테러는 탑승자를 몇 번 '흔든' 다음에야 비로소 멈추지만).

전문적으로 말하면, 우리는 직접 작용 받는 힘이 중력밖에 없을 때 자유낙하를 시작한다. 사과를 공중으로 던지는 일을 생각해보라. 사과는 우리 손을 떠나면서 우리의 상향력을 더 이상 받지 않는 순간부터 자유낙하 상태에 들어간다. 계속 올라가던 사과는 중력에 못 이겨 점점 느려지다 잠깐 멈춘 후(무중력 상태의 순간) 다시 내려온다. 타워오브테러의 엘리베이터도 똑같은 궤적을 따른다. 엘리베이터는 처음에 수압을 받지만 어느 시점에서 그 힘이 사라지면 순수 운동량에 따른 상승을 멈춘다. 그 짜릿한 무중력 상태가 잠깐 일어나는 까닭은 탑승자가 주변 사물(이 경우엔 의자)과 똑같은 속도로 떨어지기 때문이다. 나사NASA의 악명 높은 무중력 실험기 '구토 혜성vomit comet'은 포물선 궤도를 그리며 날아간다. 그 비행기는 그토록 극단적인 상승과 하강을 반복하기 때문에 65초마다 20~30초간의 무중력 상태를 만들어낸다.

타워오브테러에서 우리는 스릴감뿐 아니라 고전 역학에 관련된 미적분의 탁월한 예도 얻을 수 있다. 물론 우리의 물리적 운동은 수직으로 오르내리는 운동이다. 그러나 '시간'에 따른 높이(위치) 변화를 한 점 한 점 데카르트 좌표계에 찍은 다음(상승 궤적과 하강 궤적 모두) 그 점들을 이으면, 아까 손을 그렇게 기쁘게 한 포물선이 뚜렷이 나타날 것이다(사과의 경우도 마찬가지다).

어째서 그렇게 될까? 우선 시작 속도부터 생각해보자. 그것은 0이 아니다. 지금 우리는 놀이기구의 출발 시점(이때 속도는 0이다)이 아니라 자유낙하 시작 시점의 속도를 이야기하고 있기 때문이다. 우리는 속도계로 그 순간의 속도를 알아낼 수 있다. 바로 그 값이 우리의 출발 속도(상수)가 된다. 한편 타워오브테러가 우리의 가속도를 기록한다고 가정하면 그 가속도를 적분함으로써, 즉 매 순간의 가속도(이 경우 중력 상수)를 합산함으로써 우리의 속도를 구할 수 있다.

그 속도를 그래프로 그리면 아래로 기운 직선이 나오는데, 이것이 바로 우리의 속도 함수다. 그 함수를 이용해 우리의 위치(높이)를 구할 수 있다. 또다시 적분으로 매 순간의 이동 거리를 합산하기만 하면 된다. 그렇게 구한 각 위치를 시간의 함수 그래프로 그리면, 매끈한 포물선이 나온다. 이제 위치 함수가 있으므로, 어떤 시점의 우리 높이를 알아내는 일은 식은 죽 먹기다.[+]

예전에 나는 친구들과 함께 식스플래그스 뉴저지Six Flags New Jersey에 가서 데블다이브Devil Dive를 탔다. 그것은 번지점프와 거대한 그네를 혼합한 놀이기구다. 우리 셋은 커다란 벨트에 감긴 채로 60미터 높이의 탑 꼭대기까지 끌어올려졌다. 그 꼭대기에 아슬아슬하게 매달려 까마득한 육지를 내려다보지 않은 사람들에게는 이 높이가 대수롭지 않을지도 모르겠다. 내 친구 한 명은 벌벌 떨며 이렇게 말할 여유는 있었다. "음, 타지 말 걸 그랬나 봐…… 아아악!" 버저가 울리고 걸쇠가 풀리자 우리는 괴성을 지르며 땅 쪽으로 곤두박질했다.

[+] 부록 1에서 이 문제의 수학적 풀이를 확인해보라.

땅에 부딪히기 직전에 우리는 케이블에 붙들려 바깥쪽으로 보내졌다. 이어서 커다랗게 진자 운동을 하며 원호 궤적을 따라 허공을 갈랐다. 3인 진자처럼 왔다 갔다 하던 우리는 속도가 충분히 줄어들고 나서야 담당 직원들에게 붙잡혀 벨트에서 풀려났다.

데블다이브는 갈릴레이와 관련된 2가지 경험을 한꺼번에 제공한다. 첫째는 자유낙하다. 이것은 앞서 설명한 문제와 별다를 바 없다. 단, 이 경우에 우리의 위치 함수는 반쪽짜리 포물선만 내놓는다. 우리는 하강하기 시작한 다음에야 비로소 진정한 자유낙하를 시작하기 때문이다. 하강 이후의 우리 중력가속도는 어느 순간(t)에나 약 $-9.81 m/s^2$이다(값이 음수인 까닭은 우리가 떨어짐에 따라 높이가 줄어들기 때문이다). 아까와 마찬가지로 우리는 적분으로 우리의 속도를 구할 수도 있고, 또 그 속도를 적분해 우리의 위치 함수를 구할 수도 있다.

둘째, 하강이 끝난 후에는 진자 운동이 일어난다. 갈릴레이의 유명한 어린 시절 일화에 따르면, 어느 날 열일곱 살의 과학 꿈나무는 통풍이 잘되는 피사 대성당에서 미사 도중 싫증을 느끼고 있었다. 그러다 그는 천장에 매달린 샹들리에가 산들바람에 흔들리는 모습을 보았다. 샹들리에는 때론 미세하게 움직였지만 때론 커다란 원호를 그리며 흔들렸다. 이게 신부님의 설교보다 더 흥미로웠던 십 대 아이는 자기 맥박으로 그 진동 시간을 재보았고, 놀라운 결과를 얻었다. 진폭이 크건 작건 샹들리에가 한 번 진동할 때 뛰는 맥박 수는 똑같았던 것이다. 물론 진폭이 클수록 샹들리에의 속도는 더 빨랐지만, 그게 원호 운동을 마치는 데 걸리는 시간은 똑같았다. 놀이터의 그네와 식스플래그스의 데블다이브에서도 같은 운동을 관찰할 수 있다. 그러나 오해하기 쉬운 부분이 하나 있다. 원호처럼 보이는 운동에 속지 말라. '시간'에 따라 변화하는 우리 위치를 그래프로 그려보면, 주기적인 사인파가 나온다. 진자가 예측 가능한 주기로 흔들린다는 점은 곧 그게 괘종시계의 핵심 부품이 된 이유다.

지금 주제와 관련된 또 다른 곡선으로 '아네시의 마녀Witch of Agnesi'가 있다. 이 명칭은 18세기 수학자 아네시Maria Gaetana Agnesi의 이름에서 따왔다. 21명의 형제자매 중 맏이⁺였던 아네시는 가족들 사이에서 '걸어 다니는 다국어 사전'으로 통했다. 열세 살 무렵에 프랑스어, 이탈리아어, 그리스어, 히브리어, 스페인어, 독일어, 라틴어를 할 줄 알았기 때문이다. 아네시는 유복한 환경에서 교육받는다는 이점이 있었다. 그 집안은 비단 무역으로 재산을 모은 부유층이었다. 게다가 아버지도 매우 협조적이었다. 그는 재능 있는 딸에게 최고의 가정교사를 붙여주는 한편, 정기적인 지식인 사교 모임에 딸을 참여시키기도 했다. 그가 직접 주최한 그 모임에는 유럽 전역의 유명 사상가들이 참석했다.

아홉 살 때 아네시는 여성의 고등교육을 옹호하는 연설을 라틴어로 했다. 그녀는 이탈리아어 연설문을 직접 라틴어로 번역한 다음 외웠다고 한다. 당시 기록에 따르면, 아네시는 높은 학식으로 무척 존경받았음에도 남들의 구경거리가 되는 일이라면 질색했다. 같은 시대를 살았던 드 브로스Charles de Brosses는 이렇게 회상했다.

⁺ 나는 그녀의 아버지가 세 번 결혼했다는 사실을 알고 나서야 한숨을 놓았다. 한 여자가 그렇게 여러 번 임신하며 버틴다는 게 믿기지 않았기 때문이다.

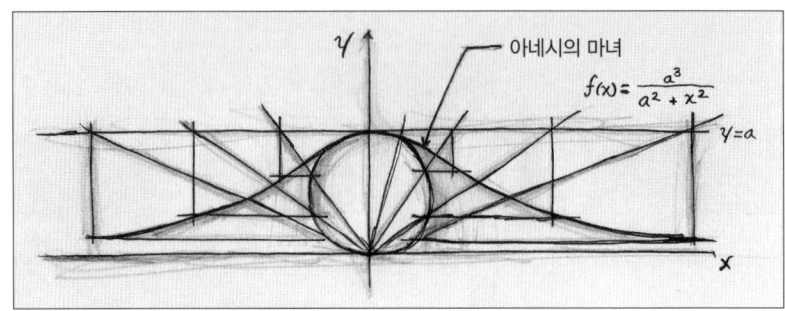

"아네시는 그 이야기를 논설 형식으로 전달해서 무척 유감이라고 말했다. 대부분 즐거워하더라도 몇몇은 지루해 죽을 지경인 상황에서 그런 이야기를 공공연히 하고 싶지 않다고 했다."

아네시의 지적 역량에 감탄한 드 브로스는 그녀가 수녀가 되고자 한다는 이야기를 듣고 충격을 받았다. 그녀는 정말 수녀가 되었지만, 그러기 전에 10년간 『분석적 제도Instituzioni Analitiche』(1748)라는 독창적인 수학 교과서를 집필했다. 이 책은 여자가 쓴 현존 수학 논문 중 가장 오래된 것이다. 또 아네시는 여자로서는 최초로 대학(볼로냐 대학)에서 수학 교수로 임명되기도 했다. 하지만 그녀가 그 자리를 정식으로 받아들였다는 기록은 없다. 아네시는 전 재산을 기부하고 가난하게 살다 1799년에 세상을 떠났다.

하지만 그녀의 연구물은 아직 남아 있다. 『분석적 제도』에 나오는 곡선 중 하나는 '아네시의 마녀'다. 아네시는 그 곡선을 'la versiera'라고 명명했다. 이 말은 '돛의 방향을 바꾸는 밧줄'을 뜻하는 항해 용어로, 그 곡선을 그리는 운동을 암시한다.

하지만 나중에 어떤 영국인 번역가가 그 단어를 l'avversiera(악마 같은 여자)로 잘못 읽고 '마녀'로 오역해버렸다.

그런데 이것이 데블다이브의 진자 운동과 무슨 관계가 있을까? 이 곡선은 무엇보다도 공명 상태에 가까운 강제 진동자를 설명해준다. 공명 상태에 가까운 강제 진동자란 뭔가가 주기적으로 밀고 있어서 계속 움직이는 진자다(그네 타는 아이를 누가 밀어주는 상황을 떠올려보라). 진자를 미는 빈도가 진자가 왕복하는 빈도와 일치할 때, 우리는 진자가 공명한다고 말한다. 그런데 진자를 미는 빈도가 진자가 왕복하는 빈도와 비슷할 때, 진자의 진폭을 진동수의 함수로 그리면 아네시의 마녀 곡선이 나온다. 앞서 이야기했듯이 진자의 물리적 운동은 원호를 그리고, 그것의 위치를 시간의 함수로 그리면 주기적인 사인파가 나온다. 만약 진자 운동 중인 우리를 누군가(무엇인가)가 우리 왕복 빈도와 엇비슷한 빈도로 밀었다면, 아네시의 마녀 곡선이 우리 진폭을 강제 진동수(미는 빈도)의 함수로 보여줄 것이다.

브이 포 벡터 V for Vector

판타지랜드로 가는 길에 우리는 하늘을 나는 코끼리 덤보 모양의 놀이기구와 아서 왕 회전목마를 발견한다. 둘 다 고정축 둘레를 회전하는 운동의 탁월한 예다. 하지만 벡터의 독특한 실례를 찾아볼 수 있는 곳은 바로 '매드티파티Mad Tea Party'[+]다. 벡터란 방향과 크기가 모두 있는 양을 말한다. 물리학에서 벡터는 보통 힘, 속도, 가속도 같은 3차원 속성을 나타낸다. 이런 여러 가지 벡터가 결합하는 방식에 따라 최종 벡터가 결정된다. 요컨대 벡터를 계산할 때는 힘의 크기뿐 아니라 힘의 방향도 고려해야 한다.

1차원에서 이 개념을 설명하는 일은 매우 쉽다. 일반적인 수직선을 상상해보라. 거기서 일직선으로 움직이는 물체는 진행 방향이 있다. 그 방향은 문자 위의 작은 화살표로 표시된다. 물체의 운동이 0에서 시작해 5에서 끝나는 경우, 벡터는 5다. 이것은 수직선 위의 다른 수와 별다를 바 없지만, 우리가 명시해둔 방향이 있다. 이 벡터는 왼쪽에서 오른쪽으로 향하므로 양수다. 오른쪽에서 왼쪽으로 향하는 벡터라면 음수가 될 것이다.

벡터는 일반적인 수처럼 더하거나 뺄 수 있다. 가령 벡터 5와 벡터 -5를 합하면, 둘은 완전히 상쇄된다. 벡터 5를 벡터 -3과 합하면 벡터 2가 나오고, 벡터 4와 합하면 벡터 9가 나오고 등등.

솔직히 말해 수직선 1차원 영역의 벡터는 그리 흥미롭지 않다. 사실상 일반적인 수와 다를 바가 없기 때문이다. 하지만 2차원 벡터는 데카르트 좌표계의 순서쌍으로 평면 위의 운동 방향을 나타내고, 3차원 벡터는 세 실수의 짝으로 공간 속의 운동 방향을 나타낸다.

벡터가 매드티파티에 적용되는 방식은 이러하다. 회전체의 벡터는

[+] 빙글빙글 도는 찻잔 모양의 놀이기구. (옮긴이)

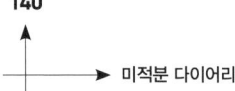

끊임없이 변한다. 돌아가는 매 순간 방향이 바뀌기 때문이다. 매드티파티는 일련의 회전하는 원, 즉 회전반으로 구성되는데, 각 회전반은 회전 운동 때문에 방향이 계속 바뀌는 저마다의 벡터를 따라 움직인다. 맨 밑에는 시계 방향으로 도는 커다란 원형 받침대가 하나 있다. 그 원 안에는 반시계 방향으로 제각각 도는 더 작은 원이 3개 있고, 또 각각의 그 원 안에는 2가지 원과 무관하게 시계 방향으로 도는 찻잔들이 있다.

탑승자들은 찻잔을 각자 원하는 만큼 빨리 회전시킬 수 있다. 찻잔 중앙의 금속 핸들을 돌려 찻잔에 회전력을 가하면 된다. 그 힘을 받은 찻잔은 각운동량이 커짐에 따라 회전 속도가 빨라진다. 나는 손과 함께 찻잔을 최대한 빨리 돌리려고 낑낑대다 매우 흥미로운 점을 알아차린다. 간간이 찻잔이 유난히 세차고 빠르게 돌아갈 때가 있는가 하면, 우리가 금속 핸들을 아무리 세게 당겨도 찻잔이 거의 돌지 않는 때도 있다. 손은 이게 벡터의 충돌 때문이라고 설명한다. 벡터들은 서로를 거스르기도 한다. 각기 다른 방향으로 작용하며 서로를 어느 정도 상쇄하는 것이다. 하지만 벡터들은 한데 뭉치기도 한다. 이런 때는 벡터가 모두 '같은' 방향으로 작용하기 때문에 우리가 찻잔을 훨씬 빨리 돌릴 수 있다.

투모로우랜드의 명물 스페이스 마운틴Space Mountain에서는 벡터와 관련된 미적분 문제의 전형적인 예를 찾아볼 수 있다. 투모로우랜드를 처음 설계할 때 디즈니는 그게 금방 구닥다리가 되리라고 예상했다. 21세기의 기준으로 볼 때, 투모로우랜드에서 상상하는 '미래'는 더 순수하던 지난 시대를 상기시킬 만큼 예스럽기 그지없다. 투모로우랜드에는 1977년 5월에 스페이스 마운틴이 문을 열고 나서야 '비로소' 롤러코스터가 생겼다. 디즈니랜드에서 원조 롤러코스터의 인기가 입증된 후였다. 디즈니는 이곳이 완공되는 모습을 보지 못하고 세상을 떠났다. 스페이스 마운틴은 짓는 데 2년이 걸리고 2000만 달러 넘게 공사비가 들었는데, 이곳이 문을 연 첫 주에 디즈니랜드는 입장객 수 기록을 세웠다. 머큐리 계획에 실제로 참여한 우주 비행사 7명 중 6명도 그날 개장 행사에 참석했다.†

영화 〈2001 스페이스 오디세이2001: A Space Odyssey〉(1968)에서 우주 비행사 데이브 보먼(키어 둘리어 분)은 긴 원통형 터널을 따라 우주선 쪽으로 걸어간다. 그걸 타고 그는 머나먼 우주로 신비로운 여행을 떠날 것이

---

† 카펜터Scott Carpenter, 쿠퍼Gordon Cooper, 글렌John Glenn, 쉬라Wally Schirra, 셰퍼드Alan Shepard, 슬레이턴Deke Slayton이 그들이다. 딱하게도 그리섬Gus Grissom은 10년 전 비극적인 발사대 화재로 목숨을 잃은 세 우주 비행사 중 한 명이었다.

다. 스페이스 마운틴에서 길게 줄지어 기다리며 큐브릭Stanley Kubrick 감독의 이 걸작을 떠올리지 않기란 힘들다. 이곳 내부는 소름 끼칠 정도로 모양이 비슷하다. 우리는 구불구불한 금속 진입로를 따라 롤러코스터 승강장으로 들어간다. 간간이 보이는 비디오 화면에는 유명한 우주 비행사가 나와 자신의 우주 비행 경험을 이야기한다. 마침내 줄 맨 앞에 다다른 우리는 작은 로켓 모양의 차량에 탑승한다.

우리는 첫 번째 오르막의 꼭대기로 올라가더니 곧이어 또 다른 오르막을 오른다. 굽이지며 이어지는 통로에서는 빨갛게 빛나는 막대가 빙빙 돌고 있는 듯하다. 마지막 세 번째 오르막 꼭대기에서는 로켓이 잠시 멈춰 선다. 이때 우리는 '우주'의 광대한 암흑을 바라본다. 수천 개의 별과 은하가 보이는 듯하다. 사실 이것은 놀이기구 내부에 흩어져 있는 미러볼의 그럴싸한 효과일 뿐이다.

웬 음성이 들린다. "발사 준비 완료." 순전히 중력에 이끌려 급강하하는 로켓은 나머지 선로를 달리는 내내 점점 빨라진다. 암흑 속에서 요동치며 질주하는 느낌은 교묘히 배치된 통풍구에서 불어오는 돌풍 때문에 고조된다. 대기권에 '재돌입'할 시간이 되자 로켓은 속도를 줄이며 우주 정류장으로 돌아온다.

초현대적 장식에도 불구하고 스페이스 마운틴은 물리학적 관점에서 보면 고전적인 롤러코스터다.[+] 롤러코스터는 관성, 중력, 가속도로 움직이는데, 그중 가장 중요한 요소는 중력이다. 우리 로켓은 첫 세 오르막에서 끌려 올라가는 동안 위치에너지를 잔뜩 비축한다. 우리가 높이 올라갈수록 중력이 로켓을 다시 끌어내려야 하는 거리도 멀어지고 결국 속도도 빨라진다.

　로켓이 첫 내리막을 내려오기 시작하면, 축적된 위치에너지는 모두 운동에너지로 변환된다. 점점 속도가 빨라지는 로켓은 맨 아래에 이를 무렵이면 운동에너지가 충분히 커져 다음 오르막에서 중력을 극복하고 올라갈 수 있다. 나머지 구간도 이와 마찬가지다.

　숀은 스페이스 마운틴을 정말 좋아한다. 명백히 재미있는 요소를 제쳐두더라도, 그가 장담하는 바에 따르면 우리는 가속도만 아는 상황에서 미적분으로 우리의 궤적(지나간 경로)을 구할 수 있다. 스페이스 마운틴은 더 극단적인 롤러코스터에서 일반화된 복잡한 궤도(꽈배기, 고리 등)가 전혀 없다. 대신 아주 깜깜한 상태에서 일어나는 일련의 짤막한 급강하와 급격한 방향 전환에 의존한다. 선로가 보이지 않기 때문에 우리는 다음에 어디로 갈지 예측하지도, 갑작스러운 속도 변화에 대비하지도 못한다. 그나마 우리가 인식하는 몇몇 신호는 오해를 불러일으키도록 조작되어 있다.

　하지만 우리는 자신이 지나간 경로를 알아낼 수 있다. 가속도가 자기 몸에 미치는 영향력을 느낄 수도 있고, 그 자료에 기초해 자기 궤적을 추론할 수도 있기 때문이다. 그 자료란 곧 관성력 g force으로, 탑승자가 실제로 느끼는 힘의 크기를 나타낸다. 여기서 'g'는 중력가속도를 기준으

＋　그렇다고 롤러코스터를 제대로 설계하는 데 별다른 기술이 필요 없다는 뜻은 아니다. 스페이스 마운틴의 선로 담당 엔지니어 왓킨스Bill Watkins는 이렇게 말한다. "이게 로켓 과학은 아니지만, 어쩌면 더 복잡할지도 몰라요. 로켓이야 일단 대기권을 벗어나면 거치적거리는 게 거의 없죠. (……) 미키마우스 모자가 바퀴에 낄 염려도 없고요."

로 가속도를 측정하는 단위다.

우리 로켓은 달리는 내내 앞뒤, 위아래, 좌우로 끊임없이 가속된다. 우리의 관성과 로켓의 관성은 별개이므로, 로켓이 빨라지면 우리는 좌석 쪽으로 밀리는 느낌을 받는다. 로켓이 우리를 앞으로 밀면서 우리 운동을 가속하기 때문이다. 로켓이 느려지면 우리 몸은 계속 같은 방향과 속도로 나아가려 하지만 안전막대에 걸려 속도가 줄어든다. 이 모든 가속도는 우리가 느끼는 중력 크기를 같은 비율로 변화시킨다. 예컨대 1g는 지구의 중력가속도로, 자동차가 정지해 있거나 등속으로 움직일 때 운전자가 느끼는 힘이다. 그런데 가속도는 무게를 같은 비율로 증가시키므로, 4g에서 우리는 자기 체중의 4배에 해당하는 힘을 경험할 것이다.

그래서 우리는 로켓을 타면서 자기 궤적을 직감할 수 있다. 하지만 그걸 철저히 분석하려면, 가속도계 대용품이라도 가져오는 선견지명이 필요하다. 전자 부품이 계속 작아지다 보니, 가속도계도 다른 기계에 내장하기 쉬워졌다. 우리 부부의 아이폰에도 가속도계가 내장되어 있다. 우리가 아이폰을 가로로 눕힐 때 아이폰이 화면을 수직에서 수평으로 바꿀 타이밍을 인식하는 것도 그래서다. 우리 로켓도 가속도계를 갖추고 있다면(실제로 그런 응용 프로그램이 있다) 거기 축적된 데이터로 우리의 가속도 함수를 구할 수 있을 것이다.

우선 이 교과서적 문제를 단순화한 형태부터 생각해보자. 가령 우리가 오로지 일직선으로만 움직이고 있다고 치자. 가속도만 아는 상황에서 우리의 궤적, 즉 위치 함수를 알아내려면 어떻게 해야 할까? 숀은 이렇게 설명한다. 시간의 흐름에 따라 가속도를 모으면 속도가 나온다.

다시 말해 각 시점에 증가한 속도를 합산하면 최종 속도를 구할 수 있다. 즉 속도란 가속도의 적분이라는 뜻이다. 그렇게 구한 속도를 시간의 흐름에 따라 합산하면 위치가 나온다. 즉 위치는 속도의 적분이다. "그러니까 가속도를 두 번 적분하기만 하면 위치 함수를 알아낼 수 있다는 말씀!" 숀은 이렇게 결론지으며 으쓱거렸다(자유낙하 문제를 얘기할 때처럼).

하지만 복잡한 요소가 하나 있다. 로켓은 일직선으로 나아갈 뿐 아니라 상하좌우로도 움직인다. 따라서 위치에너지와 운동에너지가 서로 끊임없이 변환될 뿐 아니라 운동 방향 변화에 따라 벡터도 끊임없이 바뀐다. 의외로 무명인 영국 수학자·물리학자 헤비사이드Oliver Heaviside 덕분에 우리는 이 복잡한 수수께끼를 풀 수 있게 되었다. 그 해결 열쇠는 바로 '벡터 미적분'이다.

왜소한 체구의 빨간 머리 소년 헤비사이드는 디킨스Charles Dickens의 고향인 런던 빈민가에서 태어났다. 어려서 성홍열을 앓는 바람에 귀가 반쯤 멀었는데, 그 때문에 사교술도 나빴던 것 같다. 기하학을 제외한 모든 과목의 성적이 우수하긴 했지만, 캠던 타운의 학교에서 또래 아이들과 잘 지내지 못했다. 어쩌면 전통적 교육이 그의 비범한 천재성을 수용하지 못했는지도 모른다.

열여섯 살 때 헤비사이드는 학교를 중퇴하고 집에서 교육을 받았다. 다행히도 삼촌이 1830년대에 전신기를 공동으로 발명한 휘트스톤Charles Wheatstone이었다. 휘트스톤은 전자기학이라는 새로운 분야에서 인정받는 전문가였다. 2년도 채 안 되어 어린 헤비사이드는 전신 교환원으로 일했고 머지않아 교환원 관리자로 승진했다. 그가 상근 직원으로 일해본 것은 이때뿐이었다.

헤비사이드가 갑자기 만성 실업자 대열에 합류한 것은 어떻게 보면 맥스웰James Clerk Maxwell 탓이다. 걸출한 물리학자 맥스웰은 아직도 그의 이름이 붙어 있는 전자기학 방정식들을 처음 공식화했다. 헤비사이드는 1873년에 발견한 맥스웰의 독창적인 논문에 매료된 나머지 이듬해에 직장을 그만두고는 런던의 부모님 집으로 돌아와 온종일 그것만 공부했다(이에 대해 부모님이 어떻게 반응했는지는 역사에 기록되어 있지 않다). 헤비사이드는 나중에 이렇게 회상했다. "일단 핵심을 파악한 다음에는 맥스웰의 이론을 옆으로 제쳐놓고 나만의 연구를 수행해나갔다." 결국 그는 20개의 맥스웰 방정식을 4개의 벡터 방정식으로 줄인 후, 그것에 기초해 벡터 미적분을 발전시켰다.

일직선으로 움직이는 물체는 거의 없다. 우리는 모퉁이도 오르막도 없는 일직선 도로에서 운전하지 않는다. 롤러코스터가 평평한 선로에서 일직선으로만 움직인다면 지루하기 짝이 없을 것이다. 벡터 미적분을 이용하면 똑같은 미적분 문제를 3차원에서 풀 수 있다. 다시 말해 로켓이 달리는 매 순간의 우리 위치를 구해 경로를 되짚어볼 수 있다.

우리는 3차원 공간의 위치를 세 실수의 짝 (x, y, z)로 좌표계에 나타낸다. 따라서 이제 3가지 수가 계산에 포함된다. 이것 말고는 앞의 예와 다른 부분이 없다. 우리 궤적은 여전히 위치 함수이고, 가속도계로 수집한 데이터 덕분에 우리는 가속도 함수를 알고 있다. 가속도가 모이면 속도가 나오고, 속도가 모이면 임의의 시점의 위치가 나온다. 단지 계산이 더 복잡할 뿐이다. 운동 방향이 계속 변하기 때문이다. 그래서 우리는 세

방위를 모두 계속 파악하고 있어야 한다. 각 방위마다 위치, 속도, 가속도가 따로 있다.

헤비사이드는 1925년에 죽기 전까지 한 번도 진가를 인정받지 못했다. 그는 이것 때문에 쓸쓸해했는데, 그럴 만도 했다. 말년에 무척 괴벽스러워진 그는 마지막 20년을 데본 근처의 토키에서 은둔자로 지냈다. 그러면서 황달을 수차례 앓았고, 동네 아이들에게도 시달렸다. 아이들은 창문에 돌멩이를 던지고 문에 낙서를 갈겨놓았다. 이웃들이 전하는 바에 따르면, 그는 집에 가구 대신 거대한 화강암 덩어리를 들여놓았다.

그뿐만 아니라 항상 손톱에 핑크색 매니큐어를 말끔히 바르고 다녔으며(그러지 않았다면 꾀죄죄했겠지만), 편지에 'W. O. R. M.'이라는 기묘한 머리글자로 서명했다. 나중에 관념적인 정신분석학자들 사이에서는 그 글자가 헤비사이드에게 무슨 의미였는가에 대해 의견이 분분했다. 100여 년 후 디즈니랜드 놀이기구 문제에 부딪힌 미적분 초보 학생들에게 자신의 벡터 미적분 방법론이 해결의 실마리를 던져주리라는 사실을 알았더라면 헤비사이드는 조금 위안을 받았을지도 모른다.

첨벙첨벙

오후 늦게 우리는 크리터 컨트리로 넘어갔다. 그곳의 스카이라인에서 가장 두드러진 부분은 '스플래시 마운틴Splash Mountain'의 뾰족한 꼭대기다. 스플래시 마운틴은 통나무배를 타고 물 미끄럼틀을 따라 내려오는 놀이기구다. 예전에 벌목꾼들은 통나무를 강물에 띄워 산 아래 제재소로 내려보냈다.

나중에 누군가 머리를 써서 속을 파낸 통나무를 보트로 활용했다. 첫 통나무배 놀이기구인 엘아세라데로El Aserradero(제재소)는 1963년에 텍사스 주 알링턴의 식스플래그스 테마파크에서 개장했다. 디즈니랜드에서는 석고로 만든 커다란 산에 수로(물 미끄럼틀)를 내고 물을 채운 후 6인승 가짜 통나무배를 다니게 했다. 수로를 따라 흐르는 물이 통나무배를 앞으로 미는 한편, 기계로 작동되는 체인과 도르래가 가세해 배를 오르막 위로 끌어올린다. 그다음에는 롤러코스터와 마찬가지로 백전노장 중력이 나머지 일을 모두 처리한다.

디즈니랜드의 상징은 뭐니 뭐니 해도 석고 구조물과 유치한 캐릭터 로봇이다. 이 놀이기구는 브러 래빗Br're Rabbit의 모험을 그린 만화영화 〈남부의 노래Song of the South〉에서 영감을 받아 만들었다. 우리가 떠내려가는 동안, 구불구불한 가짜 수로의 '둑' 위에 늘어선 동물 로봇들[+]은 우리만의 '즐거운 곳'을 찾으라는 둥 날아갈 듯 즐거운 하루를 보내라는 둥 닭살 돋는 노래를 불러준다. 내가 전기 충격기만 있다면 전자기파로 로봇의 전기회로에 과부하를 걸고 싶다고 생각하는 순간, 우리는 갑자기

[+] 이런 동물 로봇의 상당수는 이곳보다 인기가 덜하던 예전 명소 '아메리카 싱즈America Sings'(1988년 4월 폐장)에 있던 로봇을 재활용한 것이다. 당시 스플래시 마운틴의 공사비가 이미 7500만 달러라는 예산을 한참 넘어섰기 때문이다. 애처롭게도 그 동물들은 여전히 노래를 부른다.

곤두박질하더니 휑한 '들장미밭'이 있는 곳까지 내려간다.

첨벙! 뱃머리가 바닥에 닿자 물이 엄청나게 튀어 오른다. 머리끝에서 발끝까지 흠뻑 젖은 손은 용감하게 나 대신 앞자리에 앉은 걸 곧바로 후회한다. 물세례는 거기서 끝나지 않는다. 곧 우리는 다시 곤두박질해 물을 뒤집어쓰고는 또다시 떨어진다. 그런 다음엔 우리 몰골을 재미있어하는 동물 로봇들의 깔깔대는 웃음소리를 견뎌야 한다. 로봇들은 짜증 나도록 쾌활한 쪽에서 은근히 사악한 쪽으로 변해간다. 심지어 브러래빗이 둑 위에서 꽁꽁 묶인 채로 몸부림치는 모습도 보인다. 그 토끼는 브러 폭스Br'er Fox에게 잡아먹히기 직전이었다. 눈빛이 빨갛게 이글거리는 그 욕심쟁이 기계들은 물에 불은 우리 시체도 신 나게 갉아먹을 판이다. 그 동물들은 자기들만의 즐거운 곳을 찾았으니, 그곳은 바로 '남의 불행이 곧 나의 행복인 집'이다.

이제 마지막 오르막을 올라가 끝으로 15미터를 급강하한 후 또다시 물세례를 받는다. 이것은 이 공원 전체에서 가장 빠른 하강일 듯하다. 우리는 자유낙하를 공부해본바 통나무배 탑승객 전체의 몸무게가 낙하 속도에 영향을 미치지 않음을 알고 있다. 하지만 마지막 물세례에서 우리가 얼마나 젖을지 예측하는 데는 전체 몸무게가 실제로 도움이 된다. 튀어 오르는 물의 양은 탑승객 전체의 몸무게에 정비례하기 때문이다.

다행하게도 우리 통나무배는 물을 뒤집어쓰긴 했지만 가라앉지 않고 떠 있다. 우리의 평균 밀도가 물의 밀도보다 낮은 덕분이다. 만약 가라앉았다면 우리는 오랜 친구 아르키메데스를 연상시키는 곤경에 빠졌을 것이다.

곡선 아래에 직사각형을 무수히 그리지 않을 때면 그는 욕조 속에서 즉흥적으로 깨달음을 얻기도 했다. 전설에 따르면 아르키메데스는 시라쿠사의 폭군 히에로Hiero에게서 어떤 문제를 의뢰받았다. 폭군들은 본래 의심이 많게 마련인데, 히에로도 예외가 아니었다. 히에로는 신에게 바칠 황금 왕관을 만들려고 고용한 금세공인이 속임수를 써서 금의 일부를 은으로 바꿨다고 확신했다. 자존심이 있는 신이라면 싸구려 합금을 받아들이지는 않을 것이다. 하지만 무슨 수로 부정행위를 증명하겠는가? 히에로는 아르키메데스에게 도움을 청했고, 아르키메데스는 곧바로 공중목욕탕에 가서 사색에 잠겼다. 그러던 중 그는 자기 몸이 물에 더 많이 잠길수록 물이 더 많이 흘러넘친다는 점을 알아차렸다.

아르키메데스의 추론에 따르면, 물체의 무게가 물을 밀쳐내면 물도 물체를 되밀친다. 그러므로 물 같은 유체가 행사하는 부력은 흘러넘친 유체의 무게와 일치한다. 여기서 그는 황금 왕관을 시험할 방법을 생각해냈다. 금은 은보다 무겁다. 따라서 은을 섞은 왕관은 순금 왕관과 무게가 같으려면 부피가 더 커야 한다. 왕관의 무게를 달고, 그걸 물에 잠가 부피를 재면, 밀도를 계산할 수 있다. 아르키메데스는 모양이 불규칙한 물체의 부피를 매우 정확히 계산하는 방법을 우연히 발견한 것이다. 중대한 사실을 깨닫고 어찌나 기뻤던지 그는 욕조에서 뛰쳐나와 발가벗은 채로 거리를 달리며 이렇게 외쳤다. "유레카! 유레카!"+ 일단 왕관의 부피를 구하기만 하면, 무게와 부피의 비율로 왕관의 밀도를 알아내 히에로의 순도 문제를 해결할 수 있을 것이었다.

자, 그러면 통나무배가 떠 있지 않고 탑승객 모두와 함께 가라앉다고 상상해보자. 모두 숨을 참으라고 한 다음, 우리는 아르키메데스의 원리로 전체 부피를 구해 평균 밀도를 계산할 수 있을 것이다. 하지만 설령 법적 책임 문제에도 불구하고 디즈니랜드와 동승객들을 설득해 그 실험을 했더라도, 결정적인 퍼즐 조각 하나가 여전히 없을 것이다. 다른 탑승객 모두의 몸무게를 적어두지 않았으니까. 이것은 실험에서 원자료를 신중히 수집해야 하는 이유를 보여주는 구체적 예다.

탑승객 전체와 통나무배의 무게, 통나무배의 부피, 전체 밀도(단위: g/cm^3)를 알고 있다면, 전체 무게를 전체 밀도로 나눠 탑승객의 부피를 m^3 단위로 구할 수 있다. 그 밖에 물의 밀도도 알아야 한다. 인터넷에서 검색해보면 물의 밀도가 1킬로그램/ℓ라는 정보가 금방 나온다. 이제 우리는 통나무배와 탑승객의 부피에 물의 밀도를 곱해 흘러넘친 물의 부피를 구할 수 있다. 그런 플라스틱 통나무배에는 몸무게가 제각각인 탑승객 6명이 탄다. 탑승객 1명의 평균 몸무게가 70킬로그램이라고 가정하고 계산하면(70 × 6 + 통나무 배 자체의 무게) 상당한 부피가 나온다. 바꿔 말하면 우리가 마지막으로 곤두박질해 바닥에 닿았을 때 상당한 부피의 물이 튀어 올랐을 것이라는 뜻이다. 어쩐지 마지막에 다들 쫄딱 젖어 있더라니.

+ 유레카Eureka(그리스어로는 heurêka)는 '알았다'는 뜻이다. 그때 이후로 놀라운 과학적 발견의 순간은 줄곧 유레카 모멘트eureka moment로 알려지게 되었다. 얄궂게도 아르키메데스는 그 말을 하지 않은 듯하다. 저어도 발가벗고 길거리를 달리며 그런 적은 결코 없다. 로마 건축가 비트루비우스Vitruvius를 원망하라. 그는 아르키메데스가 죽고 100년이 지난 후 그 일화를 처음 기록했다.

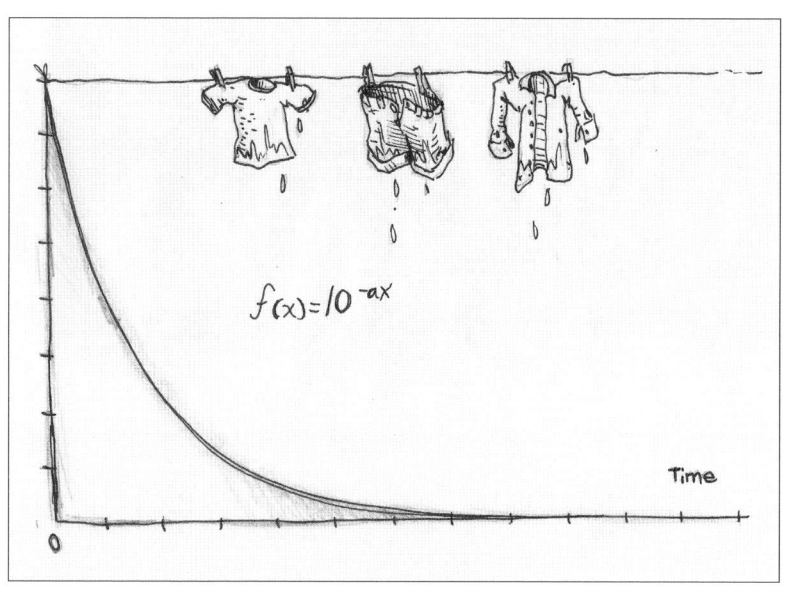

흠뻑 젖은 청바지를 입고 철벅대는 스니커즈를 신은 기분이 유쾌하지는 않다. 오늘 애너하임 날씨가 선선하고 흐린 데다 이제 시간도 늦은 오후라 옷이 마르려면 따뜻한 날보다 오래 걸릴 것이다. 대기하는 동안 숀은 지금 우리가 처한 곤경도 미적분 문제와 관련되어 있다고 설명해 준다. 그에 따르면, 옷이 마르는 속도, 즉 천에서 물이 증발하는 속도는 지수붕괴곡선을 형성한다. 이것은 잔에 담긴 뜨거운 커피가 주변 환경과 열평형을 이룰 때까지 식는 속도와 비슷하다.

커피가 식는 속도는 처음에는 매우 빠르지만, 열평형에 가까워질수록 줄어들다 결국에는 0에 가까워진다. 그 까닭은 열 손실량이란 커피 온도에 비례하기 때문이다. 그 양은 최저 온도—커피가 차가워질 수 있는 한계(보통 주변 공간의 온도)—에 대한 과잉 열의 비율에 따라 결정된다. 그러므로 커피 온도가 내려가 주변 온도와 비슷해지면, 과잉 열이 줄어듦에 따라 두 변수 사이의 비율도 감소한다. 그 결과 커피 식는 속도는 0에 가까워진다.

우리 옷에서 수분이 증발할 때도 마찬가지 일이 일어난다. 증발 속도를 시간의 함수로 그려보면, 처음에 급하게 내려가다 서서히 평평해지는 곡선이 나타날 것이다. 눈치 빠른 독자라면 우리가 변화율을 다루고 있으므로 미분을 해야 한다는 점을 알아차릴 것이다. 즉 'x의 시점에 옷에서 물이 증발하는 속도는 얼마인가?'라는 질문에 답하려면, 이 곡선의 그 특정 점에 닿는 접선의 기울기를 구하면 된다(2장에서처럼 속도 함수로 순간속도를 구하는 셈이다).

이 지수붕괴곡선을 몸소 체험하다 보니 궁금한 점이 생긴다. '우리는 영원히 조금 축축한 상태일까?' 왠지 그럴 것 같다. 하지만 우리는 블루바이유 식당에 저녁 예약을 1시간 후로 잡아놓았다. 그곳은 디즈니랜드에서 유일한 고급 식당으로, '캐리비안의 해적'이라는 놀이기구의 내부에 있다. 결국 우리는 철벅거리며 뉴올리언스 스퀘어의 선물 가게로 가서 갈아입을 옷을 찾는다. 점원 말로는 이건 늘 있는 일이란다. 그들은 스플래시 마운틴 덕택에 한몫 보는구나!

그로부터 1시간쯤 지난 지금 우리는 캐리비안 해적 후드 티셔츠를 하나씩 입고 블루바이유의 가짜 야외 동굴 안에 앉아 있다. 나는 해골 무늬의 멋진 야구 모자로 대책 없이 헝클어진 머리를 가렸다. 지금 속은 술이 몹시 당긴다. 꼬마전구로 장식된 팅커벨 과일 주스만으론 성에 안 찰 것이다. 아아, 슬프도다! 마법의 왕국에 술이 없다니! 음주의 미적분을 탐구할 절호의 기회이건만(실제로 가능하다). 대신 우리는 설탕물에 만족하며 독특한 디저트를 쪼개 먹는다. 그 보트 모양 '쿠키'에 달린 식용 돛에도 어김없이 해골 마크가 그려져 있다. 정말 해적이 된 기분이군.

돈 구경 좀 해볼까?

경제학은, 어쨌든 학문이라면, 분명 수학적 학문일 것이다. (……) 무엇보다도 그것은 수량을 다루기 때문이다. (……) 여느 학문의 완벽한 이론에서 대부분 미적분을 필수적으로 이용하는 만큼 우리는 미적분을 이용하지 않고는 경제학 이론을 제대로 세울 수 없을 것이다.

— 윌리엄 스탠리 제번스 William Stanley Jevons

아름다움과 마찬가지로 물건의 내재 가치는 보는 사람의 눈에 달려 있다. 한 사람의 귀중한 보물이 다른 사람에게는 요깃거리가 되기도 한다. 17세기 네덜란드에서는 어떤 굶주린 선원이 가게에 진열된 희귀한 튤립 구근을 양파로 잘못 보고 훔쳐 달아났다. 가게 주인이 그를 뒤쫓아 암스테르담의 번화가를 달렸다. 겨우 따라잡고 보니, 때마침 선원은 '승무원 전원을 1년간 배불리 먹일 수 있는 비용을 치르며 아침을 먹고' 있었다. 그 가격은 이른바 '튤립 마니아tulip mania'의 절정기 때 구근 하나의 시세였다. 발끈한 가게 주인은 선원을 절도죄로 감옥에 집어넣어 버렸다.

이 이야기를 비롯한 튤립 마니아 기담들은 19세기에 맥케이Charles Mackay의 『대중의 미망과 광기 *Extraordinary Popular Delusions and the Madness of Crowds*』에 실리면서 널리 알려졌다. 오늘날 튤립 마니아 시기의 엽기적 행위들은 경제학자들이 비극적 거품 시장을 분석할 때면 으레 언급하는 교훈적인 전설이 되었다.⁺ 현대 경제학자들은 맥케이 이야기가 미심쩍은 원자료에 기초한다며 여러 세부 요소에 이의를 제기한다. 하지만 그런 자료 덕분에 이야기가 실감 나게 읽히는 것도 사실이다. 설령 실화가 아닐지라도 선원 이야기는 종종 경제 붕괴로 이어지는 비합리적인 과열과 광적인 자산 과대평가의 전형적 본보기를 보여준다.

어쩌다 튤립이 애초에 그토록 진귀한 수집품이 되었을까? 네덜란드는 다채로운 튤립의 나라로 유명하다. 얼핏 생각하기에 구근은 저렴한 상품일 듯하다. 하지만 그 화사한 종 모양 꽃은 비교적 최근에 그 나라에 들어왔다. 1593년 네덜란드 식물학자 클루시우스Carolus Clusius는 콘스탄티노플에서 돌아오는 길에 귀한 튤립 구근을 몇 개 가져와 정원에 심었다. 아마 그걸 약으로 쓸 수 있나 연구해보려고 그랬던 것 같다. 그런데 이웃들이 정원에 몰래 들어와 구근 몇 개를 훔쳐갔다. 그들은 그 이국적 식물로 돈깨나 벌 수 있으리라고 (정확히) 예상했다. 그리하여 네덜란드 튤립 시장이 탄생했고, 마니아층이 형성되어 가격을 아찔하게 높이 끌어올렸다.

튤립 구근 하나와 맞바꾼 물품을 기록한 어떤 목록에는 침대 하나, 옷 몇 벌, 치즈 500킬로그램 등이 나온다. 하지만 시세는 급속히 올라 그

+ 튤립 마니아가 현대 경제학 용어로 진정한 거품 시장에 해당하는가에 대해서는 여전히 이견이 많다. 거품은 투자자들이 어떤 상품을 너무 많이 사들여 가격이 상품의 실제 가치보다 훨씬 높게 치솟을 때 형성된다. 위키피디아Wikipedia는 그 정의에 따르는 결론을 제시한다. "튤립 마니아가 정말 거품 경제였다면, 구근의 가격이 구근의 내재 가치와 따로 놀았어야 했다." 실제로 그랬을까, 안 그랬을까? 토론해보라.

런 소박한 물품을 훌쩍 뛰어넘었다. 1624년 어느 구매자는 극히 희귀한 튤립 표본 12송이의 가격으로 3000길더(1년 치 소득)를 암스테르담 사람에게 제시했다. 셈페르 아우구스투스Semper Augustus라는 그 튤립은 진홍색 줄무늬가 두드러지고 흰색이 간간이 섞인 쪽빛 꽃잎으로 알아볼 수 있었다. 1635년에는 구근 40개가 10만 길더에 팔렸다는 기록도 있다. 가장 비싼 구근은 너무 귀중해서 심지도 못했다. 그래서 부유한(하지만 곧 가난해질) 구근 소유자들 사이에서는 (허기진 선원의 눈길이 닿지 않는 곳에) 구근을 전시하는 것이 유행이 되었다.

투기꾼들은 이 노다지판에서 돈을 버는 데 혈안이 되었다. 그들은 최대한 저당 잡혀 마련한 목돈을 몇몇 '신종 구근'에 투자하며, 장차 튤립 시장에서 수지맞는 사업을 일으키길 바랐다. 한 거래 기록에 따르면, 1633년에는 농장 본채를 구근 3개와 맞바꾸기도 했다. 심지어 튤립 구근 선물先物 시장⁺도 번창했는데, 거래는 보통 가까운 선술집에서 이루어졌다. 그 시장이 한창 과열됐을 때는 구근 하나의 주인이 하루에 열 번이나 바뀌기도 했다. 하지만 튤립 거품은 부풀어 오를 때 못지않게 빨리 터져버렸다. 어느 날 한 구매자가 현금을 들고 나타나지 않자, 공황이 시작되어 퍼져나갔다. 어마어마한 금액에 팔리던 구근들의 '가치'는 며칠 지나지 않아 예전의 $\frac{1}{100}$ 정도로 떨어졌다.

이런 상황은 수요와 공급의 냉혹한 현실이다. 네덜란드 튤립 투기꾼들은 미적분을 조금 알았더라면 이득을 좀 더 보았을지도 모른다(안

✢ 미래의 특정 시기에 넘겨줄 상품을 거래하는 시장. (옮긴이)

타깝게도 그땐 미적분이 아직 창안되지 않았다). 미적분이라는 수단은 특히 금융 분야와 잘 어울린다. 이 분야는 변화율을 매우 많이 다루기 때문이다. 인플레이션, 이자율, 대출 금리, 수요 공급의 법칙 등은 모두 한 특성을 다른 특성과 관련짓는 함수로 설명할 수 있다. 우리는 미분으로 한 요소의 상대적 변화 속도를 구할 수도 있고, 적분으로 연속적 과정의 누적 효과를 알아낼 수도 있다. 튤립을 비롯한 일반 상품의 경우, 수요와 공급은 상호 의존적 수량이다. 하나의 변화가 다른 하나에 영향을 미치고, 생산과 공급에 대한 결정이 이윤에 영향을 미친다. 한편 적분은 예금 계좌나 퇴직 계좌의 복리, 모기지mortgage(주택담보대출)의 금리 등 이자를 계산할 때 활약한다.

튤립밭을 거닐며

튤립 시장은 왜 대호황을 맞았다 불황에 빠졌을까? 원인이 몇 가지 있긴 했지만, 그 사태는 무엇보다 수요 및 공급과 밀접히 연관되어 있었다. 일반 구근은 파운드(lb) 단위로 팔았는데, 튤립 구근은 처음부터 희귀한 상품이었다. 그런데 몇몇 튤립이 꽃 색깔을 바꾸는 모자이크 바이러스에 감염되어 꽃잎에 진홍색 줄무늬가 생겼다. 훨씬 희귀한 그런 변종들은 부유한 수집가들의 마음을 사로잡으며 더더욱 높은 가격에 팔렸다. 수요가 너무 빨리 증가하자 구근 공급이 보조를 맞추지 못했고, 결국 가격은 오르고 또 올랐다.

스페인과의 전쟁이 끝난 후 네덜란드인들은 여윳돈이 넘쳐났다. 암스테르담의 상인들은 동인도 무역의 주역으로 번창했다. 한차례 항해의 이익률이 400퍼센트나 되었다. 그래서 시장은 터무니없이 높은 튤립 구근 가격을 일시적으로나마 감당할 수 있었다. 하지만 어떤 시장도 그런 급격한 성장률을 무한정 버텨내지는 못한다. 결국 가격이 너무 오르자 극소수의 구매자만 값을 치를 수 있었다. 그러다 처음으로 한 구매자가 약속 장소에 나타나지 않으면서 도미노 현상이 일어났다. 수요가 급감하고 공황이 뒤따르면서 거품이 터졌다. 그 시장에 투기한 사람들은 끔찍한 경제적 손실을 맛보았다.

내가 그 급성장 산업에서 한몫 챙기려고 달려드는 17세기 네덜란드 튤립 상인이라고 상상해보자. 내가 튤립 구근에 매력을 느끼는 이유는 그게 높은 가격에 팔릴뿐더러 그런 가격을 지불하려는 구매자가 아직 상당수 있기 때문이다. 게다가 꽃도 예쁘다. 나는 가격을 너무 올려 예상 구매자를 쫓아내지 않도록 조심하기만 하면 된다. 가격이 지나치게 높으면, 수요가 줄어들어 이윤이 실현되지 않을 것이다. 이상적으로 말하자면, 나는 이윤 — 조수입에서 경비를 뺀 금액 — 은 극대화하고 생산비는 최소화하고 싶다. 미적분이 나에게 도움이 될 것이다.

상품의 생산비는 생산량에 좌우된다. 내가 튤립 구근의 광고지를 인쇄하기로 결정한다면, 그것을 인쇄소에 주문하는 데 경비를 쓰게 될 것이다. 아마도 그 첫 경비로 광고지를 100부만 인쇄해서는 타산이 맞지 않을 듯하다. 1만 2000부를 인쇄해서 앞날을 위해 비축해두는 편이 나을 수도 있다. 잠깐, 정말 그럴까? 보관비도 감안해야 할 것이다. 그 비용은 내가 광고지를 더 인쇄해서 아낀 돈을 상쇄할 테니까. 어쩌면 6000부씩 두 번 인쇄하는 편이 나을지도 모른다. 요컨대 나는 두 요소의 균형을 적절히 맞춰야 한다.

가령 내가 광고지를 한 번 주문하는 데 쓸 비용을 2000달러로 정해두었다고 치자. 광고지의 보관비는 창고가 가득 차 있을 경우 1년에 1부당 3달러라고 하자(터무니없이 비싸긴 하지만 계산의 편의상 이렇게 가정하자). 나는 생산비와 보관비의 총액을 나타내는 방정식을 세울 수 있다. 나는 y를 인쇄 횟수로 정한다. 앞서 말했듯 매회 인쇄비는 2000달러다. 매회 인쇄하는 광고지 부수를 x로 나타낸다. 하지만 보관비는 항상 3달러가 아니다. 재고량이 시간에 따라 변하기 때문이다. 창고는 광고지를 인쇄할 때마다 가득 차지만, 내가 광고지를 나눠줌에 따라 재고량이 점점 줄어든다. 결국 광고지가 바닥나면 보관비는 다시 0달러가 된다. 그래서 평균 보관비를 구해보니 3달러의 절반인 1.5달러가 나온다.†

따라서 총비용은 $2000y + 1.5x$달러가 된다. x와 y를 곱하면, 즉 매회 인쇄하는 광고지 부수와 인쇄 횟수를 곱하면, 1년간 인쇄할 광고지 총부수 12000이 나와야 한다. 따라서 $y = \dfrac{12000}{x}$이므로, 총비용 방정식을 $2000 \times \dfrac{12000}{x} + 1.5x$로 고쳐 쓸 수 있다. 이것이 바로 '비용 함수'다. 일단 이 함수가 있으면, 광고지를 1년에 몇 번 주문해야 할지 결정하는 일은 비교적 간단해진다. 나는 생산비와 보관비의 총액을 최소화하기만

† 여기서 나는 재고량 변화율이 일정하다고 가정하고 얼렁뚱땅 넘어간다.

하면 된다. 비용 함수 그래프에서 '최적의 점'을 찾으려면, 그 함수의 도함수가 0이 되는 x 값을 알아내면 된다. 이 경우 최선책은 매년 광고지를 4000부씩 3번 인쇄하는 것이다.†

이제 생산량에 기초해 예상 수익을 어림해보자. 이윤을 극대화하려면 튤립 구근의 가격을 어떻게 매겨야 할까? 튤립 구근은 원가가 매우 높다. 내가 잔머리를 굴려 이웃 클루시우스에게서 그걸 훔친다면 또 모르겠지만. 설령 그런다 해도 도둑질로 댈 수 있는 공급량에는 한계가 있을 것이다. 하지만 그렇게 거둔 수익이면 내 신생 벤처기업의 살림을 꾸리기엔 충분할지도 모른다. 튤립을 씨앗에서부터 기르는 데는 약 7년이 걸린다. 온실 임대, 비료 구입, 급수 등등에 비용이 들 텐데, 그러면서 7년의 배양기가 지나야 비로소 튤립 구근이 나올 것이다. 게다가 각 구근은 죽기 전에 클론을 조금밖에 만들어내지 못하므로, 구근의 공급량은 늘 한정될 것이다(오직 구근만이 유전적으로 동일한 개체를 만들어낸다. 씨앗에서는 유전적 변이가 나타난다).

고정 비용이 10만 달러이고 그 밖의 구근 생산비가 개당 약 30달러라고 가정하자. 이 경우 비용 함수는 $100000 + 30q$다. 여기서 q는 구근의 수량을 의미한다. 비용의 변화는 한계 비용이라고 부른다. 이것은 튤립 구근을 하나 더 생산할 때 증가하는 비용을 나타낸다. 한편 한계 수입이란 것도 있다. 이것은 구근을 하나 더 생산할 때 수입이 증가하는 비율이

---

† $f(x) = 24000000x^{-1} + 1.5x$이므로 $\frac{df(x)}{dx} = -24000000x^{-2} + 1.5$다. 좌변을 0으로 두고 식을 정리하면 $x^2 = 16000000$이 된다. 따라서 $x = 4000$이다. (옮긴이)

다. 바꿔 말하면 일종의 미분계수다.

일단 구근의 예상 생산량을 2만 개로 잡으면, 나는 임의의 가격(p)에서 구근이 약 20000 - 50p개 팔릴 것으로 가정하고 최고 및 최저 가격을 정할 수 있다. 최고가인 400달러에서는 구매자가 없을 것이다. 반면에 내가 구근을 무료로 내주면 구근 2만 개가 모두 구매자에게 넘어갈 것이다(한 푼도 지불하지 않는 사람도 구매자로 볼 수 있다면). 하지만 내가 그걸 100달러에 팔 경우, 내 멋진 공식에 따르면(20000 - 100 × 50) 구근은 1만 5000개가 팔릴 것이다. 따라서 이때 수입 R은 구근당 가격에 판매량을 곱한 값, 즉 150만 달러다.

우리는 한계 비용을 한계 수입과 일치하도록 맞추고 싶다. 바로 그 상황에서 최대 수익이 날 것이다. 특정 생산 수준에서 한계 수입이 한계 비용보다 높을 경우, 튤립을 하나 더 생산하면 수입 증가량이 비용 증가량보다 많을 것이므로 나는 이윤을 볼 것이다. 반대로 한계 비용이 한계 수입보다 높더라도 나는 이윤을 높일 것이다. 이 경우엔 구근 생산량을 줄일 텐데, 그러면 수입 감소량보다 비용 감소량이 더 클 것이기 때문이다.

이것은 이상적 조건에서 시장이 돌아가는 개략적 방식이다. 하지만 우리는 그렇게 단순한 세계에서 살지 않는다. 희귀한 튤립 구근 하나가 농장 본채보다 가치가 클 때는 뭐가 잘못되어도 한참 잘못되었다. 지수붕괴곡선은 처음에 급감하다 서서히 변화율이 줄어들고, 지수성장곡선은 정반대 형태를 보여준다. 그러나 거품이 형성되면 '폭등과 폭락' 곡선이 나타난다. 시장은 처음에 급격히 성장하지만 느닷없이 정점을 지나 무너져버린다. 달아오른 새로운 시장에 일찍 뛰어드는 사람들은 막대한 이익을 얻기도 하지만, 그 난장판에 뛰어드는 사람이 갈수록 늘어나고 가격이 계속 오르다 보면, 구매자 수는 점점 줄어들게 된다. 결국 시장은 정점에 이르러 무너지게 마련이다. '붕괴'는 그야말로 급작스럽게 일어날 것이다. 이것이 바로 튤립 마니아 시기에 벌어진 일이다. 만약 거품 심리가 부동산 시장에 나타나 사람들을 덮치면 어떻게 될까?

즐거운 우리 집

압류당한 집을 둘러보노라면 기분이 울적해진다. 상실감이 그 공간에 스며든 걸까? 우리가 둘러보는 연립주택은 지은 지 4년밖에 안 됐지만 이미 한물갔다. 바닥은 흠집투성이고 방충망은 너덜너덜하다. 전 주인은 집 잃은 설움을 달래려고 가전제품을 챙겨 달아났다. 집 자체는 널찍하건만, 흐린 오후의 내부는 갑갑하고 우중충하다. 무엇보다 전기가 끊긴 탓이 크다. 하지만 이 건물은 위치가 좋다. 몇 블록만 가면 우리가 좋아하는 가게와 식당이 많이 나온다.

  로스앤젤레스로 이사 온 지 2년 만에 우리는 집을 보러 다니며, 변덕스러운 남캘리포니아 부동산 시장에 조심스레 발을 들였다. 우리는 급할 게 없다. 지금 사는 임대 아파트도 당분간은 지낼 만하다. 로스앤젤레스 시내도 걸어다니기 좋은 위치에 있고, 길 건너편에 무료 주차장도 있으며, 친절한 상근 관리인 마이크도 있다. 하지만 결혼하고 두 집 살림을 합치면서 우리는 포화 상태에 이르렀다. 우리 책은 대부분 창고에 있다. 식탁에는 손의 책과 물리학 논문이 널려 있고, 여분의 침실은 내 사무실 겸 손님방으로 쓰인다. 게다가 벽장 공간도 턱없이 모자란다.

지금은 집을 사기에 최적기인 동시에 최악기다. 우리는 시세가 더 적절한 수준으로 떨어지기를 끈기 있게 기다려왔는데, 2008년 9월 경제 붕괴 이후 주택 가격이 폭락하고 있다. 캘리포니아 부동산 협회CAR에 따르면, 2008년 2월~2009년 2월에 압류가 급증하자 부동산 가치가 떨어지면서 캘리포니아 평균 주택 가격이 41퍼센트나 하락했다(미국 전체 평균 주택 가격 하락률인 16퍼센트의 2배가 넘는다). 가격이 얼마나 더 떨어질지는 아무도 모른다. 그런 불확실성 때문에 다들 예민한 편인데, 은행이 특히 더 그렇다. 대출은 훨씬 받기 어려워졌다. 심지어 자격이 충분한 구매자도 마찬가지다. 적당한 집을 찾아 나서는 과정은 불안으로 가득하다.

내 집 마련을 꿈꾸는 사람들은 완벽한 장소란 없음을 알고 있다. 이 집 저 집을 둘러보다 보면 부동산 시세, 우리 형편, 우리에게 중요한 요소에 대해 감을 잡을 수 있다. 우리는 침실 3개(혹은 침실 2, 작업실 1)와 차 2대용 주차 공간이 필요하다. 그리고 쉽게 걸어갈 수 있는 거리에 가게와 식당이 있는 중심가를 선호한다. 그런 지역은 보통 주거비가 많이 드는 만큼 우리는 넓이와 위치의 균형을 맞춰야 한다. 또 우리는 손님 초대하길 좋아하므로 개방식 주방이 딸린 널찍한 거실이 있으면 좋겠다. 하지만 집을 많이 뜯어고치고 싶지는 않다. 우리가 감당할 만한 가격대 안에서 이런 희망 사항들의 최적 조합을 찾을 수 있을까?

한 집은 구조가 괴상망측하다. 또 한 집은 입구의 극적인 나선형 계단을 자랑하지만 작업실용 공간이 없다. 전업 저술가에게 그것만큼 중요한 것도 없다. 나는 스페인풍 연립주택을 좋아하지만, 그런 집은 현대적인 남편의 취향과 맞지 않는다. 어떤 집은 특이하게도 파란색 플라스틱 주방 가구를 갖췄고, 어떤 집은 욕조 길이가 185센티미터여서 남편이 들어가기에 턱없이 작다. 또 다른 집은 바닥재가 싸구려인 데다 주택연합 회비가 천문학적 숫자다. 하지만 그런 집들도 거무칙칙한 '펜트하우스'보다는 낫다. 거기 카펫은 얼룩투성이고 타일은 깨졌으며 '옥상 바닥'에는 끈적한 타르지를 줄줄이 발라놓았다. 처음 본 압류된 낡은 집에 대해 말하자면, 우리는 거실 및 주방 공간이 너무 좁다고 결론지었다.

집 보러 다니기는 비교 쇼핑을 실험하기에 제격이다. 여러 변수를 따져보고 그런 요소들의 최적 조합을 찾아보는 데 이만한 일이 또 있을까? 어떤 의미에서 우리는 개념적으로 미적분을 하고 있는 셈이다. 수학자들은 모든 자료를 수량화해 방정식으로 정리함으로써 이 과정을 다음 수준으로 간단히 끌어올린다. 이론적으로 집 보러 다니는 경험을 다변수 최적화 문제로 바꿀 수 있다. 이것은 이윤을 극대화하는 튤립 구근 최적 가격을 구한 방식과도 비슷하다. 우리는 주관적 기준을 수량화하는 방법을 알아내기만 하면 된다.

연속 곡선이 필요하므로, 선택 가능한 집이 무수하다고 가정할 것이다. 진지하게 집을 보러 다녀본 사람이라면, 집이 무한히 많다고 느껴본 적이 있을 것이다. 미적분은 우리의 최종 선택과 행복을 최적화하여 선택의 폭을 좁히도록 도와줄 것이다. 문제를 단순화하기 위해 변수들을 수량화가 용이한 두 특징으로 한정할 것이다. 하나는 제곱피트 단위의

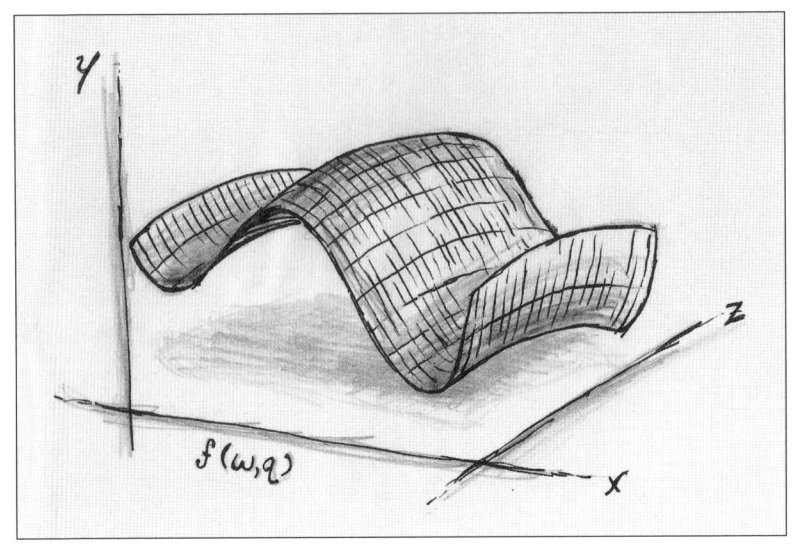

집 넓이(q)이고, 하나는 도보 용이성(w)이다. 후자는 인터넷상의 '도보 용이성 점수walkability score' 알고리즘에 기초한다. 여기서 우리는 함수 $f(w, q)$를 얻는다. 이 함수의 '곡선'은 단일 변수 함수의 그래프와 사뭇 다르게 보일 것이다. 그것은 평면 위에 떠 있는 구불구불한 곡면일 테니까.

우리 위치를 두 직선의 교차점으로만 보여주는 지도를 생각해보자. 위도와 경도의 교차점을 상상해도 좋고 로스앤젤레스의 윌셔 대로와 피게로아 거리가 만나는 점을 떠올려도 좋다. 이 지도에는 고도가 빠져 있다. 최적화 문제에 두 번째 변수를 도입하는 것은 지도에 고도를 더하는 것과 같다. 이로써 우리는 평면적 위치뿐 아니라 그 위치의 높이도 이야기할 수 있다. 이제 우리의 데카르트 좌표계에는 x축(도보 용이성)과 y축(집 넓이)만 있는 것이 아니라, 수직으로 튀어나온 세 번째 z축도 있다.

집 넓이와 도보 용이성만 고려한다면, 최적의 행복을 얻기 위해 두 변수를 한없이 높이지 못할 이유는 무엇인가? 분명 어떤 제약이 필요한데, 그것은 바로 가격이다. 우리는 자본이 무한하지 않으므로, '비용'이라는 제3의 요소를 '행복 함수'에 집어넣어야 한다. 비용은 집 넓이 및 도보 용이성과 직결될 것이다. 내 집 마련을 꿈꾸는 사람들이 처음 밟는 단계는 자신이 감당할 수 있는 가격대를 정하는 일이다. 집값이 그 가격대를 넘어가면, 집 넓이와 도보 용이성이 계속 증가해도 우리 행복은 감소할 것이다. 그 집을 살 형편이 안 된다면 별로 행복하지 않을 테니까.

행복을 두 변수 (w, q)의 함수 그래프로 그려보면, 높아지다 정점을 지나 낮아지는 매끈한 곡면이 나올 것이다. 그다음에는 변수별로 도함수를 구한 후(이를 '편미분' 혹은 '편도함수 구하기'라고 부른다), 두 도함수를 모두 0으로 만드는 값을 찾기만 하면 된다. 그 값은 바로 곡면의 접평면 기울기가 0(수평)이 되는 점에 해당한다. 접평면이 수평을 이루는 곳은 곧 우리가 최적의 해결책을 찾아낼 곳이다. 바로 거기서 최대한의 행복을 얻을 것이다. 여기서 드러나는 바에 따르면, 우리는 사실상 도보 용이성과 집 넓이의 균형을 맞추어야 한다. 도보 용이성이 매우 좋은 지역은 제곱피트당 가격이 엄청나게 높다. 이 경우 우리는 넓은 집을 사지 못해 계속 행복 곡선의 정점 근처에 머무르게 될 것이다. 마찬가지로 어떤 점을 지나면, 지나치게 좁은 넓이 때문에 행복이 줄어들 것이다. 일단 다변수 곡면에서 '최적의 점'을 찾아내고 나면, 우리는 선택의 폭을 무한대에서 다음 3가지로 좁힐 수 있다.

1번: 침실 3개, 욕실 3개의 '건축학적' 연립주택. 바닥과 가구는 대

나무 재질이고, 거실은 유리창으로 둘러싸여 햇빛이 잘 든다. 벽장도 넉넉하고, 차 2대가 들어가는 개인 차고도 있다. 우리가 바라는 만큼 걸어다니기 좋은 위치에 있진 않지만, 제곱피트당 가격이 시세보다 낮으므로, 가격에 비해 넓은 공간을 얻을 수 있다.

2번: 침실 3개, 욕실 3개의 아파트. 주 내장재가 짙은 색 나무이고, 동양적 분위기가 물씬 풍긴다. 전체적으로 약간 작지만, 벽장이 많고, 널찍한 발코니가 식당과 붙어 있다. 단점은 차 2대를 길게 나란히 세우는 공용 주차장(옆으로 나란히 세우면 좋으련만)과 걸어다니기 썩 좋지 않은 위치다.

3번: 침실 2개, 욕실 2개, 작업실 1개의 연립주택. 걸어다니기 매우 좋은 최상의 위치에 있다. 지중해풍으로 설계한 건물로, 발코니와 널찍한 거실, 개방식 주방, 호화로운 욕실이 있다. 제곱피트당 가격이 상당히 높으므로, 우리는 여기보다 더 작은 집만 살 수 있다. 벽장은 얼마 없고, 공용 주차장은 차 2대를 일렬로 나란히 세우는 식이다.

이외에 나머지 조건이 모두 같다면, 최적의 주택을 어떻게 선택해야 할까? 여기서 미적분은 별로 도움이 되지 않는다. 집을 고르는 일이란 본래 감정적·주관적 결정이다. 하지만 우리는 비교 쇼핑을 할 때면 항상 최적화 문제를 대충 따져본다. 이것은 그 과정에 합리성을 도입하는 하나의 방법이다. 그러나 그런 경우에도 특정 변수에 부여할 가중치의 선택은 극히 주관적이다. 네덜란드 심리학자 딕스터후이스Ap Dijkster-huis는 집을 고르는 사람들이 종종 '가중치 오류'를 저지르는 방식을 연구한다. 그에 따르면, 통근 시간이 많이 걸리는 교외의 큰 집과 더 비싼 도심의 작은 집 중에 선택해야 할 경우, 구매자들은 대부분 큰 집을 고른다. 그들은 긴 통근 시간이 전반적 삶의 질에 장기적으로 미치는 악영향을 과소평가한다.

드디어 보금자리로

결국 우리는 1번을 선택한다. 이전의 좋은 도심 위치를 포기하는 대신 여유 공간과 개인 차고를 확보하고 손의 통근 거리를 단축한다. 이제 가슴을 졸이며 모기지 금리를 확정해보자. 그 금리는 말 그대로 날마다 바뀐다. 집 구입 의사를 밝히고 이틀이 지난 후 우리는 경악을 금치 못한다. 그사이에 연립주택의 모기지 금리가 1퍼센트 인상된 것이다. 따라서 예상 월부금을 계산할 때 이용한 금리 5.25퍼센트는 6.25퍼센트로 바뀔 것이다.

역사상 최초의 모기지는 1190년 영국에서 등장했다. 당시 지주는 자기 땅을 무이자로 정가에 팔았다. 구매자는 땅에서 난 것이면 무엇이든 판매자에게 지불할 수 있었다. 'mort'는 '죽음'을 뜻하는 라틴어에서 유래했고, 'gage'는 빚을 못 갚으면 재산을 몰수당하겠다는 서약을 의미했다. 현대의 개념도 별로 다를 바 없다. 우리는 집을 사고 싶지만 총매매가를 치를 돈이 수중에 없다. 그래서 가진 돈을 내고, 모자란 돈은 그 집을 담보로 빌린다. 다달이 치르는 월부금은 금리(보통 고정 금리)와 대출 기간(보통 30년)에 따라 결정된다. 그 기간이 끝날 때가 되면 우리는 대출 원금과 축적 이자를 모두 갚을 것이다.

겨우 1퍼센트의 금리 인상이 월부금에 상당한 영향을 미치는 이유는 무엇일까? 직접 계산해서 알아보면 유익할 것이다. 계산의 편의를 위해 소수점 이하를 버리고 각 금리를 5퍼센트와 6퍼센트로 바꿔 생각해보자. 가령 10만 달러를 5퍼센트 금리로 빌렸다면, 우리 월부금은 536.82달러가 될 것이다. 반면에 금리가 6퍼센트라면 월부금은 599.55달러가 될 것이다. 여기서 이자는 연리라고 가정한다. 〈좋은 수학, 나쁜 수학Good Math, Bad Math〉이라는 블로그를 운영하는 컴퓨터 과학자 추캐럴Mark Chu-Carroll에 따르면, 이런 사소한 차이 때문에 월부금 누계가 크게 늘어날 수 있다. 이자를 월리로 계산하면, 금리가 5퍼센트일 경우 우리는 다달이 525달러만 지불할 것이다. 하지만 금리가 6퍼센트일 경우 매달 더 내는 62달러가 30년간 모이면 약 2만 2320달러가 될 것이다.

다행히도 우리 이야기의 결말은 해피 엔드다. 우리는 대출 기관과 협상을 벌여 처음 예상한 금리로 계약한다. 계약금을 넉넉히 가지고 있던 덕을 보았다. 1900년대 초 미국에서 내 집 마련을 꿈꾸는 사람들은 5년짜리 모기지에서 대출 원금의 50퍼센트를 계약금으로 내야 했다. 하지만 그런 조건을 충족할 수 있는 사람이 거의 없었기에, 주택 보유자가 전체 인구의 40퍼센트에도 못 미쳤다. 그에 비해 보통 30년짜리 모기지에서 원금의 20퍼센트를 계약금으로 내는 오늘날은 주택 보유자가 약 70퍼센트에 이른다. 집값 30만 달러의 20퍼센트를 모으려면 시간이 얼마나 걸릴까? 그 6만 달러는 보통 임금으로 쉽게 마련할 수 있는 돈이 아니다.

하지만 5년 안에 그 목표를 달성하려면 매달 얼마씩 저축해야 하는지는 간단히 계산할 수 있다. 6만 달러를 5로 나누기만 하면 된다. 답은 매년 1만 2000달러, 즉 매달 1000달러다. 미적분까지는 필요도 없다.

하지만 이건 내가 그 돈을 매트리스 밑에 꿍쳐놓을 경우에만 해당하는 이야기다. 상식에 따르자면 나는 그 자금을 이자가 붙는 예금 계좌에 넣어둘 것이다. 낙관적으로 생각해서 그 계좌에 이자가 5퍼센트 붙는다고 가정해보자. 그러면 계약금을 마련하는 데 필요한 시간은 어떻게 달라질까? 나는 매달 1000달러를 예금하지만, 그 돈은 2년간 계좌에 들어 있으면 원래 액수보다 많은 돈을 벌 것이다.[+] 그러므로 나는 첫 월부금을 계산에 넣되, 5년 후 이자가 얼마나 붙을지도 계산한다. 그런 다음에는 두 번째 월부금, 세 번째 월부금 등등도 마찬가지로 계산한다.

이제 여러 액수를 합산하기만 하면, 즉 적분을 구하기만 하면 된다. 비록 나는 매달 예금하고 있지만, 미적분의 관점에서 보면 그 자금은 매 순간 불어나고 있다. 말하자면 시간 간격 Δt마다 우리는 $12000 \times \Delta t$달러를 모으는 셈이다. 그 돈은 남은 상환 기간(5년 $- t$) 동안 은행에 있으면서 5퍼센트의 이자를 번다. 5년 후 나는 6만 달러와 더불어 약간의 미수이자를 모을 것이다. 그 이자로 아마도 터무니없을 부동산 매매 수수료를 치를 수 있으면 좋겠다.

그런데 여러분에게 그 20퍼센트의 필수적 계약금이 없다면 어떻게

[+] 모기지 금리에서는 정반대. 월부금 전부 대출 원금을 갚는 데 쓰이지는 않는다. 초기 월부금은 대부분 이자로 나간다. 이자는 항상 미불 잔액에 붙어서 나가기 때문이다. 그 잔액은 우리가 원금을 갚을수록 줄어든다.

될까? 이것은 주거비가 유난히 많이 드는 지역에 사는 사람들이 흔히 겪는 문제다. 모르긴 몰라도 여러분은 뾰족한 수가 없을 것이다. 어떤 은행도 대출을 승인해주지 않을 테니까.

여기에는 그럴 만한 이유가 있다. 계약금으로 여러분은 집의 순자산액―집의 사정가격과 여러분이 은행에 빚진 금액의 차액― 을 확보한다. 하지만 대안적 형태의 모기지론도 많아졌다. 그중 일부에서는 대출자가 5퍼센트의 계약금만 내도 대출을 받을 수 있다. 이처럼 낮은 계약금의 계약 조건은 보통 높은 금리와 월부금이다.

이뿐만 아니라 어떤 사람은 변동금리형 모기지ARM 상품을 생각해내기도 했다. 이 모기지는 금리가 몇 년마다 새로운(더 높은) 이율로 변경된다. 앞서 확인해보았듯, 모기지 금리가 조금만 올라도 월부금이 엄청나게 달라질 수 있다.

ARM에서는 그 효과가 더 극적이다. 가령 여러분이 30년 만기의 변동금리형 모기지로 10만 달러를 대출했다고 치자. 여러분은 초기 '티저 금리teaser rate'의 월부금은 부담 없이 지불할 수 있을 것이다. 금리는 처음 2~5년간 1.2퍼센트 정도로 낮을 수도 있다. 그 경우 할부금은 약 331달러가 될 것이다. 하지만 금리가 7퍼센트로 뛰어오르면 여러분은 졸지에 다달이 617달러를 내야 한다. 수입이 그에 맞춰 오르지 않는 한, 여러분은 곧 제때 월부금을 내지 못하게 될 것이다. 게다가 어떤 ARM은 무원금 대출이다. 이것을 선택한 사람들은 이자만 갚아나갈 뿐 원금은 전혀 줄이지 못할 것이다.

수많은 사람이 이런 위험천만한 대출을 선택했다. 위 내용을 고려해보면, 그들이 도대체 무슨 생각으로 그랬는지 이해하기 힘들다. 계산을 안 해본 걸까? 어쩌면 자기 집의 가치, 즉 순자산액이 계속 급등하리라고, 그래서 금리가 바뀌기 전에 집을 팔아 짭짤한 수익을 거두리라고 믿었는지도 모르겠다.

하지만 그 무엇도 영원히 팽창하지는 못한다(아마 우주를 제외하면). 그런 주택 소유자들은 시장이 식거나 무너져버리기 전에 거기서 빠져나오길 바라며 도박을 했다. 몇몇 경제학자들은 그 거품이 곧 터질 것이라고 경고했다. 하지만 그들의 무시무시한 예언도 주택 광란 절정기의 열기를 거의 식히지 못했다. 전형적인 거품 유발 조건이 모두 나타났다. 수요가 높고 공급이 한정되었으며, 은행의 대출 규정 완화 때문에 현금이 넘쳐났다. 은행은 저소득층 대출자를 겨냥한 서브프라임 모기지 상품을 수없이 만들어냈다. 돌이켜보면 그런 대출자들은 대출 승인을 받지 못했어야 했다. 일단 금리가 바뀌기만 하면 월부금을 내지 못할 테니까. 그런 구매자들이 일제히 채무를 불이행하자, 결국 기록적인 압류 사태가 벌어지고 말았다.

가상의 부

네덜란드의 튤립 마니아 붕괴는 몇몇 지나치게 열광적인 상인과 부유한 수집가들에게만 후유증을 남겼다. 이것은 1630년에 암스테르담 증권거

래소가 튤립 구근 시장의 투기 열풍에 휘말리지 않고, 거품이 터질 때 경제적 타격을 최소화했기 때문이다. 비록 시장 붕괴 이후 수십 년간 구근 가격이 계속 떨어졌음에도 네덜란드 상인들은 대부분 협상으로 빚을 청산할 수 있었다. 재정 파탄은 빚을 다른 곳에 투자한 사람들에게 들이닥쳤다. 그들은 튤립 구근 거래에서 거둘 수익으로 그 빚을 갚을 요량이었지만, 그런 수익은 영영 나지 않았다.

그것은 부동산 거품 시장의 문제이기도 했다. 사람들은 그 시장에 투기하는 한편, 자기 집의 순자산액으로 자금을 마련해 다른 일에 썼다. 새 자동차를 구입하거나, 호화로운 휴가를 보내거나, 부엌을 개조하거나, 별도로 임대 부동산에 투자하거나, 별장을 구입하거나 등등. 하지만 시장이 붕괴하고 주택 가격이 폭락하자 그런 주택 소유자들은 집값보다 큰 금액을 은행에 빚지게 되었다. 그들의 순자산은 곧 '역'자산이었다. 더군다나 투자 은행들은 그런 모기지를 전 세계 투자자들에게 파는 복잡한 금융 상품으로 포장했다. 결국 압류의 물결이 일자 단기간에 엄청난 손실이 발생하며 세계 경제가 무너졌다.

경제학자들은 그 주택 시장 붕괴를 수십 년간 분석해 원인과 방식을 파악해낼 것이다. 하지만 코넬 대학의 경제학자 블룸필드Robert Bloomfield에 따르면, 온라인 게임 '세컨드라이프Second Life'에서 가상 경제를 관찰해보면 중요한 사실 몇 가지를 깨달을 수 있다. 그는 세컨드라이프에 나오는 가상 경제를 자유 시장 모델의 시뮬레이션으로 활용할 수 있다고 믿는다(자기통제 실패의 결과를 보여주는 시뮬레이션으로도 활용할 수 있다고 한다). '세컨드라이프'에서 게이머들은 현실 세계의 달러로 가상 통화를 살 수 있다. 250린든 달러Linden Dollar가 대략 미화 1달러에 해당한다. '현실 공간'의 자유 시장을 방해하는 성가신 규정들에서 벗어나 그들은 상품과 용역을 사고팔며 온라인 투자 계획을 세운다.

그런데 그 안에 문제가 있었다. 2007년 게임 안의 가상 투자 은행 깅코파이낸셜Ginko Financial이 붕괴했다. 그 은행은 투자자들에게는 린든화 투자금에 대해 무려 40퍼센트의 수익률을 약속했고, 다른 게이머들에게는 똑같이 엄청난 금리로 대출금을 주었다. 그 게이머들이 가상 대출금을 갚지 않자, 투자자들은 전전긍긍하던 끝에 깅코파이낸셜로 달려가 자기 자금을 회수했는데, 그 액수는 곧 은행의 준비금을 넘어섰다. 순전히 가상의 손해는 아니었다. 린든 달러를 현실 통화로 구매했기 때문이다. 투자자들이 잃은 총액은 현실 세계의 미화 75만 달러에 달했다.

이에 세컨드라이프 개발자 린든랩Linden Lab은 어떤 가상 은행도 예치금의 이자수익률을 투자자에게 약속하지 못하도록 조치를 취했다. 1년 후 모기지 붕괴에 뒤이어 금융계의 거장 그린스펀Alan Greenspan은 마지못해 비슷한 현실 세계 결론을 내렸다. "대출 기관이 스스로를 통제할 것이라고 믿어서는 안 된다. 자유 시장 체제가 쓸모없어서가 아니라, 어떤 사악한 사람들이 속임수로 체제를 '가지고 놀았기' 때문이다." 잘못은 자유 시장 경제보다 인간 본성에 있다. 이 사례는 실용적 경제 모델이라면 비이성적 인간 행동도 고려해야 함을 똑똑히 보여준다. 실제로 행동경제학이라는 새로운 급성장 분야는 인간이 늘 자신에게 이롭도록 행동하지는 않는 이유와 방식을 연구하는 데 초점을 맞춘다.

물론 가상 경제는 불완전하다. 그러나 세컨드라이프에서 얻은 경제학적 교훈은 설득력이 있다. 그것은 컴퓨터 시뮬레이션이 아니라 실제 인간 행동(원자료)에 기초해 만든 모델이기 때문이다. 사람들은 항상 이성적으로(혹은 고상하게) 행동하지는 않는다. 그럼에도 이를 고려하지 않는 경제학 이론이 많다. 『탁월한 결정의 비밀How We Decide』의 저자 레러Jonah Lehrer의 주장에 따르면, 문제는 실제 모델보다 인간의 뇌에 있다.

"사람들은 모델을 좋아한다. 특히 거창하고 복잡하며 정량적인 모델이라면 사족을 못 쓴다. 모델만 있으면 든든하다. 모델은 미래의 불확실성을 깔끔하게 한입 크기의 방정식으로 분해한다. 하지만 우리는 모델의 예언에 정신이 팔린 나머지 모델의 기본 가정을 의심하지 않는다. 자기 신념에 맞는 정보만 받아들이려는 성향이 커지면서, 우리는 모델이 참임을 증명하는 데 정신 에너지를 지나치게 쏟아붓는다."

하지만 여전히 모델은 흥미로운 통찰을 낳기도 한다. 뉴욕 주 로체스터 부셰프랭클린 연구소의 분석가 스미스Reginald Smith는 2007년 캘리포니아 · 플로리다 부동산 시장에서 시작된 붕괴가 2008년 10월까지 다른 영역으로 확산된 양상을 알아보기로 했다. 그에 따르면, 처음에 부동산 시장에서 나타난 문제는 금융 시장으로 번진 다음, 주식 시장 전체에 타격을 입혔다. 스미스의 분석에서 붕괴 원인이 분명히 드러나진 않았지만, 그는 자기 데이터가 다른 종류의 모델과 매우 닮았다는 점을 알아차렸다. 그것은 바로 과학자들이 산불, 패션 트렌드, '질병' 등의 확산을 기록할 때 쓰는 모델이다. 수학적으로 말하면, 금융 공황은 부를 몰락으로 몰고 가는 전염병과도 같다. 중세에 흑사병도 그런 식으로 서유럽인들을 떼죽음으로 몰고 갔다.

이런 제길!

인구는 제한받지 않는 한 등비로 증가하지만 식량은 등차로 증가할 뿐이다.+

— 토머스 로버트 맬서스 Thomas Robert Malthus

+ "Population, when unchecked, increases in a geometrical ratio. Subsistence increases only in an arithmetical ratio." 맬서스의 이 말은 보통 "인구는 기하급수(등비급수)적으로 증가하지만 식량은 산술급수(등차급수)적으로 증가한다"로 번역된다. 하지만 고중숙 교수의 『수학 바로 보기』에 따르면, 이것은 '급수'와 '수열'을 혼동하고 원문의 맥락을 헤아리지 못한 오역이다. 그가 제안하는 번역은 다음과 같다. "아무런 제한이 없는 경우 인구는 등비수열적으로 증가하지만 식량은 등차수열적으로 증가한다." 여기서는 의미의 중첩과 모호성을 피해 좀 더 간결하게 바꿔보았다. (옮긴이)

재산깨나 있는 독신 남자에게 든든한 무기고가 필요하다는 것은 누구나 인정하는 진리다. 특히 잔혹 풍자소설 『오만과 편견, 그리고 좀비Pride and Prejudice and Zombies』에 나올 만한 젊은이라면 그건 필수다. 작가 그레이엄 스미스Seth Grahame-Smith는 제인 오스틴Jane Austin의 명작을 변주해 패러디 물을 만들어냈다. 이 소설에서는 까닭 모를 역병이 평화로운 메리턴 마을을 휩쓸면서 주민들이 신선한 뇌라면 사족 못 쓰는 산송장으로 변해버린다. 그런 상황에서는 말주변도 좋고 무기까지 휘두를 줄 아는 여자라면 금상첨화일 것이다.

　기괴한 메리턴에서 엘리자베스 베넷과 네 자매는 대좀비 정예부대를 결성한다. 그들은 여자들이 흔히 익히는 음악, 자수, 그림은 물론이고 무술과 사격술에도 능하다. 그들의 임무는 반사 상태의 골칫덩이들을 소탕하는 한편 돈 많은 신랑감을 찾는 것이다. 이야기 초반에 네더필드에서 열리는 무도회는 '차마 입에 담지 못할 것들' 때문에 아수라장이 된다. 그것들이 불운한 손님들을 닥치는 대로 먹어치우는 가운데 '검붉은 피가 샹들리에까지' 솟구친다. 여자 등장인물들은 머스킷 총을 들고 다니는 게 '숙녀답지' 않네 어쩌네 하며 티격태격하고(엘리자베스는 '카타나'라는 사무라이 칼을 아낀다), 전갈꾼들은 다른 집에 말을 전하러 오가다 좀비한테 잡아먹히기 일쑤다. 지역 민병대는 시체를 파내 폐기하며 전염을 막아보려 한다. 한편 엘리자베스는 캐서린 부인과 명랑한 닌자 일당을 물리쳐야만 다아시와 결혼할 수 있다.

그레이엄 스미스는 오스틴의 원작이 좀비 공포물로 바꾸기에 안성맞춤이라고 생각했다. 그는 뉴스 웹 사이트 〈데일리비스트Daily Beast〉에서 이렇게 말했다. "당차고 다부진 여걸도 있겠다, 늠름하고 용감한 신사도 있겠다, 쓸데없이 근처에 진을 치고 있는 민병대도 있겠다, 또 사람들은 걷거나 마차를 타고 늘 이리저리 돌아다니겠다, 이만하면 잔인하고 무의미한 폭동이 금방이라도 일어날 법하죠(게다가 닌자도 있다. 닌자를 잊지 말자)."

나아가서 이렇게 생각해보면 어떨까. 『오만과 편견』이 나온 섭정 시대 영국에는 치명적 전염병이 종종 돌았고, 조지 로메로George Romero 감독이 〈살아 있는 시체들의 밤Night of the Living Dead〉으로 개척한 현대 좀비 장르에서는 맹렬히 확산되는 좀비화를 일종의 전염병으로 다룬다. 그렇다면 좀비는 전염병학의 사례 연구 대상으로도 훌륭하지 않겠는가.

전염병학자들은 병이 확산되는 속도와 그 속도를 늦추는 중재 전략(예방접종, 격리 등)을 연구한다. 그들은 그것을 일반적인 개체군 역학의 맥락에서 연구하는데, 그 이유는 감염자의 수와 인구의 증가·감소 비율이 서로 연관되어 있기 때문이다. 두 연관된 요소 사이에 시시각각으로 바뀌는 변화율이 있다면, 어딘가에 도함수가 분명히 존재할 것이다. 그래서 미적분은 전염병학 연구와 좀비 대재앙 분석에 매우 유용하다. 공교롭게도 자연에는 극히 미세한 유형의 좀비 전염병이 있는데, 그것은 전염병학의 기본 모델을 설명하는 데 크게 도움이 된다.

개미 속 곰팡이

서중앙아프리카 밀림 속에는 특정 종류의 개미에 기생하는 균류가 숨어 있다. 동충하초과의 그 균류에서 나온 포자는 공기 중을 떠돌아다니다 개미의 몸에 달라붙는다. 포자가 그 불쌍한 곤충의 몸속으로 들어가 발아하면 균사라는 기다란 덩굴손이 자라난다. 그것이 결국 개미의 뇌에 이르러 화학물질을 내놓으면 개미는 균류의 좀비 노예가 되고 만다.

그 화학물질은 개미가 주요 페로몬을 지각하는 방식을 바꿔 행동까지 변화시킨다. 이 경우 개미는 맛있는 뇌를 먹으려 드는 것이 아니라, 가까운 식물의 꼭대기로 기어올라 작은 입으로 잎맥을 깨문다. 이제 좀비 역할은 균류의 몫이다. 균류는 남아 있는 개미 뇌를 마저 먹어치운 후 개미 머리를 뚫고 나오며 최후의 모욕을 안겨준다. 그렇게 튀어나온 줄기에서 포자낭이 터지면, 훨씬 많은 포자가 공기 중으로 흩어져 훨씬 많은 순진한 개미들을 감염시킨다. 이 끔찍한 과정이 전부 일어나는 데는 4~14일이 걸린다. 곰팡이를 두려워하게나, 친구들이여.

동충하초과 균류에는 400여 종이 있는데, 각 균류는 특정 곤충을 숙주로 삼는다. 개미, 잠자리, 바퀴벌레, 진딧물, 딱정벌레 등등. 동충하초과는 자연이 생태계 균형을 유지하려고 개체 수를 조절하는 방식의 일례다. 그 균류는 숙주의 공급량이 많을 때 급증한다. 그럴 때는 개미 개체군이 너무 커져 유효 자원을 압도하는 수준에 이르기도 한다. 하지만 좀비화 포자에 희생되는 개미가 늘어나다 보면, 결국 ① 남은 개체군이 먹고살 자원이 다시 충분해지고, ② 숙주가 될 개미가 드문 만큼 균류가 생식하기 힘들어져 균류의 개체 수도 줄어들게 된다. 그다음에는 이런 개체군 성장·쇠퇴 과정 전체가 또다시 반복될 것이다. 이것이 바로 개체군 역학의 핵심이다.

영국의 성직자 맬서스는 개체군 역학 모델의 선구자다. 맬서스는 집안 내력대로 언청이에 구개파열로 태어나는 바람에 외모에 대한 열등감에 시달리기도 했다. 서리 주의 작은 마을에서 평범한 유년기를 보낸 그는 케임브리지 대학에서 수학 학위를 딴 후 영국국교회의 목사가 되었다.

18세기 말 영국의 생활환경 퇴락을 한탄하던 맬서스는 자연 상태에서 동식물의 번식 속도가 주변 자원이 감당하는 속도보다 훨씬 빠름을 깨달았다. 그래서 그는 다음과 같은 고전적 인구론을 전개했다. 아무 제한이 없는 경우라면 인구가 등비로 증가하므로 우리는 한정된 식량 자원을 곧 앞지를 것이다. 맬서스에 따르면, 이 근본적 진리는 그동안 질

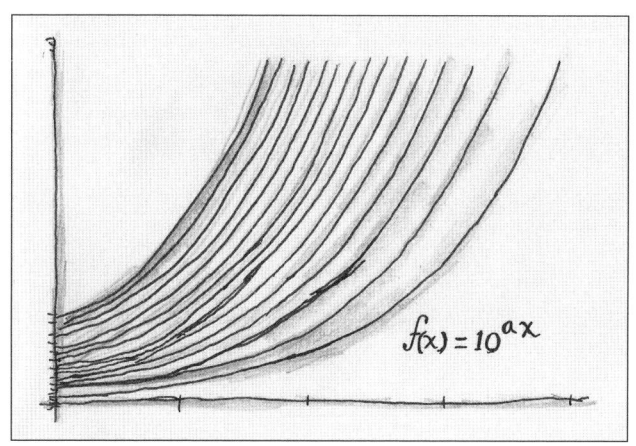

병, 기근, 전쟁 같은 대이변에 가려 있었다. 말하자면 그런 이변은 무리 중 시원찮은 개체들을 주기적으로 추려내 죽이는 셈이다. 맬서스는 극적인 문제로 이렇게 썼다.

"흑사병, 역병을 비롯한 전염병은 무시무시한 기세로 전진하며 수천수만 명을 휩쓸어버린다. 현 상황이 완벽하게 성공적이지 않은 한, 어마어마한 기근이 슬그머니 뒤따라와 강력한 일격으로 인구와 식량의 수준을 맞춰버릴 것이다."

『인구론 An Essay on the Principle of Population』(1798)에서 맬서스는 자신의 개체군 성장 모델을 설명했다. 그 모델에 따르면, 한 세대의 개체 수는 이전 세대 개체 수의 배수다.[+] 우리는 개체군 크기(p)를 시간(t)의 함수

+ $N_t = N_0 \exp(rt) = N_0 \times e^{rt}$ 여기서 N_0는 초기 개체 수, N_t는 t 시간 후 개체 수다(e는 오일러 수). (옮긴이)

로 나타낼 수 있다.[+] 여기서 t는 날, 달, 년 등 어떤 시간 단위로도 표현할 수 있다. 이 함수의 핵심 요소인 '맬서스 계수(r)'는 성장률을 결정하는 보조 변수다. r이 1.19, 1.20, 1.21일 때 각각의 p 값을 좌표에 그려보면, r 값(그림에서는 변수 a에 해당한다)의 미세한 변화가 전반적 개체군 크기에 상당한 변화를 가져옴을 확인할 수 있다. 실제로 그래프를 완성하면 3가지 지수성장곡선이 나온다. 0.02처럼 작은 차이 때문에 40시간 단위(40일, 40년 등) 후 인구는 2배 가까이 차이 나게 된다.

어쩌면 이게 어린이 8명당 1명꼴로 극빈에 시달린다는 통계와 관련이 있을지도 모르겠다. 하지만 맬서스의 인구 과잉 해결책에는 하층계급의 가족 규모를 제한해야 한다는 주장도 나오는데, 이는 부모들이 부양 가능한 수보다 자식을 많이 못 낳게 하기 위해서다. 이 주장은 맬서스가 의도한 바보다 더 엘리트주의적으로 들린다. 그의 주장에 따르면, 하층계급은 아이를 너무 많이 낳으면 가난해질 뿐 아니라 그 상황을 극복하거나 운명을 개척하지도 못하게 된다. 하지만 그는 일종의 우생학―1883년에 가서야 만들어지는 용어다―을 고려해보기도 했다. 축산업 기술을 활용하면 품종 개량으로 인간의 나쁜 형질을 제거할 수 있지 않을까 하고 생각한 것이다. 하지만 맬서스는 이를 현실적 목표로 여기진 않았다. "그러나 인간을 이런 식으로 개량하진 못할 것이다. 형질이 나쁜 사람들을 모조리 강제로 금욕하게 한다면 또 모를까. 아무래도 품종에 대한 내 관심이 보편화될 것 같진 않다." (그렇다. 1800년대에도 사람들

[+] 부록 2에 이런 종류의 미적분 문제를 상세히 설명해놓았다.

은 사실상 금욕만으론 가족계획 문제를 해결할 수 없음을 깨달았다.)

맬서스는 이런 비관적 사상으로 전혀 인기를 얻지 못했다. 당시 열정적인 사회개혁가들은 누군가 적절한 사회구조를 구현할 수만 있다면 인간의 해악을 모두 없앨 수 있다고 설교했다. 맬서스의 모델에 장점이 전혀 없진 않지만, 그의 성장 방정식은 실험실의 완벽히 통제된 세균 배양 환경처럼 특별한 상황에만 적용할 수 있다. 설령 그런 경우라 해도 등비수열적 성장이 얼마간 나타나긴 할지언정 영원히 계속되지는 않는다.

더 정교한 모델을 고안해 기본 개념을 개선한 사람은 바로 브뤼셀 출신의 수학자 베르홀스트Pierre Verhulst였다. 그의 모델은 현실 세계의 개체군 역학을 더 정확히 반영했다. 베르홀스트에 따르면, 현실 세계에는 개체군의 등비수열적 성장을 가로막는 힘이 작용하고 있는데, 그 힘은 총인구에 대한 과잉 인구의 비율에 정비례해 증가한다. 바꿔 말하면 개체군 성장은 개체군의 크기뿐 아니라 그 크기와 상한선의 간격에도 좌우된다.

이 모델의 핵심은 '환경 수용력'(K), 즉 어떤 생태 환경이 감당할 수 있는 개체 수의 최댓값이다. 개미의 개체군이 해마다 2배로 불어날 경우(등비로 증가할 경우), 첫 해에 2000마리가 있다면, 이듬해에는 4000마리가 있을 것이다. 그러나 먹이를 비롯한 자원의 공급량이란 유한하게 마련이므로, 그 등비수열적 성장률이 제한받지 않는다면 개미 개체군은 자원을 금방 바닥낼 것이다. 등비수열적 성장은 결코 무한정 유지되지 못한다. 일단 먹이가 떨어지고 나면, 개미 수도 점점 줄어들 것이다. 베르홀스트의 모델에 따르면, 최댓값에 아직 미치지 못한 개체 수는 다소

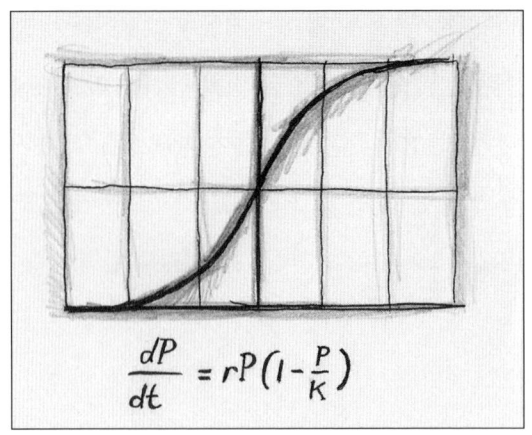

급하게 증가할 것이다. 먹을거리가 넉넉하기 때문이다. 하지만 그것이 최댓값에 가까워지면, 개체 수 증가 속도는 느려질 것이다.

    이런 상황을 자세히 살펴보면 여러분은 미적분의 흔적을 똑똑히 알아볼 수 있을 것이다. 베르홀스트 모델에서 시간에 대한 개체 수의 도함수—개체 수(p)의 변화율(단위시간당 늘어나는 개체 수)—는 '지금 개체 수 × (개체 수 최댓값 — 지금 개체 수)'에 비례할 것이다. 개체 수는 실제로 그 방정식을 따른다면 처음에 급격히 증가할 것이다. 하지만 최댓값에 가까워질수록 점점 더디게 증가하다가 결국 환경 수용력에 이르면 더 이상 증가하지 않고 안정 상태가 될 것이다. 이를 그래프로 그려보면, 매끈한 S자형 곡선(시그모이드 곡선)이 나올 것이다.

    베르홀스트 모델은 적용 가능한 대상이 한정되어 있는 반면, 개체군 역학의 현실은 변수도 많고 훨씬 복잡하다. 심지어 환경 수용력(K)도 시간과 무관하게 일정하기는커녕 여건에 따라 끊임없이 변화한다. 그뿐만 아니라 개체 수 변화도 종종 베르홀스트 모델에서와 달리 불연속적이다. 개체 수는 매일 조금씩 바뀌지 않고 대이변 때문에 폭증하거나 급감하기도 한다. 지진 때문에 마을 전체가 쑥대밭이 되어 인구가 갑자기 줄어들기도 하고, 이민자나 피난민들이 밀어닥쳐 인구가 별안간 치솟기도 한다. 그런 경우 우리는 더 이상 간단한 미적분 문제를 다루지 않는다. 실제 문제는 증권 파동처럼 무질서한 시스템에 가까워서 예측하기가 극히 어렵다.

좀비화 균류와 관련된 상황은 포식자·피식자 모델과 비슷하다. 균류(포식자)가 급증하면 개미(피식자) 개체 수가 줄어들고, 개미 개체군이 번성하면 균류 개체군도 번성한다. 이런 관계에서 두 개체 수의 방정식이 나올 것이다. 자연은 늘 균형 유지법을 찾아낸다. 이런 균류는 특정 해충의 개체 수를 조절하는 데 매우 효과적이어서 병충해를 예방하는 데 쓰이기도 한다. 또 실제로 연구자들은 특정 균류(녹강균)로 아프리카 모기를 죽이는 말라리아 예방법도 알아보고 있다(말라리아는 모기에게 물려 감염된다). 이처럼 질병의 확산 속도를 평가하고 효과적 중재 전략을 알아내는 일은 미적분의 또 다른 실용적 응용 사례다.

콜레라 시대의 수학

콜레라로 죽어가는 과정은 고약하다. 구토와 설사가 지긋지긋하게 되풀이되다 맥박이 느려지고 경련까지 일어난다. 병이 진전되면 경련이 더 심해져 환자는 온몸을 부들부들 떨며 신음하게 된다. 나중에는 입술, 얼굴, 손, 발이 시퍼레지거나 거무스름해진다. 피부는 차갑고 축축해진다. 호흡이 느려지긴 하지만 임종을 예고하는 가래 끓는 소리가 또렷이 나진 않는다. 환자는 보통 훌쩍거리다 조용히 숨을 거둔다. 다른 건 몰라도 병의 진전이 빨라서 환자의 고통이 그리 오래가진 않는다. 이 병 자체에 관해 이야기할 수 있는 건 대략 이 정도다.

19세기에 영국의 의사, 과학자, 정치가들은 인도에 있던 콜레라가 동유럽을 거쳐 독일과 영국으로 들어오는 상황을 벌벌 떨며 지켜보았다. 1831년 공식적으로 런던에 '도착'한 콜레라는 첫 한 해에만 1만여 명의 목숨을 앗아 갔다. 1854년에는 런던의 소호 구역에서 유난히 지독한 콜레라가 발병해 첫 3일간 127명이 죽었다. 그 사태로 결국 총 616명이 목숨을 잃었다.

질병이 개체군 안에서 확산되는 방식을 보통 '벡터vector'+라고 부른다. 가장 흔한 벡터는 사람 대 사람 전염이다. 독감, 홍역 등은 물론 좀비화도 그런 방식으로 전염된다. 19세기에는 콜레라의 벡터가 불분명했다. 의학계에서도 의견이 엇갈렸는데, 그 까닭은 증거에 일관성이 없었기 때문이다. 어떤 때는 접촉 때문인 듯싶다가도 또 어떤 때는 비위생적 환경 때문인 듯도 했다. 1850년대 소호 거리는 동물 배설물, 도축장 폐수, 구식 하수구 천지였다. 누구든 자기 지하실 마룻장을 들춰보면, 악취

+ 물리에서 말하는 크기·방향의 양 벡터와는 의미가 다르다. (옮긴이)

가 진동하는 구정물 구덩이를 발견할 수 있었다.

이 수수께끼를 푼 사람은 현대 전염병학의 선구자인 의사 스노^{John Snow}였다. 5번가에 살던 그는 전염병이 퍼져나가는 모습을 현장에서 지켜보았다. 스노는 콜레라 확산이 오수를 통해 사람에서 사람으로 옮아가는 유독물 때문이라고 확신했다. 그가 추적해본바 처음에 병이 전염된 것은 복스홀 수도 회사가 오염된 물을 공급했기 때문이었다. 하지만 당국은 그를 믿지 않았고 수도 회사는 책임을 인정하지 않았다. 스노는 이번이 자기 이론을 입증할 절호의 기회라고 판단했다.

스노는 그 구역을 순찰하며 사망자 가족을 인터뷰했다. 그렇게 알아낸 바에 따르면, 사망자는 대부분 브로드가와 케임브리지가가 만나는 길모퉁이의 수도 펌프 주변에서 나왔다. 그곳이 바로 사건의 진원지였다. 다른 펌프에 더 가까운 가구들에서 난 사망자는 10명뿐이었다. 게다가 그중 5명은 간간이 브로드가 펌프에서 물을 마시는 학생들이었다. 천생 과학자인 스노는 펌프 물의 샘플을 채취해 현미경으로 살펴보았다. 아니나 다를까 그 안에는 '솜털로 뒤덮인 흰색 미립자'가 들어 있었고, 그는 그것을 감염원으로 간주했다.

마지못해 스노의 충고를 따른 구민관 패리시^{St. James Parish}는 시험 삼아 펌프 손잡이를 제거해보았다. 그러자 병의 전염이 거짓말처럼 뚝 그쳤다. 하지만 브로드가 펌프와 상관없는 듯한 뜻밖의 콜레라 사망자도 더러 있었다. 가장 난감한 예외는 브로드가와 동떨어진 햄스테드 구역의 과부와 조카딸이었다. 스노는 명탐정이었다. 그가 알아낸 바에 따르면, 과부는 한때 브로드가에 살았는데 그 우물 물맛을 너무나 좋아한 나머지 매일 하인에게 그 물을 큰 병에 받아오도록 시켰다. 마지막 물병은 소호에서 전염병이 발병한 날에 채워졌다.

하지만 당국은 스노의 조사 결과를 여전히 의심했다. 교구 목사 화이트헤드Reverend Henry Whitehead는 전염병 발병이 신이 개입한 결과라 믿고 (목사다운 재난 접근법이다), 자신의 주장을 '증명'하려고 했다. 하지만 화이트헤드는 오히려 유력한 발병 원인을 확증하는 데 도움을 주었다. 그가 밝힌 바에 따르면, 브로드가의 한 아기가 콜레라를 앓다 죽은 후, 어머니가 아기 변이 묻은 기저귀를 개수대 물에 담갔는데, 그 물은 결국 브로드가 펌프에서 1미터 떨어진 오수 구덩이로 들어갔다. 나머지는 지하 누수 현상의 몫이었다.

우리는 전염병의 발병 모델을 어떻게 만들어야 할까? 가령 끔찍한 독감 바이러스가 대학교 기숙사를 덮쳤다고 가정해보자. 감염률은 병의 특징과 전염 방식에 따라 달라질 것이다. 독감은 전염 가능 시기의 감염자가 타인 근처에서 기침·재채기를 하거나 타인을 만질 때 확산된다. 우리는 시간(t)의 흐름에 따라 감염자 수(I)가 어떻게 변하는지 기록할 수 있다. 바꿔 말하면 I는 곧 t의 함수다. 여기서 t의 단위는 우리 목적상 날짜로 정할 것이다. 전염병학에는 그 밖에도 보조 변수가 2가지 더 있다. 하나는 한 감염자가 하루에 감염시킬 수 있는 사람 수, 즉 감염률(r)이고, 다른 하나는 감염자들이 완쾌하거나 죽어서 발병 사태가 끝나는 속도(a)다. 따라서 r과 a가 보조 변수로 나오는 방정식 I(t)가 하나 존재할 것이다.

최종 결과는 거의 항상 똑같다. 완쾌하거나 죽는 사람이 늘어나고 예방책—격리, 손 씻기, 문제의 펌프 손잡이 제거—이 효과를 보이면, 새로운 감염 사례가 덜 나타날 것이다. r이 1보다 작을 경우, 각 감염자는 바이러스를 평균 1명 이하에게 옮길 것이다. 그 정도라면 발병 사태는 유지되지 못하고 곧 종결될 것이다. 독감이든 콜레라든 마찬가지다.

스노의 발견으로부터 14년이 지난 후, 콜레라는 아르헨티나의 부에노스아이레스를 덮쳤다. 그 발병 사태에 관한 이야기 하나가 다비셔 Charles Darbyshire의 『나의 아르헨티나 생활 1852-1894 *My Life in the Argentine Republic 1852~1894*』에 나온다. 그는 한동안 도시에 살다 시골로 이사했는데, 그 이유는 도시의 비위생적 생활환경이 걱정스러웠기 때문이다. 게다가 아르헨티나로 오기 전에 런던에서 콜레라의 위력을 이미 목격했던 터였다. 그는 당시 상황을 다음과 같이 상세히 묘사했다.

> 분명히 머지않아 전염병이 돌 듯싶었다. 거기는 배수 시설이 없어서 집터의 토양이 오염되고 있었다. 배설물, 부엌의 개숫물 따위가 안뜰의 10미터 깊이 구덩이들로 흘러들었다. 그런 구덩이 중 하나가 오물로 가득 차서 더 이상 아무것도 수용하지 못하게 되자 핏빛의 '상그리아 sangria' 같은 구정물이 만들어졌다. 그러다 바로 옆에 다른 구덩이가 같은 깊이로 파이자 (……) 그 상그리아가 결국 새어 나와 (……) 오래된 구덩이에서 새 구덩이로 흘러들었다. 이런 일이 수년간 계속되다 보니, 낡은 집의 안뜰은 구덩이로 벌집이 되기도 했다.

다비셔의 걱정은 기우가 아니었다. 1868년 여름에 실제로 전염병이 발병했다. 다비셔가 보기에 그 원인은 브라질 배에서 콜레라 사망자를 파라나 강에 던져 상수도를 오염시킨 데 있었다. 사람들은 시골로 도망쳤지만 병원균을 달고 갔다. 다비셔는 이웃들에게 물을 꼭 끓여 먹으라고, 쓰레기를 땅에 묻으라고, 집과 안뜰을 깨끗이 유지하라고 충고했다. 다비셔의 가족은 병에 걸리지 않았기에 그 충고는 신빙성이 더욱 높았다. 사람들이 그토록 죽었음에도 긍정적 결과가 하나 있었다. 아르헨티나 정부는 도시의 배수 시설을 철저히 점검하고 적절한 상수도 시설을 설치했다.

다비셔가 확인한바 과연 오염된 수원이 발병의 원인이었다. 처음에는 병이 급속도로 번져나가면서 사람들이 공황 상태에 빠졌다. 사실상 격리 조치를 취하지 않았기에 기존 감염자들은 병균을 시골 지역으로 옮겼다. 첫 도시를 격리했더라면 소강률(a)이 증가함에 따라 전염병이 억제되었을 것이다. 경제 시장에서와 마찬가지로 언젠가 상황이 한계점에 이르면, 급증하던 사망률이 수그러들면서 감염자 수가 줄어들게 마련이다. 선견지명이 있던 다비셔는 일찌감치 보호 조치를 취해 전염의 확산을 억제했다. 덕분에 소강률이 훨씬 빨리 증가했고, 발병 사태도 훨씬 빨리 진정되었다.

소호 구역의 콜레라는 벡터가 하나뿐이었다. 브로드가의 수도 펌프, 더 구체적으로 말하면 그 펌프 물속의 흰색 미립자. 콜레라는 그 특정 원인이 든 물을 마신 사람 모두에게 옮아갔다. 하지만 흑사병 같은 질병은 모델 만들기가 훨씬 복잡하다. 벡터가 여러 가지이기 때문이다.

검은 죽음의 가면

1664년 크리스마스 일주일 전, 웬 혜성이 영국의 밤하늘을 가로질렀다. 점성술사들은 그걸 대재앙이 닥칠 징조로 여겼다. 그중 한 명인 릴리William Lilly는 그 혜성과 1665년 1월 월식이 '살육, 기근, 흑사병, 떼죽음, 역병'을 부를 것이라고 예언했다. 사실 릴리는 말끝을 흐렸지만(어차피 그럴 거였으면 좀비 습격이나 소행성 충돌도 예언하시지), 그의 무시무시한 예언은 부분적으로 실현되었다. 원래 흑사병(페스트)은 쥐가 들끓는 영국 도심지에서 흔했는데, 그런 환경은 결국 1665년 여름 런던에서 치명적인 가래톳페스트 발병 사태를 낳고 말았다.

10월까지 런던 시민 10명 중 1명이 그 병에 무릎을 꿇었다. 도합 6만 명이 넘었다. 정부가 집회를 금지했지만 그 전염병은 뉴턴이 공부하고 있던 케임브리지까지 번졌다. 대학이 문을 닫자 뉴턴은 어쩔 수 없이 그랜섬의 시골집으로 돌아왔다. 1년이 넘게 지난 1667년 4월이 되어서야 비로소 전염병이 수그러들었고 대학이 다시 문을 열었다. 그 짧은 기간에 뉴턴은 미적분을 발명했다. 그게 언젠가 전염병 연구에 적용될 줄은 꿈에도 몰랐겠지만.

이것이 흑사병의 첫 출현은 아니었다. 중세에는 흑사병이 서유럽을 강타해 인구의 $\frac{1}{3}$에 상당하는 2500만여 명의 목숨을 앗아갔다. 그 병은 몇 주 만에 한 지역 전체를 휩쓸며 여러 마을을 몰살할 수도 있었다. 1630년대에도 갖가지 흑사병 사태가 발생해 해당 도시의 인구 절반을

죽음으로 몰고 갔다. 1660년대 네덜란드에서도 흑사병으로 비슷한 수의 사망자가 났다. 그 병이 한창 극성일 때 암스테르담에서는 매주 1000명이 죽어나갔다. 또 1647~1649년에는 흑사병이 프랑스 인구를 크게 줄여놓기도 했다.

    흑사병은 전염성이 어찌나 강하던지 의사들도 환자 치료를 두려워할 정도였다. 당시 그들은 그 병이 '나쁜 공기'를 통해 옮는다고 믿었다. 실제로 환자를 치료하던 사람들은 나름의 예방 조치로 큰 부리가 달린 청동 마스크를 썼다. 그 '부리'는 강렬한 허브와 향신료로 채웠는데, 이는 의사가 마시는 공기를 정화하기 위해서였다(허브의 향기는 흑사병 특유의 악취를 차단하는 데도 도움이 되었다). 흑사병 의사들은 그 밖에도 바지, 긴 가운, 가죽 장갑을 착용하고 추가 보호 수단으로 마스크에 유리 렌즈까지 꼈다. 또 나쁜 공기를 좀 더 확실히 차단하려고 옷이란 옷은 죄다 장뇌유에 적시거나 밀랍으로 처리하는 등 오염을 막을 수만 있다면 뭐든지 했다(하지만 흑사병의 원인은 19세기에 가서야 밝혀진다).

이런 예방책은 어느 정도 효과가 있었을 법도 하다. 지금 우리가 아는 바에 따르면, 흑사병의 병원균은 페스트균Yersinia pestis이고 매개체는 설치류에 기생하는 벼룩이다.+ 눈, 코, 입을 보호했으므로 페스트균이 점막을 거쳐 몸속으로 침투하기 어려워졌고, 옷에 밀랍을 입혔으므로 벼룩이 천을 뚫고 들어와 피부를 물며 병균을 옮기기 힘들어졌다. 게다가 마스크의 부리에 집어넣은 허브가 공기구멍을 어느 정도 막았으니, 의사들이 병원균을 들이마실 가능성도 줄어들었을 것이다. 그들의 아킬레스건은 사실상 발목이었다. 발목은 그대로 노출되어 있던 만큼 벼룩에게 물리기 쉬웠으니까.

이 중요한 병원균을 발견한 영예는 프랑스 과학자 예르생Alexandre Yersin에게 돌아갔다(그는 한때 파스퇴르Louis Pasteur의 제자였다).++ 1894년 예르생은 홍콩에 가서 흑사병 발병 사태를 조사했다. 그는 죽은 병사의 가래톳(넓적다리 윗부분의 부어오른 림프샘)에서 고름을 추출해 기니피그에게 주사했다. 그 결과 기니피그는 모두 죽었다. 그가 죽은 병사와 그 불운한 설치류의 고름을 모두 검사해본바 두 샘플에 같은 세균이 들어 있었다. 또 예르생은 도시 곳곳에 죽은 쥐가 많다는 점을 주목하고 그 쥐들을 검사했는데, 아니나 다를까 거기서도 같은 세균을 발견했다. 결론적으로

+ 다른 학설에 따르면, 현대 흑사병의 병원균은 페스트균이지만(그렇다. 오늘날에도 아프리카를 비롯한 세계 곳곳에서 흑사병이 발병한다), 14세기 서유럽을 강타한 흑사병의 병원균은 탄저균이나 에볼라 바이러스라고 한다. 하지만 증거는 불분명하다. 옛날 프랑스 흑사병 사망자의 유골을 분석한 결과, 탄저균이 아니라 페스트균의 DNA가 나왔다.
++ 일본 과학자 키타사토北里柴三郎도 이를 동시에 발견했지만, 병원균의 학명은 예르생의 이름에서 땄다.

바로 그 페스트균이 흑사병을 발병시킨 범인이었다.

하지만 예르생이 전염 방식을 밝히진 못했다. 그 영예는 페스트균에 감염된 쥐와 벼룩을 연구하던 동료 과학자 시몽Paul-Louis Simond에게 돌아갔다. 그는 감염된 쥐와 건강한 쥐를 한 병에 넣어놓더라도 벼룩이 있을 때만 건강한 쥐가 감염된다는 점을 주목했다. 그런데 그 페스트균은 과연 얼마나 치명적일까? 실험실에서 쥐들은 겨우 페스트균 3마리에 감염된 후 죽었다. 보통 벼룩은 한 번 물 때 그 세균을 2만 4000마리나 옮긴다.

흑사병은 벡터가 여러 가지다. 흑사병은 사람에게서 사람으로 옮기도 하고, 쥐와 벼룩을 거쳐 옮기도 한다. 어떤 종류의 흑사병에 걸리는가는 페스트균이 몸에 침투하는 방식에 달려 있다. 지금까지 흑사병은 다음 3종류로 발병했다. 가래톳페스트, 폐페스트, 패혈성페스트. 감염된 벼룩에게 물린 후 처음 감염되는 부위는 보통 림프샘이다. 가래톳페스트에 걸리면 림프샘이 부어올라 거대한 가래톳이 된다. 가래톳을 절개하면 질척거리고 악취가 나는 고름이 흘러나온다. 옛날에 가래톳페스트는 가장 흔한 종류로, 치사율이 30~75퍼센트였다. 겨드랑이, 목, 샅 주위의 림프샘이 염증으로 부어오르는 것 외에도 감염자는 대부분 두통, 구역질, 관절통, 고열을 겪었다. 감염 후 이런 증상이 나타나는 데는 1~7일이 걸렸다.

폐페스트는 특히 치명적인데, 감염자를 24시간 안에 죽음으로 내몰기도 한다. 우리는 페스트균을 폐 속으로 들이마시기만 해도 이 병에 걸릴 것이다. 옛날 폐페스트의 치사율은 90~95퍼센트였다(지금처럼 치료

했더라면 5~10퍼센트로 줄어들었을 것이다). 증상 중 하나는 끈적끈적한 혈담(침, 점액, 피의 혼합물)이었다. 병이 1~7일 진전되면 혈담은 선홍색으로 변했다.

벼룩에게 물리거나 상처가 감염원과 닿아 페스트균이 혈류 속으로 직접 들어오면, 우리는 패혈성페스트에 걸려 십중팔구 죽을 것이다. 패혈성페스트는 가장 드문 종류였지만 치사율이 100퍼센트에 가까웠다. 심지어 오늘날에도 치료법이 없다. 감염자는 고열이 나면서 피부가 검은색에 가까운 진자주색으로 변했다. 그래서 병명이 흑사병이 된 것이다. 감염자는 대부분 증상이 나타나는 날 바로 죽었다. 어떤 도시에서는 매일 800명 정도가 죽어나가기도 했다.

패혈성페스트가 다른 두 종류에 비해 드물었던 까닭은 사람들이 너무 빨리 죽다 보니 병을 남에게 옮길 기회가 거의 없었기 때문이다. 이것이 바로 모름지기 전염병학 모델이라면 감염과 죽음 사이의 잠복기도 고려해야 하는 이유다. 폐페스트는 사람 대 사람으로 쉽게 옮아가지만, 잠복기가 보통 1~2일이어서 패혈성페스트와 마찬가지로 전파 속도가 느렸다. 페스트균의 관점에서 보자면, 가래톳페스트야말로 제 몫을 다 해냈다. 페스트균의 유일한 목적은 가능한 한 많은 숙주를 감염시키는 것이니까. 가래톳페스트는 폐페스트만큼 치명적이지 않다. 환자는 감염 후 일주일간 멀쩡한 혈색으로 돌아다니며 무심결에 병을 남들에게 옮기기도 했다. 게다가 죽음은 훨씬 천천히 다가왔다.

디포Daniel Defoe는 소설 『전염병 연대기』A Journal of the Plague Year』(1722)에서 이렇게 썼다. "전염병의 특성상 그 병은 겉보기에만 건강한 사람들,

즉 병을 품고 있으나 아직 증상이 나타나지 않은 사람들이 퍼뜨리는 듯했다. 그런 사람들은 사실상 죽기 전 1~2주간 독살자요 파괴자였다. 어쩌면 그들은 자기 목숨을 걸고 구했어야 할 사람들을 망가뜨렸는지도 모른다."

디포는 아마 1600년대 런던을 휩쓴 실제 흑사병에 대해 썼겠지만, 그레이엄 스미스 버전의 메리턴 마을 이야기도 술술 써 내려갔을 것이다. 그 마을에서 좀비에게 물린 주민들 역시 겉으론 멀쩡해 보였지만 실은 서서히 좀비가 되어갔으니까.

좀비가 완전한 구형이라고 가정하면

『오만과 편견, 그리고 좀비』에서 엘리자베스 베넷이 삼촌 내외와 여행하는 대목에는 생생한 전투 장면이 많이 나온다. 그녀가 지나간 곳곳마다 좀비 사상자들이 줄줄이 널브러져 있다. 여행 도중 엘리자베스는 다아시의 펨벌리 저택에서 그와 힘을 합쳐 좀비 일당을 물리친다. 그 후 다아시의 청혼으로 맺어진 두 남녀는 좀비 잔당을 마저 처치하고 장래를 약속한다. 그런데 이처럼 피비린내 나는 폭력이 과연 꼭 필요할까? 인간과 좀비가 사이좋게 지내며 조화로이 공존할 수는 없을까?

한 캐나다 전염병학 연구팀의 2009년 논문에 따르면, 어림 반 푼어치도 없다. 오타와 대학의 연구팀장 로버트 스미스?Robert Smith?[+]는 전염병 확산 모델을 전공한다. 그와 세 학생은 그들의 모델을 가상의 좀비 역병 확산에 맞게 조정했는데, 우선 간단한 모델로 시작한 다음 여러 요소를 조금씩 추가해 더 복잡한 모델을 만들어나갔다.

"이 모델과 다른 전염병학 모델의 결정적 차이는 여기선 죽은 사람이 되살아나기도 한다는 점이다." 연구팀은 장난스럽게 이야기한다. 스미스?와 학생들에 따르면, 사람들은 세 기본 범주로 나뉜다. 첫째는 예비감염자(S), 즉 아직 감염되지 않은 사람이고, 둘째는 좀비(Z)이고, 셋째는 사망자(R), 즉 완전히 죽은 좀비 및 다른 원인으로 죽은 예비감염자다. 여기서 핵심 요소는 각 범주의 사람 수가 아니라 새 좀비가 생기고 기존 좀비가 죽는 가운데 그 수가 변하는 방식이다. 변화율만 나왔다 하면 우리는 미분과 관련된 상황을 다뤄야 한다. 좀비 수의 변화율이란 곧 단위시간당 좀비의 순 증가·감소량이다.

좀비화 과정의 확립된 규칙은 이러하다.++ 좀비는 머리를 자르거나 해서 뇌를 파괴하면 죽일 수 있다. 예비감염자는 좀비한테 물리면 좀비가 된다. 하지만 사망자가 부활해 좀비가 되기도 한다. 가령 매시간 예비감염자 6명이 좀비가 되고 사망자 4명이 좀비로 부활한다면, 매시간 좀

+ 그렇다. 그의 이름 끝에는 정말 물음표가 붙는다. 그가 이름을 그렇게 바꾼 것은 세상천지에 널리고 널린 다른 로버트 스미스들과 자신을 구별하기 위해서다. 밴드 '더 큐어the Cure'의 보컬도 그중 한 명이다. "그는 올해로 20년째 활동하고 있지만, 애석하게도 그만둘 기미가 전혀 안 보인다." 그 전염병학자의 한탄이다.
++ 이 연구팀의 모델은 〈살아 있는 시체들의 밤〉에 나오는 좀비에 기초한 것으로, 현대 영화에서 묘사된 바와 대조된다. 예컨대 〈28일 후 28 Days Later〉에 나오는 좀비들은 고전적 좀비보다 똑똑하고 민첩하다. 휘청거리며 침을 질질 흘리는 고전적 좀비의 유일한 목표는 맛있는 뇌를 배불리 먹는 것이다.

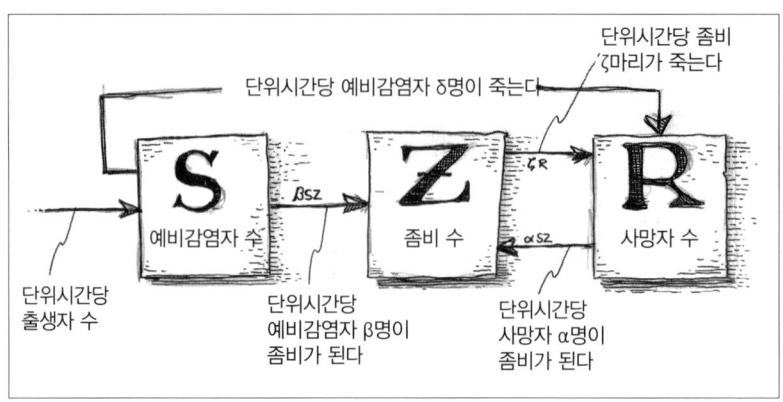

비가 10마리씩 생길 것이다. 그런데 우리가 어떻게든 매시간 3마리씩 죽인다고 치자. 그러면 좀비 수가 결국 시간당 7마리꼴로 늘어날 것이다. 그런 속도라면 이른바 '만연 상태', 즉 편안한 균형 상태 내지 평화로운 공존 상태가 유지될 가능성은 없을 것이다.

스미스?의 모델은 거기서 끝나지 않는다. 그것은 단지 좀비 수 변화율의 계산 방식일 뿐이다. 우리는 사망자와 예비감염자 수가 바뀌는 방식도 방정식으로 만들어야 한다. 즉 인간의 출생·사망률도 감안해야 한다는 뜻이다. 이를 보통 '연립 상미분방정식'이라고 부르는데, 이 용어는 한 방정식이 아니라 연립하는 세 방정식으로 설명해야 하는 체계를 복잡하게 표현한 말일 뿐이다. 여기서 세 방정식은 각각 예비감염자 수의 변화 방식, 좀비 수의 변화 방식, 사망자 수의 변화 방식을 나타낸다. 게다가 엘리자베스의 절친한 친구 샬럿은 좀비에게 물렸는데, 몇 주 후엔 좀비가 되겠지만 아직은 멀쩡한 상태다(그녀가 밉살스러운 콜린스 씨와 결혼하는 이유로 이만한 게 또 있을까). 스미스? 팀은 이런 사람들을 잠복

보균자라고 부른다. 이로써 방정식이 총 4개 나왔다. 이 방정식들이 서로 연관되는 까닭은 네 방정식 모두에 같은 변수가 들어 있기 때문이다. 더 구체적으로 말하면 다른 개체군끼리 서로 영향을 미치기 때문이다.

좀비 감염이 순식간에 일어난다고 가정하면, 그동안 인간의 출생·사망률은 대수롭지 않을 것이다. 따라서 우리 시나리오는 여전히 그대로다. 모두 급속도로 좀비로 변해버리면서 인구 유지가 불가능해질 것이다. 스미스?가 추정하는 최악의 시나리오에 따르면, 인간을 싹쓸이하는 데 겨우 4일밖에 안 걸릴 듯하다. 이 경우에도 결과는 마찬가지다. 결국 좀비가 우리 모두를 해치울 것이다.

건강한 잔존자들을 격리하는 조치가 도움이 될 수도 있다. 이 전형적인 '지하실에 숨어 좀비 떼가 나를 못 찾길 바라기'는 고전적 좀비 영화에서 써먹는 접근법이다. 우리는 그 전략이 얼마나 (비)효과적인지 영화로 확인했고, 스미스?의 계산 결과 또한 우리가 확인한 바를 뒷받침한다. 그러나 이탈리아 과학자 카시Davide Cassi의 또 다른 연구 결과는 쇼핑몰에 숨으면(〈새벽의 저주Dawn of the Dead〉에서처럼) 생존 확률을 크게 높일 수 있음을 암시한다. 카시가 좀비를 직접적으로 분석하진 않았지만, 그가 고안한 포식자·피식자 모델은 모든 '발길 닿는 대로 걸어다니는 포식자'에게 적용할 수 있다. 딱히 목적도 방향도 없이 휘청휘청 돌아다니며 어떤 인간이든 닥치는 대로 죽이는 (좀비 같은) 유기체라면 모두 그 모델의 적용 대상이다. 통로가 얽히고설킨 대형 쇼핑몰처럼 건물이 크고 복잡할수록 포식자가 피식자를 발견할 확률이 낮아진다.

아니면 좀비를 가축우리 같은 곳에 모아 격리할 수도 있다. 하지만 우리가 그들을 충분히 많이, 빨리 고립시키지 않으면, 또다시 좀비가 승리할 것이다. 두 전략 모두 소극적인 방법으로, 인류의 필연적 전멸을 늦추기만 할 공산이 크다.

스미스?와 학생들은 '치고 빠지기' 전략이 우리의 유일한 희망이라고 주장한다. 즉 거세게 집중적으로 여러 차례 공격해 좀비 수를 줄여나가다 보면 결국 사태를 끝낼 수 있을 거란 이야기다. 그 논문은 이렇게 결론짓는다. "산송장의 폭동을 제압하는 가장 효과적인 방법은 강하게 자주 공격하는 것이다. 영화에서도 보았듯이, 좀비는 반드시 신속히 처치해야 한다. 그러지 않으면 우리 모두 매우 곤란한 지경에 빠지고 말 것이다."[+] 베넷 자매들이여, 애인들과 함께 무기를 휘두르며 광란의 좀비 떼를 잽싸게 해치우라!

전염병학 모델을 좀비에 적용하는 일이 실없어 보일지도 모르겠다. 하지만 이것은 돼지 독감이나 에이즈 바이러스의 확산 모델을 만드는 일과 크게 다를 바 없다. 2009년 11월 스미스?는 온라인 학술지 『BMC 공중 보건BMC Public Health』에 또 다른 논문을 발표하며, 15~20년에 걸쳐 에이즈 확산과 싸우는 데 6000만 달러를 투자하는 계획에 반대했다. 스미스?는 훨씬 공격적인 5년짜리 계획안—대좀비 '치고 빠지기' 전략의 변형—을 권했다. 그에 따르면 점진적 접근법은 실패하게 마련인데, 그

[+] 〈서던 프라이드 사이언스Southern Fried Science〉라는 그룹 블로그에서는 스미스?의 모델을 조정해 새로운 가상 문제—좀비와 뱀파이어를 싸움 붙이면 어느 종이 살아남을까?—에 적용했다. 그들은 뱀파이어와 인간이 힘을 합쳐 좀비에 맞서지 않는 한 결국 좀비가 지구를 정복할 것이라고 결론지었다.

이유는 에이즈 바이러스가 인구 이동 경로를 따라 너무나 빨리 퍼져나가기 때문이다.

스미스? 팀은 개발도상국의 만성 풍토병도 연구한다(그런 병은 보통 언론과 연구지원기관의 관심을 받지 못한다). 이를테면 리슈마니아증과 메디나충증―둘 다 화농성 염증을 일으키는 기생충병이다―은 주민들 대다수에게 오랫동안 사회·경제적 피해를 입히기도 한다. 메디나충증(드래컨큘러스증)은 특히 고약하다. 우리가 오염된 물을 마실 때 몸속으로 들어온 유충은 알을 깨고 나와 1년간 자란 다음 살갗에 물집을 형성한다. 얼마 후 물집이 터지면 그 벌레가 꿈틀거리며 튀어나온다.[+] 이런 질병의 경우, 좀비의 경우와 마찬가지로 감염자들은 죽지 않는다. 그들은 계속 살아가는 만큼 병을 다른 사람에게 옮길 기회가 훨씬 많다.

좀비화의 6단계 법칙

전염병학 모델은 대부분 숙주 개체군을 예비감염자, 감염자, 면역자로

[+] 그 부위를 물에 담그면 쓰라린 통증을 가라앉힐 수 있을 성싶은가? 천만에. 그렇게 하면 암컷 성충이 새끼벌레 수십만 마리를 방출해 상수원을 더 오염시킬 것이다. 벌레를 우리 몸속에서 끄집어내는 유일한 방법은 물집 잡힌 살갗으로 그것이 머리를 내밀 때까지 기다렸다 막대에 감아 천천히 빼내는 것이다. 이 과정은 아무리 못해도 한 달은 걸린다. 길고도 몹시 불편한 한 달이 될 것이다.

나누는 기본 형식을 따른다. 여기서 가정은 감염 속도란 감염이 발생 가능한 접촉 횟수에 비례한다는 것이다. 즉 병원균의 번식률은 잠복·감염기뿐 아니라 감염자와 예비감염자가 얼마나 많이 마주치는가에도 달려 있다는 얘기다.

이 말은 곧 인맥이 병의 전파 속도를 크게 좌우한다는 뜻이다. 메리턴의 귀족들은 무도회에 가고, 응접실에 모이고, 다른 마을의 친구와 친척을 찾아가 보름쯤 머물기도 한다. 그런 상황은 좀비 역병이 퍼져나가기에 퍽 좋은 기회가 된다. 그러므로 전염병 발병과 관련된 인맥에 대해 많이 알수록 우리는 전염병학 모델을 더 정교하게 다듬을 수 있을 것이다.

인맥은 '좁은 세상 현상'과 관련되어 있다. 이 현상은 '6단계 분리 법칙'으로 더 유명한데, 전형적 예로 '케빈 베이컨의 6단계 게임'이 있다. 이 게임의 참가자는 케빈 베이컨의 출연작과 연관된 영화배우들로 일련의 관계를 만들어내려고 한다. 이 법칙이 유래한 1967년 연구에서 심리학자 밀그램$^{Stanley\ Milgram}$은 무작위로 뽑은 네브래스카 오마하, 캔자스 위치토 사람들에게 편지를 보냈다. 편지 내용에서 밀그램은 실험 목적을 설명하고, 매사추세츠 보스턴의 최종 수신인 주소를 알려주며, 편지를 다시 봉해 부쳐달라고 부탁했다. 최종 수신인을 아는 중간 수신인은 편지를 바로 그에게 보내면 되었다. 그렇지 않은 중간 수신인은 그를 알 법한 친구나 친척에게 보내야 했다. 편지가 최종 수신인에게 가기까지 거친 사람 수는 모두 제각각이었으나 평균적으로 약 5.5였다. 즉 6단계 정도로 분리된 셈이다.

하지만 그 유명한 실험 결과가 극소한 표본 자료에 기초했다는 사실이 드러나자, 밀그램의 연구 논문은 악평을 받았다. 편지 60통을 보낸 한 실험에서는 50명이 그의 요구에 응해 편지를 지인에게 보냈으나 결국 3통만 목적지에 도착했다. 대다수는 구태여 실험에 참여하려고 하지도 않았다. 그렇긴 해도 그 연구는 배우나 수학자[+] 집단 같은 소규모 공동체가 사적·공적 연줄로 끈끈하게 연결되어 있다는 흥미로운 증거를 제시한다.

그렇게 얽힌 연줄을 추적하려면 도대체 어떻게 해야 할까? MIT 미디어랩의 공학자 이글Nathan Eagle은 인맥 현상을 연구하는 데 특이한 자료 수집 수단을 쓴다. 그것은 바로 휴대전화다. GPS 추적 및 통화 기록 기능이 있는 휴대전화는 기막힌 행동 '감지기'가 되어 전통적 방법보다 훨씬 정확한 기록을 제공한다. 원래 이런 연구를 할 때면, 사람들에게 자기 행동을 일기에 기록하도록 요청했다. 하지만 직접 기록한 자료는 부정확할 소지가 많은 것으로 악명 높다. 사람들은 기억력도 불완전할뿐더러 전부 정직하게 기록한다는 법도 없기 때문이다.

한 연구에서 이글과 동료들은 피험자 94명(MIT 학생 및 교직원)에게 휴대전화를 나눠 주었다. 특별한 애플리케이션이 설치된 그 휴대전화는 피험자들의 위치와 그들 간의 수신·발신 통화를 모두 기록했다. 대조 자료를 만들기 위해 이 실험에서는 자가 보고 방식도 썼다. 즉 각 피험자에게 다른 피험자 중 누가 친구, 지인, 낯선 사람인지 확인시킨 것이다.

[+] '에르되시 수가 어떻게 돼요?'는 수학자 에르되시Paul Erdős에게 경의를 표하는 표현으로, 수학·과학계에서 '별자리가 뭐예요?' 대신 쓰이는 작업 멘트다. 에르되시는 수학계의 케빈 베이컨인 셈이다.

통화 방식에 기초해 추론해본 결과, 연구자들은 임의의 두 피험자가 친구인지 남인지를 95퍼센트 이상 정확히 알아맞힐 수 있었다.

그 연구는 시작일 뿐이다. 이글에 따르면, 세 기본 변수—전화기 사용자의 활동성, 위치, 다른 사용자와의 친밀도—에 기초할 경우, 현재 행동의 한정된 관찰 자료를 활용해 누군가의 미래 행동을 정확히 예측할 수도 있다. 그런데 질병의 전파 또한 인맥 및 친밀도와 밀접히 연관되어 있으므로, 이글의 방법도 전염병학 모델을 만드는 데 매우 유용할 것이다.

이글에 따르면, 일반적인 전염병학 모델은 감염 가능성이 누구에게나 똑같다는 가정, 즉 개체군이 골고루 섞여 있다는 잘못된 가정에서 출발한다. 그러나 인맥이란 그보다 훨씬 복잡하게 마련이다. 사회에는 눈에 띄게 뭉치는 집단이 있는데, 그런 집단의 구성원들은 감염될 가능성이 더 높을 것이다. 이는 은둔자 옹호론을 뒷받침하는 강력한 근거가 된다. 베넷가는 수치스럽게도 막내딸 리디아가 위컴과 눈이 맞아 달아나자 사회적으로 따돌림 당할까 봐 걱정한다. 하지만 실제로 그렇게 됐다면, 그들은 사회적으로 더 활동적인 이웃들보다 좀비에게 물릴 확률이 훨씬 적어졌다는 데서 위안을 얻었으리라.

이글은 그 애플리케이션으로 수집한 자료를 활용하면 훨씬 현실적인 인맥 역학 모델을 만들 수 있다고 믿는다.[+] 그에 따르면, 이로써 전염병학자들은 제2의 사스SARS의 치명성을 예측할 수도 있고, 미래의 전염병을 예방하는 데 필요한 통찰력을 키울 수도 있다. 만약 이글이 좀비들에게 휴대전화를 나눠준다면, 우리는 어떤 통찰력을 더 얻을 수 있으려나?

인간이 그런 위협에 반응하는 방식 또한 계산하기 힘든 요소일 듯하다. 그래서 어떤 연구자들은 온라인 가상 세계가 전염병 확산 모델을 내놓으리라고 기대하기도 한다. 이는 세컨드라이프의 가상 은행 붕괴가 실제 경제 모델을 이해하는 데 도움이 되는 것과 같은 이치다. 전염병학 모델은 대부분 수학적 규칙을 이용해 인간 행동에 접근한다. 하지만 그런 모델을 만들려면 인간 행동을 예측하는 가정을 세워야 하는데, 그런 가정은 부정확할 소지가 있다. 통제된 개체군에 치명적 병원균을 고의로 퍼뜨려 결과를 연구하는 행위는 부도덕한 짓이다. 하지만 가상의 온라인 사회에만 작용하는 '질병'을 만들 수 있다면 어떨까?

게임 제작자들은 이 분야에서 과학자들보다 조금 앞서 있었다. 인기 멀티플레이어 게임 〈월드 오브 워크래프트〉의 제작사 블리자드엔터테인먼트는 〈월드 오브 워크래프트: 리치왕의 분노〉를 판매하려고 좀비 역병을 게임에 도입하기도 했다. 하지만 훨씬 흥미로운 일은 2005년에 일어난 가상 전염병 '감염된 피Corrupted Blood' 확산 사태다. 당시 블리자드가 게임에 추가한 던전 '줄구룹'은 '하카르'라는 '최종보스'가 지배했다. 레벨이 꽤 높은 플레이어만 줄구룹에 입장할 수 있었는데, 그곳에서 그들은 마지막에 하카르를 죽여야 했다. 하지만 그 괴물의 공격 기술 중 하나인 '감염된 피'는 플레이어들에게 주기적으로 꾸준히 손상을 입혀

+ 얄궂게도 이글이 인맥을 추적하는 데 쓴 휴대전화 모델은 황색포도상구균의 가장 치명적 변종인 MRSA(메티실린내성 황색포도상구균)를 퍼뜨리기도 한다. 이것이 요즘 의료계에서 심각한 문제인 까닭은 그 균이 항생제에 대한 내성이 매우 강하기 때문이다. 터키 연구자들은 터키 병원의 수술실과 중환자 병동에 있는 의료진 휴대전화를 검사해보았다. 검사 결과에 따르면, 그 전화기의 약 95퍼센트가 박테리아에 오염되어 있었는데, 자기 휴대전화를 정기적으로 소독하는 의료진은 10퍼센트에 불과했다.

결국 그들의 아바타를 '죽게' 만들었다. 하카르를 죽이는 것만이 유일한 치료법이었다.

'감염된 피'는 하카르 근처의 플레이어만 감염시키며 줄구룹이라는 게임 공간 안에서만 유효하도록 만들어졌다. 그런데 상황이 끔찍하게 변했다. 프로그램 결함 때문에 플레이어의 애완동물—엄밀히 말하면 플레이어가 조종하지 못하는 캐릭터다—이 감염된 것이다. 그 동물들은 증상을 보이진 않았으나 다른 게임 공간에 병을 퍼뜨렸다. 레벨이 높은 플레이어는 감염되어도 살아남을 수 있었지만, 낮은 레벨의 플레이어는 '감염된 피'에 얼마 버티지 못하고 죽었다. 병이 발생하는 곳마다 공포감이 번져나갔고 게임 공간은 가상 시체가 널린 아수라장으로 변해갔다. 결국 감염된 서버가 3개를 넘어서자 블리자드는 게임 전체를 리부팅해 결함을 고쳐야 했다.

러트거스 대학의 과학자 페퍼먼$^{Nina\ Fefferman}$은 '감염된 피' 사건 이야기를 접하고, 게임 내부의 사태가 현실 세계의 전염병 사태와 매우 비슷하다는 데 흥미를 느꼈다. 인간의 행동은 꼭 이성적이지도 용감하지도 않다. 이는 〈월드 오브 워크래프트〉에서 명백해졌다. 물론 감염된 플레이어를 '치료'해주려는 플레이어도 있었다. 하지만 나머지 플레이어들은 대부분 겁에 질린 나머지 병균을 품은 채 다른 게임 공간으로 달아났다. 몇몇 심술궂은 플레이어들은 고의로 병을 퍼뜨리기도 했다(이런 행위는 현실 세계의 전염병 사태에서도 나타났다). 반면에 한 대담한 플레이어는 꿋꿋하게 마을 광장에 서서 대학살에 대해 이야기하며 종말 예언자로 나섰다. 심지어 전율을 좇는 이들도 있었다. 호기심 때문에 그들은 경고에도 아랑곳없이 위험을 무릅쓰고 감염 지역으로 들어가 직접 감염되었다. 페퍼먼에 따르면, 이는 종군기자들의 행위와도 비슷하다. 그들은 기삿거리를 얻으려고 전쟁 지역을 돌아다니며 자진해 위험에 처하니까. 나중에 그녀는 로프그렌Eric Lofgren과 공동으로 논문을 써서 『랜싯 전염병Lancet Infectious Diseases』지에 실었다. 거기서 그들은 전염병학 모델 개선과 관련하여 '감염된 피' 사건의 의미를 논했다.

페퍼먼의 이론에 반기를 드는 사람들도 있다. 그들은 위험의 측면에서 볼 때 가상 세계의 아바타 죽음과 현실 세계의 육체적 죽음이 동등하지 않다고 주장한다. 하지만 페퍼먼의 반박에 따르면 플레이어들은 자기 아바타에 깊이 몰입하는 만큼 그게 다치거나 죽으면 진심으로 괴로워한다. "플레이어들은 자기가 정말 위험에 처했다고 느끼며 전염병의 위협을 심각하게 받아들이는 것 같았습니다." 그녀가 BBC 뉴스에서 한 말이다.

그러나 블리자드는 〈월드 오브 워크래프트〉란 게임일 뿐이며 거기에 현실을 반영할 의도는 전혀 없었다고 주장한다. 하지만 현실 세계의 전염병 사태와 엇비슷한 가상 현상만큼은 주목해볼 만하다. '감염된 피' 사태에 기초하는 전염병학 모델은 관념적인 수학적 가정이 아니라, 플레이어들이 실제로 위협에 반응하는 방식을 보여주는 구체적 자료를 토대로 삼을 것이다. 그렇다면 비디오 게임으로 전염병 확산에 대한 통찰력을 키워보면 어떨까? 우리는 다가오는 좀비 대재앙을 막으려면 수학의 도움을 최대한 받아야 한다. 베넷 자매들에게 한번 물어보라.

보디 히트

운동은 체액을 발효시켜 적절한 통로로 보내고 여분을 없애며 자연을 돕는다. 이 신비로운 분배 과정이 없다면 육체는 활력을 유지하지 못하고 정신은 생기를 잃을 것이다.

— 조지프 애디슨 Joseph Addison
『스펙테이터 Spectator』 1711년 7월 12일 자

코미디언 마거릿 조^{Margaret Cho}는 한때 '스테어마스터 시간^{Stairmaster time}'이란 개념을 우려먹었다. 그게 뭐냐면 스테어마스터라는 운동기구에 올라가 제자리에서 정신없이 계단을 밟다 보면 시간이 훨씬 더디게 간다, 뭐 그런 이야기다. 헬스클럽 회원이라면 알 것이다. 충분히 즐기지 않을 경우 15분이 1시간처럼 느껴지기도 하지 않던가. 나는 일립티컬머신 위에서 막 땀을 흘리기 시작했다. 지금 나를 지켜보는 보즐은 내 트레이너이자 오리건 주 포틀랜드의 그린마이크로짐의 관장이다. 하지만 우리는 운동 속도, 소모 열량, 이동 거리가 나오는 일반적인 그래픽디스플레이를 보고 있진 않다. 대신 나는 기구 앞에 달린 60와트 백열전구가 계속 켜져 있도록 애쓰고 있다. 그 밖에는 내가 만든 전력을 와트 단위로 보여주는 디지털 장치만 하나 있을 뿐이다.

2008년에 문을 연 그린마이크로짐은 공항에서 15분이면 닿는 앨

버타 아트 지구에 있다. 그 지역은 매우 건전하고 환경친화적인 곳으로, '지속 가능하게!'가 실제 생활 방식이다. 소탈한 분위기의 중심가는 독특한 가게, 미술관, 음식점을 자랑한다. 모두 지역민이 소유하며 경영하는 곳이다. 스타벅스는 눈을 씻고 봐도 없다. 대신 그곳의 보헤미안들은 요가 교실을 마친 후 커피를 한잔하러 퓨얼숍이라는 멋진 카페로 들어간다. 그 카페는 음료, 샐러드, 샌드위치, 과자를 모두 직접 만든다. 누가 무선 인터넷을 쓰느라 몇 시간 죽치고 있어도 뭐라 할 사람도 없다. 근방의 브런치 맛집은 틴색이다. 그 식당은 아담한 알루미늄 벽 건물로 안뜰에 야외 테이블도 있다. 흐린 토요일 오전 10시 30분이면 이미 지역민들이 간식으로 허기를 달래며 길모퉁이를 따라 줄지어 서 있다.

보즐의 그린마이크로짐은 이런 이웃들과 완벽하게 잘 어울린다. 네모반듯하고 수수한 2층 건물. 외부는 선홍색이고 내부는 간소하다. 체력단련실에는 평범한 일립티컬머신, 자전거형 운동기구, 러닝머신, 웨이트 트레이닝 기구가 있다. 하지만 자세히 보면 그 운동기구들의 특이점을 알아차릴 수 있다. 보즐은 운동기구를 대부분 개량해, 체육관 이용자들이 운동하는 동안 실용적인 에너지를 소량 만들 수 있게 했다.

그가 최초로 인간 운동을 에너지원으로 활용한 것은 아니다. 19세기 뉴욕 교도소의 죄수들은 형벌로 트레드밀 위에서 걸어야 했는데, 그렇게 만든 에너지는 죄수 배식용 빵을 만들기 위해 곡물을 빻는 데 쓰였다. 오늘날에는 세계적으로 몇 안 되는 친환경 헬스클럽에서 같은 아이디어를 활용히려고 노력하고 있다(순전히 자유의사에 따르는 방식으로). 예컨대 홍콩의 '캘리포니아피트니스'는 심근강화 운동기구로 체육관 조명용 전기를 만들고, 네덜란드는 로테르담의 '지속 가능한 댄스클럽'을 자랑한다. 그 클럽의 댄스 플로어에는 사람들의 몸동작에 반응해 움직이는 소형 모듈들이 설치되어 있는데, 그런 움직임은 곧 플로어 조명용 전기로 변환된다. 또 보스턴의 한 체육관에는 핸들에 랩톱컴퓨터가 장착된 자전거형 운동기구가 있다. 그 랩톱컴퓨터는 배터리 없이 오로지 사람이 페달 밟는 동작으로만 동력을 얻는다. 그 기구를 이용하면 운동을 적당히 하면서 웹서핑을 하거나 이메일을 쓸 수도 있다. 멀티태스커의 기쁨이랄까.

에너지 절약이 권장되기 전인 1990년에 영화배우 · 환경론자 비글리 주니어Ed Begley Jr.는 자전거를 24볼트 축전지에 연결해 주방용 소형 가전제품에 쓸 전기를 만들어냈다. 이런 방법으로 그는 토스트도 굽고 커피메이커도 사용했다고 한다. 하지만 보즐을 비롯한 다른 사람들은 상업적 가능성도 고려해본다. 최근에는 개량식 운동기구를 전문적으로 취급하는 회사도 몇 곳 생겼다. 플로리다 주 세인트피터즈버그의 리레브닷컴ReRev.com, 텍사스 주 엘패소의 헨리워크스Henry Works, 사업가 윌런Jim Whelan의 그린레볼루션Green Revolution 등등. 네덜란드 델프트 공과대학에서는 아예 인력 발전을 전공하는 학술 연구 과정이 개설되어 있다.

참 기발한 생각이다. 우리는 매주 몇 시간씩 다람쥐 쳇바퀴 돌듯 제자리에서 달리고 페달을 밟고 계단을 오른다. 오로지 간밤에 탐닉한 핫퍼지선디 아이스크림을 태우기 위해서다. 모두 현대 사회에서 치켜세우는 날씬하고 탄탄한 몸매를 갖추기 위해서다(인정하시라. 사람들에게 거기서 얻는 건강상 이득은 보통 이차적이다). 그렇다면 그렇게 낭비될 에너지

중 일부를 동력원으로 활용해보면 어떨까? 체육관의 다람쥐들을 발전기로 바꿔보면 어떨까?+ 인간의 몸은 본질적으로 기계, 즉 열기관이다. 보즐의 그린마이크로짐은 탄탄한 열역학 원리에 기초한다. 그런 점에서 그 체육관은 다이어트와 운동, 운동기구 발전의 경제적 타당성과 관련하여 에너지의 미적분을 탐구하기에 이상적인 학습 환경이다.

열난다, 열나!

해마다 3월이면 로스앤젤레스의 에코 공원 근처에서는 로스앤젤레스휠맨이라는 자전거 동호회가 파고가 비탈길 아래에 모여 '파고가 언덕 오르기' 대회를 연다. 회원들은 알레산드로가와 알바르도가 사이의 급경사 비탈길을 누가 하루 동안 가장 많이 왕복하는지를 겨룬다. 그건 엄두가 안 나는 도전 과제다. 아찔한 32퍼센트 경사도를 자랑하는 그 구역은 근처의 백스터가와 더불어 로스앤젤레스에서 두 번째로 가파른 비탈길이다(하이랜드 공원 인근의 엘드리드가가 33퍼센트 경사도로 영예의 1위를

+ 스웨덴 할름스타드에서는 인력 발전 개념을 한 단계 더 발전시켰다. 시민들은 머잖아 그 지역 화장터의 과잉 열을 이용해 겨울을 따뜻하게 날 수 있을 듯하다. 화장터 관리자 안데르손은 그 시설이 뜨거운 연기를 대기 중으로 너무 많이 내뿜는다는 데 착안했다. "그 열기를 그냥 전부 공기 중으로 내보내느니 어떻게든 활용해보면 어떨까 싶더군요." 그가 2008년 『데일리 텔레그래프*Daily Telegraph*』(런던) 지에서 한 말이다.

차지한다). 현재 기록은 2008년에 무쇠 체력의 사이클리스트 길모어Steve Gilmore가 9시간 만에 세운 101회 왕복이다. 2008년은 이례적인 해였다. 보통은 가장 강인한 회원도 12~30번밖에 왕복하지 못한다.

로스앤젤레스휠맨 회원들은 엄청난 에너지를 소비하며 파고가를 오르내린 후, 운동 한번 잘했다고 뿌듯해할 것이다. 하지만 물리학자의 관점에서 보면, 아무 일도 이루어지지 않았다. 에너지는 어떤 일을 수행하는 데 동력으로 쓸 수 없다면 무용하다. 이를테면 그린마이크로짐의 배터리들은 어떤 종류의 부하에 연결해야만 비로소 유용한 에너지로(선풍기나 오디오 등의 전원으로) 쓸 수 있다. 에너지는 동력으로 작용하면서 '일'을 내놓는다. 물리학에서 일(W)이란 물체를 어떤 거리(d)만큼 움직이는 데 작용한 힘(f)을 뜻한다(W = fd). 움직이는 물체가 수행할 수 있는 일의 양은 그것의 운동에너지와 정확히 일치한다.

에너지는 여러 종류가 있는데 모두 서로서로 변환된다. 예컨대 우리는 연료를 태워서 일을 할 수도 있다. 발전소에서는 석탄을 태우고 터빈에서 열에너지를 역학적 에너지로 바꿔 전기를 만들어낸다. 전기에너지도 역학적 에너지로 바꿀 수 있다. 건전지는 전류를 생성하는 일련의 화학반응에 의존한다. 화학물질을 죄다 전기로 변환하고 나면 건전지는 수명이 다할 것이다. 한편 발전기는 역학적 에너지를 전기에너지로 바꾼다. 그렇게 만든 전기에너지는 현대 기술 장비 대부분의 동력으로 쓸 수 있다. 이 모든 변환은 한 에너지가 다른 에너지로 바뀌는 예다.

열은 대개 낭비된 에너지다. 바로 그런 열 때문에, 아무리 잘 만든 기계라도 에너지 효율이 100퍼센트에 이르지는 못한다. 우리가 이를 아는 것은 사디 카르노Sadi Carnot의 연구 덕분이다. 사디는 1796년 프랑스 귀족 라자르 카르노Lazare Carnot의 아들로 태어났다. 라자르는 나폴레옹Napoléon의 굴욕적 패배 전까지 프랑스에서 권세를 떨친 인물이다. 사디가 어릴 적 집안 운명은 그 군주국의 운명과 함께 극적으로 오르내렸다. 페르시아 시인 사디Sadi of Shiraz의 이름이 붙은 카르노는 아버지의 엄격한 지도 아래 수학, 과학, 언어, 음악을 배웠다. 그리고 열여섯 살 때는 에콜 폴리테크니크라는 이공대학에 들어가 게이뤼삭Joseph Louis Gay-Lussac, 푸아송Siméon Denis Poisson, 앙페르André-Marie Ampère 같은 학자들 밑에서 공부했다.

당시는 프랑스 역사에서 평화로운 시기가 아니었다. 늘 군주제에 반대하던 사디는 1815년 나폴레옹이 유배지에서 일시적으로 돌아왔을 때 전쟁에 참가했다. 그런데 그해 6월 나폴레옹이 패전하자 사디의 아버지는 독일로 추방되었다. 그는 영영 프랑스로 돌아오지 못했다. 자신의 장래성 없는 군 보직에 불만을 느낀 사디는 결국 파리의 작전참모부로 근무지를 옮긴 후 여가에 학문적 관심사를 탐구했다.

1821년 그는 독일에서 망명 중이던 아버지와 동생을 찾아갔다. 망명지에서 딱히 할 일이 없었던 모양인지 그들은 증기기관의 장단점을 토론해보기로 했다. 증기력은 이미 탄광의 물을 빼고, 쇠를 달구고, 곡물을 빻고, 천을 짜는 데 쓰이고 있었다. 하지만 프랑스제 기관은 영국제 기관만큼 효율적이지 않았다(초기 프랑스 기관의 효율은 약 3퍼센트였다). 영국의 우수한 기술 때문에 나폴레옹이 몰락하고 자기 가문이 위신과 재산을 잃었다고 확신한 사디는 탄탄한 증기기관 이론을 개발하는 데

몰두했다.

사디의 아버지는 1823년에 세상을 떠났다. 같은 해에 사디는 증기 1킬로그램이 하는 일에 대한 수학식을 탐구하는 논문을 썼다. 하지만 그것은 영영 출판되지 않았다. 사실 그 원고는 1966에 가서야 발견되었다. 1824년에 사디는 『불의 동력 및 동력기에 관한 고찰Réflexions sur la puissance motrice du feu et sur les machines propres développer cette puissance』을 출판했다. 여기서 그는 일정한 열에너지로 최대한의 일을 해내는 이론상의 '열기관'을 설명했다. 그 설명에 나오는 이른바 '카르노사이클Carnot cycle'은 뜨거운 저장소와 차가운 저장소의 온도 차에서 에너지를 끌어낸다(이것은 현대 냉장고의 기본 원리가 되기도 했다).

사디는 수차례 실험해본바 실제로 자기 열기관이 늘 소량의 에너지를 마찰, 소음, 진동 등으로 잃으리란 점을 알았다. 그는 열기관에서 최대 효율에 도달하려면 온도가 다른 물질들 간의 열전도로 인한 열 손실을 최소화해야 한다는 점도 알았다. 또 그는 현실 세계의 어떤 기관도 완벽한 효율에 이르지 못하리란 점도 알았다. 이런 점을 고려하면서 그는 열역학 제2법칙을 발견하기 일보 직전까지 갔다.

『불의 동력 및 동력기에 관한 고찰』은 처음 세상에 나왔을 때 그다지 관심을 끌지 못했다. 에너지 보존 법칙은 당시 생소한 개념으로 과학자들 사이에서 논란이 많았다. 그 논문이 주목받기 시작한 것은 사디가 서른여섯 살에 콜레라로 요절하고 나서 몇 년이 지난 후였다. 그는 1832년 파리를 휩쓴 그 전염병의 수많은 사상자 중 한 명일 뿐이었다. 그의 유품과 논문은 대부분 그와 함께 묻혔다. 전염병 확산을 막으려는 예방책이었다. 사디는 20년이나 시대를 앞서 갔다. 그의 연구가 곧바로 더 효율적인 증기기관을 낳지는 않았지만, 그가 물리적 한계를 정확하게 제시한 덕분에 1840년대와 1850년대에 클라우지우스$^{Rudolf\ Clausius}$, 켈빈 남작$^{William\ Thomson,\ Lord\ Kelvin}$이 그 이론을 이용해 현대 열역학의 기반을 닦을 수 있었다.

19세기 후반에 영국 과학자 줄$^{James\ Prescott\ Joule}$은 여러 가지 에너지원을 가지고 놀며 어느 것이 가장 효율적인지 알아보았다. 연료의 선택은 매우 중요할 것이다. 연료마다 변환율이 다른 만큼 만들어내는 에너지양도 다르기 때문이다(여기서도 마찬가지. 변화율이 있다면 우리는 도함수를 구해야 한다). 대대로 양조업을 해온 집안에서 태어난 줄은 화학과 과학 실험에 소질이 다분했다. 그와 형은 하인에게는 물론 서로에게도 전기 충격을 주며 전기를 실험했다.

열역학이라는 새로운 분야에 매료된 줄은 집에 폐품을 활용한 장비를 임시로 설치하고 과학 실험을 했다. 구체적으로 말하면, 양조장의 증기기관을 최신식 전동기로 교체할 수 있을지 시험해보려고 했다(그 전동기는 증기기관의 변환율과 에너지 산출량을 측정하다 갓 발명한 기계였다). 그것은 그만의 단순한 최적화 문제였다.

그가 알아낸 바에 따르면, 증기기관에서 석탄 1파운드를 태우면 초기 전지에서 아연 1파운드를 산화시킬 때보다 5배 많은 일을 할 수 있었다(이처럼 기계가 단위 연료량을 소비해 한 일의 양을 효율이라고 부른다). 줄의 양조장은 증기기관을 쓰는 편이 나았다.

음식은 또 다른 고에너지 물질로, 흔히 칼로리 단위로 측정된다. 칼

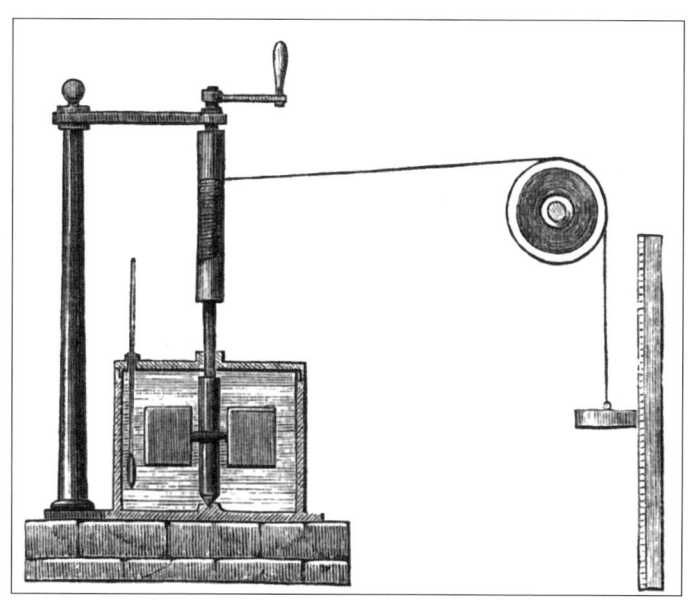

로리(열량)란 철저히 통제된 실험실 환경에서 음식을 완전히 태웠을 때 나오는 열에너지의 양이다. 음식 자체 '안'에 있는 물질은 아니다. 달리 정의하자면 칼로리란 물 1그램을 섭씨 1도 높이는 데 필요한 열에너지의 양이다. 그러는 데 필요한 정확한 에너지 양은 4.1855줄(J)이다. 영양학자와 달리 물리학자들은 에너지를 칼로리로 나타내는 법이 거의 없다. 그들이 선호하는 단위는 줄이나 와트다[와트는 에너지 비율의 측정 단위이므로 줄의 미분계수에 해당한다(W = J/sec)]. 흔히들 이야기하는 음식의 '칼로리'는 사실상 킬로칼로리다(1000cal = 1kcal). 가령 6킬로미터 정도를 달리면 400킬로칼로리를 태울 것이다. 이것을 곧이곧대로 40만 칼로리로 바꿔 말하면 훨씬 대단하게 들린다. 그리고 내가 운동 후 먹는 '파워바'에는 270킬로칼로리, 즉 27만 칼로리가 들어 있다. 무려 100만 줄이 넘는 양이다(줄은 제임스 줄의 이름에서 따온 에너지 단위다).

이제 이 모두가 천하무적 사이클리스트 길모어에게 어떻게 적용되는지 살펴보자. 그의 몸은 음식과 저장된 지방(남은 게 있다면)을 태워 에너지를 얻는다. 하지만 그 에너지는 실용적 목적을 위해 동력으로 활용되지 않는다. 그를 날씬하고 더없이 건강하게 유지하는 데 쓰일 뿐이다. 또 그는 상당량의 에너지를 열로 잃기도 한다. 파고가를 자전거로 오르내리지 '않을' 때면 매일 100와트(약 850만 줄)는 너끈히 발산할 것이고, 격렬하게 자전거를 탈 때면 그보다 훨씬 많이 발산할 것이다. 그가 연료(아침밥)를 태움에 따라 그의 몸은 엔트로피가 증가한다. 엔트로피는 실용적인 '일'에 쓸 수 있는 에너지의 양을 나타내는 한 가지 방식이다. 엔트로피가 낮을수록 상황이 더 정돈되고, 엔트로피가 증가할수록 결과로 얻을 수 있는 일이 더 많아진다(닫힌계에서 엔트로피가 늘 증가한다는 것은 고정불변의 열역학 법칙이다).

엔트로피가 증가하도록 놔두면 우리는 닫힌계에서 얼마나 많은 일을 얻을 수 있을까? 이걸 알아내려면 엔트로피 증가에 따라 변하는 에너지를 적분하면 된다. 길모어의 몸은 언덕을 올라가면서 위치에너지를 얻는다. 그가 지구의 중력 중심에서 멀어지기 때문이다. 하지만 언덕을 내려올 때면 위치에너지는 줄어드는 반면 운동에너지가 늘어난다(엔트로피는 그의 몸이 열을 발산할 때도 증가한다). 두 에너지는 상쇄되고 일 산출량은 결국 0이 된다. 길모어가 그 운동에너지를 활용할 방법을 찾아낸다면 또 모르지만. 예컨대 작은 짐을 언덕 꼭대기로 날랐다면 길모어는 일을 한 셈이다. 그가 힘쓴 결과로 짐의 에너지가 늘어났기 때문이다. 짐은 고도가 높아지면서 위치에너지를 얻었다. 길모어가 그걸 언덕 아래로 던지기로 마음먹으면 그 위치에너지는 운동에너지로 변환될 수 있다.

스핀 바이크

1980년대 말 헨리웍스의 창립자 태깃Mike Taggett은 자동차 발전기를 이용해 자신의 첫 개량식 자전거형 운동기구를 만들었다. 그는 그것을 '질리건 섬+의 인력 블렌더'라고 부르며 콘센트 전원 없이 마르가리타 칵테일을 만드는 데 쓰기도 했다. 20년 후에도 같은 발상이 그의 신형 개량식 운동기구의 밑바탕에 깔려 있다. 그 기구는 사람의 팔과 다리를 모두 이용해 칼로리 소모 및 전기 생산을 극대화한다. 얼핏 보기에 보통 자전거형 운동기구 같기도 하지만, 핸들 대신 L자형 크랭크 손잡이가 달려 있다. 사용자는 페달을 밟는 동시에 손잡이도 돌릴 수 있다. 그 모든 힘으로 돌아가는 지름 45센티미터의 관성바퀴는 발전기에 연결되어 있다.

그린마이크로짐에서 보즐은 처음에 태깃의 개량식 스핀 바이크 3대로 시작한 다음, 헨리웍스와 합작해 팀 발전 시스템을 개발해냈다. 그

+ 〈질리건의 섬 Gilligan's Island〉은 무인도에 갇힌 조난자들의 모험을 그린 1960년대 미국 시트콤이다. (옮긴이)

것은 자전거형 운동기구 4대를 연결한 형태로, 배터리에 연결된 소형 모터를 갖추고 있다. 사용자가 페달을 밟으면 모터가 배터리를 충전하고, 그 배터리는 TV와 오디오에 전기를 공급한다. 한 사람이라면 전기를 50~100와트밖에 못 만들겠지만(100와트면 작은 TV는 켤 수 있다), 기구 4대를 한꺼번에 돌리면 각자 노력 여하에 따라 달라지겠지만 그 전력의 약 4배를 만들어낼 수 있을 것이다.

그런데 그린마이크로짐이 과연 실리적일까? 그 몸짱들이 만들어낸 에너지가 총 얼마나 될까? 보즐의 체육관 회원들은 운동하는 동안 분명히 상당한 노력을 기울이고 있다. 하지만 그런 노력을 실용적 목적에 활용하려다 보면 우리는 열역학의 냉혹한 현실과 씨름해야 한다. 보즐이 알아낸 바에 따르면, 배터리를 거쳐 가는 동안 에너지는 변환 과정에서 일부가 손실된다(엔트로피). 그래서 배터리를 쓰는 방식은 사실상 그리드타이인버터grid-tie inverter[+]를 쓰는 방식보다 에너지 생산에 효율적이지 못하다. 후자는 생산한 에너지를 직접 배전망으로 보낸다.

태깃은 고맙게도 '파이어휠 인터그리드FireWheel InterGrid: FIG' 시스템을 개발했다. 보즐은 일반 가전제품을 쓸 때처럼 그 기계의 플러그를 벽 콘센트에 꽂는다. 그 인버터는 보통 태양전지판과 연결해서 쓰는 기발한 장치다. 이걸 쓰는 사람은 말 그대로 전기계량기를 거꾸로 돌리며 여분의 전기를 전기회사에 되팔 수도 있다. 파이어휠 인터그리드는 가동

[+] 직류를 교류로 바꿔 기존 배전망으로 바로 보내는 역변환 장치. 보통 유료 전기 소비량을 어느 정도 줄일 목적으로 태양열발전이나 풍력발전 장비 등과 연결해서 쓴다. (옮긴이)

중인 운동기구에서 으레 나오는 (마찰)열의 일부도 거둬들인다. 배터리 방식의 인력 발전 시스템은 운동기구에서 나오는 전기의 50퍼센트 이하만 이용하는 반면, 이 최신 시스템은 생산된 전기의 약 70퍼센트를 배전망으로 도로 보낸다.

원래 직업이 개인 트레이너인 보즐은 남달리 사고방식이 과학적이다. 그는 처음에 체육관 효율의 개선 가능성에 대해 지나치게 낙관적이었다고 인정한다. 보즐은 전기를 완전히 끊고 필요한 전기를 100퍼센트 생산할 수 있으리라 생각했다. 하지만 실제로 약 1년간 실험해본바 뜻밖의 결과가 나오자 그는 여느 훌륭한 과학자들처럼 가설을 수정했고 지금도 개선해나가려고 애쓰는 중이다. 골칫거리는 에너지 변환 과정에 필연적으로 따르는 손실이다. 고집불통 엔트로피가 모든 걸 망쳐놓는다.

일반적인 로잉머신rowing machine(노 젓기 운동기구)을 생각해보자. 미친 듯이 10분간 노를 저으면 나는 약 100칼로리를 태울 것이다. 이 정도면 100와트 전구를 1시간 동안 켜놓을 수 있다(이론상으로는). 아시다시피 에너지의 일부는 항상 변환 과정에서 소실된다. 이 경우에 우리 체육관 다람쥐들은 과도한 체열을 땀으로 식히면서 에너지를 잃는다. 기본 생체 기능을 수행하느라 어마어마한 에너지를 소비하는 것은 말할 나위도 없다. 게다가 우리는 운동할 때 근육을 계속 움직이는 데 에너지를 쓸 뿐 아니라 호흡도 거칠어지고 혈액순환도 빨라진다. 그런 까닭에 우리가 생산하는 에너지가 모두 실용적인 기계적 운동으로 전환되지는 않는다. 현실에서 우리는 예상 에너지 산출량의 50퍼센트만 활용해도 감지덕지할 것이다.

요컨대 한 명이 기구 하나로 끙끙대봤자 별 효과가 없을 것이다. 태깃의 추정에 따르면, 한 사람은 1시간 동안 푼어치의 전기밖에 생산하지 못한다. 하지만 체육관에 개량식 운동기구가 40대 있고 초저녁 한창때 2시간 내내 모두 사용된다면, 사용자들은 시간당 약 25킬로와트의 전기에너지를 만들어낼 것이다. 그 정도면 몇 가구가 하루 동안 쓸 수 있다. 그러나 이 또한 낙관적인 예상으로, 운동하는 사람들이 모두 그 시간 동안 최선을 다한다는 가정하에서다. 명품 운동복을 입고 러닝머신 위에서 산책하는 사람, 휴대전화로 수다만 떨 뿐 땀 한 방울 안 흘리는 사람은 배제한 것이다. 그런 사람들은 전체 에너지 산출량을 깎아먹는다.

절약을 극대화하려고 보즐은 개량식 운동기구와 다른 에너지 절약책을 병용했다. 그 체육관에 있는 스포츠아트사의 에코파워 러닝머신은 일반 러닝머신보다 전기를 $\frac{1}{3}$ 적게 먹는다. 게다가 아무도 쓰지 않는 러닝머신은 보즐이 꺼놓는다. 일반 러닝머신은 작동하는 데 1500~2000와트가 든다. 그 정도면 사이클 선수 랜스 암스트롱 Lance Armstrong 9명이 전력으로 질주하는 일률과 맞먹는다. 보즐은 건물 외부에 태양전지판도 달았고, 에어컨도 계속 켜놓지 않도록 조심한다. 그는 전력 소비량을 최소한도(한 달에 약 9킬로와트시)로 유지해왔으며, 조만간 체육관에 필요한 전기를 100퍼센트 생산해 그 소비량마저 절약할 수 있으리라고 믿는다. 지금 보즐은 매달 전력비에서 75~150달러를 절약한다고 한다.

보즐은 보통 1시간 동안 심근강화 운동을 하면서 75~80와트를 꾸준히 만들어낸다지만, 나는 질량이 훨씬 적다 보니 일률이 45~50와트 정도다(같은 1시간 동안 끊임없이 만들었다). 하지만 나는 꾸준하지도 않다.

내가 지쳐 속도를 늦추다 보면 수치는 30와트대로 떨어지기도 한다. 보즐의 개량식 일립티컬머신으로 내가 실용적인 에너지를 얼마나 조금 생산하는지 알고 나면 정신이 번쩍 든다.

수학과 미적분은 몸무게를 적절히 유지하는 데도 크게 도움이 된다. 몸무게는 우리가 음식을 얼마나 많이 먹고 운동을 얼마나 많이 하는가에 따라 결정된다. 하지만 풍요의 시대에는 자칫하면 음식을 필요량보다 많이 먹기 쉽다. 놀랄 일도 아니지만 시대를 막론하고 인간은 늘어나는 허리둘레와 싸우려고 별의별 희한한 방법을 다 생각해냈다.

살과의 전쟁

정복왕 윌리엄William the Conqueror은 특권 의식이 도를 지나쳤던 듯싶다. 그는 노르망디 공 로베르Robert의 외아들이었다. 그러나 부모가 부부는 아니었다. 서자라는 굴레에도 불구하고 윌리엄은 1035년 십자군 전쟁에서 돌아오던 아버지가 죽자 노르망디 공국을 물려받았다. 하지만 그는 잉글랜드 왕위도 넘겨다봤다. 직계 후계자가 없던 잉글랜드 참회왕 에드워드Edward the Confessor도 그에게 왕위 상속을 약속했던 터였다. 그러나 죽음을 맞이하는 자리에서 에드워드는 마음을 바꿔 웨섹스 왕가의 아들 해럴드Harold를 후계자로 지명했다. 발끈한 윌리엄은 1066년 9월 잉글랜드로 쳐들어가 헤이스팅스 전투에서 새 왕 해럴드를 죽이고 잉글랜드

왕이 되었다.

윌리엄은 잉글랜드는 정복했는지 몰라도 살과의 전쟁에서는 졌다. 헤이스팅스 전투 후 그가 어찌나 뚱뚱해졌던지 프랑스 필리프^{Philip} 왕(보나 마나 재수 없도록 날씬했을 거다)은 잔인하게도 그가 "임신한 것처럼 보인다"고 말했다. 윌리엄이 상처 받았다는 소문도 있는데, 그 말도 일리가 있다. 당시 윌리엄은 말을 타고 있기도 힘들었다. 그래서 마음을 다잡고 며칠씩 방에 틀어박혀 술만 먹으며 버텨보기도 했다.⁺ 하지만 그의 체중 감량법은 실패로 끝났다. 1087년 망트 전투에서 낙마한 후 복부 부상으로 죽었을 때 윌리엄은 너무 뚱뚱해서 석관에도 간신히 들어갔다. 사실은 한낮의 열기에 부풀 대로 부푼 시신을 억지로 관에 밀어 넣다 보니 그게 그만 터져버려 교회에 썩는 내가 진동했다.

정복왕 윌리엄만 그런 것은 아니다. (부기는 물론이고) 비만은 인류에게 전혀 새로운 문제가 아니다. 몇몇 현대 고고학자들에 따르면, 고대 이집트 여왕 핫셉수트^{Hatshepsut}는 매우 비대했을 뿐 아니라 당뇨병에도 걸린 듯하다. 전설의 야구 선수 베이브 루스$^{Babe\ Ruth}$는 앉은자리에서 핫도그 12개를 먹어치운 것으로 악명 높다. 1925년 시즌에 그는 기자들 말마따나 '세상에 울려 퍼진 복통' 때문에 여러 시합을 결장하기도 했다.⁺⁺

⁺ 윌리엄은 시대를 한참 앞서 갔다. 9세기 후인 1964년에 미국의 사진가·저술가 캐머런 Robert Cameron은 「애주가의 다이어트$^{Drinking\ Man's\ Diet}$」를 내놓았다. 그것은 사실상 탄수화물 섭취량 조절에 관한 논문이었으나, 저탄수화물 주류인 진과 보드카를 마음껏 즐겨야 한다고 강조했다. 그 논문 때문에 더 어처구니없는 마티니 다이어트와 생크림 다이어트가 등장하기도 했다.

또 미국 대통령 윌리엄 태프트William Howard Taft는 재임 당시 체중이 너무 늘어나 백악관 욕조에 몸이 끼는 수모를 겪기도 했다.

로마제국 시대 말기에 향연 참석자들은 온갖 진미를 만끽한 후 보미토리움으로 가서 속의 음식물을 모두 게워내고는 식욕을 회복해 돌아왔다고 한다. 하지만 폭식과 구토는 수백 년이 지나는 사이에 매력을 잃었고, 사람들은 허리둘레를 조절하려고 복잡한 '유행 다이어트'에 의지했다. 영국의 낭만파 시인 바이런George Gordon Byron은 바람둥이라는 평판에도 불구하고 몸무게와 씨름했다(게다가 한쪽 발이 기형이기도 했다). 그는 평소에 식초 다이어트 같은 극단적 '살 빼기' 식이요법으로 몸무게를 조절했다.

비슷한 시기에 장로교 목사 그레이엄Sylvester Graham—미국 채식주의의 선구자—은 '크래커' 다이어트를 내놓으며 고기, 자극적 양념, 커피, 차, 담배를 삼가고 비정백 빵과 크래커 위주로 먹도록 권장했다. 20세기 초 샌프란시스코의 미술상 플레처Horace Fletcher—'꼭꼭 씹어 먹기 아저씨' 혹은 '위대한 분쇄기'—는 음식을 최소 32번 씹어(치아당 1번꼴) 액체로 만든 다음 찌꺼기를 뱉음으로써 식사량을 조절할 수 있다고 주장했다. 이 방법으로 체중을 20킬로그램 정도 줄인 그는 음식의 열량을 모두 섭

++ 더없이 꼼꼼한 내 교열 담당자에 따르면, 루스가 소화 장애로 쓰러져 수술받은 '직접적' 원인이 핫도그 폭식이란 얘기는 맥기한W. O. McGeehan이라는 기자가 지어냈다. 그 못지않게 황당하게 성병이 원인이라고 넘겨짚은 사람들도 있었다. 되돌아보면 금주법 시대의 과음 때문에 장에 염증이 생겨서 그랬을 공산이 더 크지 싶다. 크리머Robert W. Creamer의 『베이브: 전설이 되어 돌아오다Babe: The Legend Comes to life』 289쪽 이후 몇 쪽, 위키피디아 등을 참고하라.

취하지 않고도 영양분을 흡수할 수 있다고 믿었다.

유행 다이어트는 베스트셀러 다이어트 서적을 쏟아낼 수밖에 없었다. 1727년 『비만의 원인과 결과 The Causes and Effects of Corpulence』를 발표한 쇼트 Thomas Short는 뚱뚱한 사람들이 보통 습지 주변에 산다는 점을 (다소 비과학적으로) 인지하고서 비만자들에게 건조한 지역으로 이사하라고 충고했다. 1864년 영국의 풍채 좋은 관 제조업자 밴팅 William Banting은 『비만에 대하여 Letter on Corpulence』를 출판하며, 자신이 살코기, 아무것도 안 바른 토스트, 과일, 야채를 먹으면서 20킬로그램을 뺀 방식을 설명했다. 이 소책자는 5만 8000부가 팔렸고, 그의 다이어트 방법은 이후 수십 년째 '밴팅 요법'으로 불려왔다. 1919년 의사 피터스 Lulu Hunt Peters는 또 다른 베스트셀러 『다이어트와 건강 Diet and Health』을 펴내며, 체중 조절을 위한 칼로리 계산법을 일반 대중에게 소개했다. 200만 부 넘게 팔린 그 책은 엄격한 1200칼로리 식이요법을 주장했다.

여러분은 앳킨스 다이어트 Atkins Diet와 사우스비치 다이어트 South Beach Diet가 획기적이라고 생각하는가? 다시 생각해보라. 이를테면 1920년대에 의사 헤이 William H. Hay는 '무기력해지고 살이 찌는 산증酸症$^{+}$' 상태를 피하려면 단백질, 녹말, 과일을 따로따로 먹어야 한다고 주장했다. 또 그는 날마다 관장으로 '독소를 씻어 내리도록' 권장하기도 했다. 이는 오늘날 결장 요법에서도 여전히 쓰는 방법이다. 『땅의 기름진 것 The Fat of the

---

+ 혈액 중의 산이 비정상적으로 증가하거나 염기가 비정상적으로 감소한 상태. 일반적으로 허파의 가스 교환 기능 저하, 당뇨병, 콩팥 기능 저하, 설사, 쇼크 등 때문에 일어난다. 애시도시스 acidosis, 산독증, 산중독이라고도 한다. (옮긴이)

Land』에서 캐나다 탐험가 스테팬슨Vilhjalmur Stefansson은 이뉴잇족의 전통 식생활을 찬양했는데, 그 종족은 주로 순록, 날생선, 고래기름 등을 먹을 뿐 과일, 야채, 탄수화물은 거의 먹지 않았다.『젊게 오래 살자*Look Younger, Live Longer*』로 여배우 가보와 고더드의 찬사를 받은 영양학자 하우저Gaylord Hauser는 맥주 효모, 요구르트, 맥아, 당밀처럼 비타민 B가 풍부한 식품을 중요시했다. 그는 그런 다이어트 방식과 부합하는 특수 식품과 영양제 상품을 독자적으로 개발한 선구자이기도 했다. 한편 그다음에 등장한 '찰떡궁합' 다이어트 옹호자들은 어떤 음식들을 조합해 먹으면 지방 연소율이 높아진다고 격찬했다(양고기 요리와 파인애플 등).

20세기에도 체중감량제를 비롯해 온갖 희한한 수단이 출현했다. 그것들은 우리가 뭐든지 마음껏 먹으면서도 체중을 줄이는 데 도움이 된다고 했다. 이 모두는 제1차 세계대전 당시 무슨 까닭에선지 군수공장 노동자들의 체중이 줄면서 시작되었다. 의사들은 디니트로페놀―염료, 구충제, 살충제, 폭발물 등의 재료―때문에 신진대사가 활발해져서 그들이 열량을 더 많이 소모했다고 결론지었다. 1935년까지 디니트로페놀로 만든 체중감량제를 사용한 미국인은 10만 명이 넘었다. 안타깝게도 그 약은 부작용이 고약했다. 몇몇은 눈이 멀었고 몇몇은 죽었다. 결국 디니트로페놀은 판매가 중단되었다.

내가 좋아하는 체중감량기구는 몸통에 두르는 벨트마사지기인데, 왠지 지방을 흔들어 없애주는 듯하다. 그것은 스웨덴 의사 잔데르Gustav Zander가 1857년부터 선보인 운동기구들 중 하나다. 19세기 후반에 고급 헬스클럽에서는 잔데르의 운동기구를 갖춘 체력단련실이 엄청나게 유행

했다. 요즘에는 음식이 덜 맛있어 보이게 하는 다이어트 안경도 있고, 음식을 조금씩 먹도록 유도하는 미니 포크도 있다. 심지어 다이어트 댐이란 것도 있다. 이것은 일종의 재갈로, 여러분을 한니발 렉터처럼 보이게 해서 여러분(과 주변 사람들)의 입맛을 떨어뜨린다. 수년 전에 발명된 지방 흡입술은 엉덩이, 배, 허벅지의 군살을 빼는 지름길이 되었고, 1950년에는 부자 다이어트족들이 먹는 알약에 체중감량을 촉진하는 촌충이 들어 있다는 소문도 무성했다. 30킬로그램을 감량한 오페라 가수 칼라스Maria Callas도 촌충 다이어트를 했다는 소문에 시달렸는데, 그것은 그녀가 날고기를 좋아한다고 알려져 있었기 때문인 듯싶다.

늘어나는 허리둘레와 출렁이는 허벅지로 고민하는 이들에게 새 희망을 안겨주는 최신 기술은 J-랩[+]의 자유전자 레이저free-electron laser: FEL다. FEL은 여러 용도로 활용할 수 있는데, 지난 2006년 J-랩 연구팀은 그 레이저로 사람의 표피를 그슬리지 않고 지방만 태울 수 있음을 입증해 보였다. 이것은 매우 흥미로운 기술이다. 어쩌면 악성 여드름, 동맥 플라크는 물론 셀룰라이트[++] 같은 만성 골칫거리를 치료하는 혁신적 레이저요법이 나올지도 모른다. 어쩌면 땀 한 방울 안 흘리고 30일 만에 허벅지가 날씬해지는 완전히 새로운 방법이 등장할지도 모른다.

연구자들은 이 개념을 처음엔 실제 인간 지방으로(수술실에서 폐기된 정상 조직에서 얻었다), 그다음엔 돼지비계 샘플로 시험했다. 그런데 그

[+] 미국 토머스 제퍼슨 국립 가속기 연구소Thomas Jefferson National Accelerator Facility의 약칭. (옮긴이)

[++] 수분·노폐물·지방으로 구성된 물질이 특정 부위에 뭉쳐 있는 상태. 주로 여성에게 나타난다. (옮긴이)

실험용 돼지비계는 도대체 어디서 구했느냐고? 물어봐 주니 기쁘다. 보통 실험실에서는 기자재를 전문 업체에 주문한다. 그런 업체들은 실험실의 까다로운 요구 사항에 맞춰 주문품을 공급해준다. 그런데 이 경우에는 무엇 때문인지 운송업체가 J-랩이 발주한 돼지비계를 수송하지 않으려 했다.

실험을 취소하고 싶어 하는 사람은 아무도 없었기에, 그들은 가까운 양돈장을 방문했다. 돼지를 한 마리 산 다음 그들은 농장주에게 그 돼지를 관습대로 식초로 닦지 말도록 부탁했다. 식초는 레이저에 나쁘게 반응하기 때문이다. 고개를 갸우뚱하던 농장주는 부탁대로 했고, 돼지는 죽음을 맞았다. 과학자들은 가장 양질의 비계를 몇 점 채취하고는 나머지를 농장주에게 돌려주었다. 농장주는 그날 공짜 돼지고기를 적잖이 얻었을 뿐 아니라 지금도 친구들을 만나면 얼빠진 과학자들이 돼지 1마리 값으로 비계 몇 점만 산 이야기를 들려줄 것이다.

그 돼지가 죽었으니 언젠가 우리는 보기 흉한 셀룰라이트를 레이저로 처치해버릴 수 있을 것이다. 하지만 여러분이 마음을 푹 놓고 파냉 카레를 한 그릇 더 주문하기 전에, 혹은 블루베리 머핀 엑스트라라지와 모카치노 그란데를 주문하기 전에, 나는 J-랩의 실험이 개념 증명에 불과하다는 점을 강조하고 싶다. 우리는 식욕을 마음껏 충족하며 축적한 지방을 언제든 마음대로 태워버릴 수 있으려면 한참 멀었다. FEL 장비는 제작비도 비싸고 가동비도 비싸다. 해당 시설에 레이저요법 시술을 예약하는 일은 지방흡입 시술 예약만큼 쉽지 않다. 새로운 과학 기술을 상업적으로 개발해 시장에 제대로 내놓는 데는 어마어마한 시간과 돈이

들게 마련이다.

우리는 '아직도' 손쉬운 체중 감량 비법을 찾고 있다. 야단법석을 떨지 않고 살을 뺄 수 있다면 얼마나 좋을까? 입으로 들어간 음식의 열량을 다이어트 일기에 꼬박꼬박 적을 필요가 없다면, 특수 식품과 영양제도 공들여 짠 다이어트 식단도 숨기려야 숨길 수 없는 지방흡입수술 자국도 필요 없다면 얼마나 멋질까? 하지만 구식 방법만 한 것은 없다. 그 무엇도 합리적 식이요법과 규칙적 운동을 병행해 칼로리 섭취량보다 소비량을 늘리는 방법을 대체하지 못한다. 이 방법을 '열역학 다이어트' 라고 부르면 어떨까. 이것은 일시적인 유행 다이어트보다 분명히 낫다. 시간의 시험을 견뎌냈기 때문이다.

태워라 태워

피터스의 체중감량법에는 적어도 탄탄한 과학적 근거가 있었다. 그녀가 베스트셀러 다이어트 책을 쓰기 불과 20년 전에 화학자 앳워터Wilbur Atwater와 치텐던Russell Chittenden은 음식을, 그걸 태워 만들 수 있는 열의 단위, 즉 칼로리로 측정하는 개념을 제시했다. 예컨대 스파게티 2킬로그램의 칼로리가 내놓는 에너지면 커피 한 주전자를 끓일 수 있고, 체리 치즈케이크 한 조각의 칼로리면 전구를 1시간 반 동안 켜놓을 수 있다. 140킬로미터를 운전해 친구나 가족을 만나러 가고 싶다면, 우리는 빅맥 217개의 칼로리를 태워야 한다(다음번 자동차 여행을 계획할 때 이 점을 생각해보라. 그리고 화석연료의 에너지 효율도 한번 음미해보라). 누군가 하루에 섭취하는 2000칼로리로 에너지를 만들면 100와트 전구를 22시간은 너끈히 켜놓을 수 있다(변환율이 100퍼센트라고 가정했을 때 이야기다. 물론 19세기에 사디가 발견했듯 그건 불가능하다).

우리 몸은 엄청나게 효율적인 열기관으로 진화했다. 그 결과 생존에 최적화된 우리는 생각보다 훨씬 적은 칼로리만 있어도 제대로 기능할 수 있다. 우리에게 필요한 일일 칼로리의 표준 계산법은 1919년에 나온 '해리스 베네딕트 공식Harris-Benedict equation'이다. 이 공식에서는 나이, 성별, 키, 몸무게로 기초대사량을 계산한 다음[+], 그 결과 값에 각자의 활동지수를 곱한다. 활동지수는 최저치가 1.2(운동을 거의 안 하는 사람), 최고치가 1.9(하루 두 번 정도 격렬히 운동하는 직업 선수)다. 55킬로그램 여자는 나이, 키, 활동지수에 따라 매일 1300~1800칼로리를 소비할 것이다. 77킬로그램 남자는 마찬가지 변수에 따라 매일 1870~2550칼로리를 소모할 것이다.

해리스 베네딕트 공식이 완벽한 방법은 아니다. 근육이 과도한 사람은 공식에서 나오는 값보다 칼로리를 좀 더 많이 태울 것이고, 체지방이 과도한 사람은 그 반대일 것이다. 하지만 해리스 베네딕트 공식은 몸무게를 줄이는 데 유용한 수단이다. 여러분은 일일 섭취 칼로리를 공식

[+] 여자 기초대사량 = 655.1 + (9.563 × 체중kg) + (1.850 × 키cm) - (4.676 × 나이)
남자 기초대사량 = 66.5 + (13.75 × 체중kg) + (5.003 × 키cm) - (6.775 × 나이) (옮긴이)

의 계산 결과 값 이하로 줄이기만 하면 된다(자신이 근육질이라면 기준을 그 값보다 좀 더 높게 정하고 지나치게 비대하다면 반대로 해야 한다). 단, 해리스 베네딕트 공식의 다른 요소가 그대로인 한, 몸무게가 줄면 몸을 유지하는 데 필요한 칼로리도 줄어든다는 점을 잊지 마라.

만성적인 요요 다이어트족들도 기본 원리는 줄줄 왼다. 우리가 몸에 필요한 만큼 칼로리를 섭취하지 않으면, 몸은 지방세포를 연료로 바꿀 것이다. 따라서 우리는 몸무게가 줄 것이다. 반대로 될 수도 있다. 우리가 몸에 필요한 칼로리보다 많이 섭취하면, 몸은 남는 에너지를 지방으로 저장할 것이다. 저장된 지방 또한 우리가 먹는 음식과 마찬가지로 몸의 연료원이다.[+] 체지방 0.5킬로그램은 약 3500칼로리를 낸다. 그러므로 일일 섭취 칼로리를 250칼로리 줄이고 매일 운동으로 250칼로리를 더 태우면 일주일에 0.5킬로그램 정도를 뺄 수 있다.

그런데 우리 사회에는 왜 이렇게 비만이 만연해 있을까? 이렇다 저렇다 여러 해석이 오가지만, 열역학적 관점에서 보면 매우 간단하다. 우리 미국인이 다른 나라 사람들보다 체중이 많이 나가는 까닭은 평소에

[+] 비벌리힐스의 의사 비트너Craig Alan Bittner는 '지방이 곧 연료'라는 개념을 곧이곧대로 받아들였다. 그는 지방흡입수술에서 폐기한 지방을 바이오디젤로 변환해 자기 SUV의 연료로 썼다. 국립 바이오디젤 위원회(NBB)에 따르면, 지방 연료는 단위 연료당 주행 거리가 일반 디젤유와 같다. 신생 바이오 연료 업체들은 소기름, 돼지기름, 콩기름, 그 밖의 식물성 기름을 섞어 바이오 연료를 만들기도 한다. 비트너는 환자들이 자진해서 폐기 체지방을 연료로 제공했다고 주장했지만, 몇몇 환자들은 그가 지방을 너무 '많이' 제거해서 자기들 몸이 보기 흉해졌다며 소송을 제기했다(그 SUV는 기름 도둑이군!). 듣자 하니 비트너는 의사 면허가 없는 여자 친구에게 수술을 시키기도 했단다. 그는 2008년에 미국을 떠나 남아메리카로 갔다.

필수 칼로리보다 많이 섭취하기 때문이다. 이 사실을 받아들이기 힘들어하는 사람들도 많다. 그들은 그렇게 많이 먹지도 않는다고 부인하며, 자기 신진대사가 느린 게 분명하다고 주장할 것이다. 실제로 대사율은 체형과 마찬가지로 사람마다 천차만별이다(해리스 베네딕트 공식에서도 이런 차이를 계산에 넣는다). 게다가 유전적 특질도 한 사람의 타고난 적정 체중을 결정하는 데 분명히 영향을 미친다.

이런 논쟁이 오간다고 기본 원리가 바뀌지는 않는다. 대사율이 낮은 사람들은 칼로리가 더 적게 필요하다. 설령 날씬하게 '타고난' 친구들보다 적게 먹는다 해도 몸에 필요한 칼로리보다 많이 섭취하면 그들은 몸무게가 늘 것이다. 이게 공평하다고 보기는 힘들다. 하지만 누가 물리 현상이 공평하다고 했나? 솔직히 말해 식량이 부족한 시기에는 낮은 대사율이 명백한 진화적 이점이 된다. 소량의 연료로 남들보다 더 많은 일을 할 수 있기 때문이다. 이런 특출한 효율이 단점이 되는 것은 바로 식량이 풍부할 때다.[+]

심리적으로 우리는 실제보다 적게 먹는다고 착각하는 경향이 있다. 여러 연구 결과에 따르면, 평소에 우리는 대부분 자기가 섭취하는 칼로리를 과소평가한다(2000칼로리에 도달하는 데 그다지 많이 필요치 않다. 패스트푸드를 좋아하는 사람이라면 말할 것도 없다). 완싱크Brian Wansink는 소비자행동학과 영양학을 전공하는 코넬 대학 교수로, 환경이 식습관에 영

[+] 이것은 너무 급격하게 칼로리를 줄이거나 과도하게 운동하면 좋지 않은 이유이기도 하다. 그 경우 몸은 식량 부족을 인식하고서 대사율을 더 낮추며 연료를 아껴 최대한 체중을 불릴 것이다. 보통 일주일에 1킬로그램 이상 줄이면 몸이 그런 초절약 모드로 돌입할 것이다.

향을 미치는 방식을 집중적으로 연구했다. 2007년에 그는 동료 샹동Pierre Chandon과 함께한 연구 결과를 『소비자 연구 저널Journal of Consumer Research』에 발표했다. 그 논문에 따르면 사람들은 서브웨이 샌드위치가 맥도날드 햄버거보다 몸에 좋다는 고정관념에 사로잡혀 자기가 평상시 섭취하는 칼로리를 21퍼센트 정도 과소평가한다. 유명한 서브웨이 대변인 포글Jared Fogle은 그 샌드위치로 체중을 엄청나게 줄인 듯하다. 하지만 그는 더 몸에 좋은 종류의 샌드위치를 선택했다. 서브웨이의 30센티미터 이탈리안 BMT 샌드위치는 맥도날드 빅맥보다 칼로리가 $\frac{1}{3}$ 정도 높다. 또 완싱크와 샹동에 따르면, 사람들은 서브웨이 샌드위치를 먹을 때면 고칼로리 추가 메뉴를 선택하는 경향도 있다.

초기의 한 연구에서 완싱크는 무의식적 식습관을 주목했다. 참가자들은 실험실에 와서 비디오카메라에 찍히며 식사한 후, 무엇을 얼마나 먹었느냐는 질문에 대답했다. 완싱크가 알아낸 바에 따르면, 사람들은 종종 자기가 두 그릇, 심지어 세 그릇 먹었다는 사실도 의식하지 못하고 부인했다(비디오테이프를 보기 전까지는). 다른 흥미로운 결과에 따르면, 사람들은 '저지방' 마크가 찍힌 식품이라면 16~23퍼센트 더 섭취하는 반면, 30센티미터 접시가 25센티미터 접시로 바뀌면 22퍼센트 덜 먹었다. 이런 결과에서 영감을 받은 완싱크는 자신만의 다이어트 비법을 개발해냈다. "최고의 다이어트는 부지불식간에 하는 다이어트다." 바꿔 말해 집 환경과 무의식적 습관을 조금 바꾸면 여러분의 허리둘레는 많이 달라질 것이다.

우리가 섭취하는 칼로리는 다이어트의 일부 요소일 뿐이다. 한편으로 우리는 자신이 운동으로 태우는 칼로리를 종종 '과대'평가한다. 운동 기구의 표시부에 나오는 칼로리 수치도 이런 오해를 낳는다. 그 수치가 항상 정확하지 않은 이유는 운동기구 열량계의 기본 설정이 부정확할 때도 많을뿐더러 한 가지 수단으로 모든 인간의 신진대사를 평가할 수도 없기 때문이다. 『사상 최고의 다이어트Rethinking Thin』의 저자이자 『뉴욕 타임스New York Times』 기자인 콜라타Gina Kolata에 따르면, 시간당 평균 100칼로리를 태우는 활동의 경우 실제 소모되는 칼로리는 사람에 따라 최저 70에서 최고 130까지 다양하다.

나쁜 습관도 총 소모 칼로리에 영향을 미칠 수 있다. 러닝머신 위에서 손잡이를 꼭 붙잡고 달리는가? 그러면 같은 활동을 하면서 칼로리를 40~50퍼센트 적게 태우는 셈이다. 같은 운동 프로그램을 몇 달씩 계속하는가? 여러분의 몸이 그 프로그램에 익숙해지면 같은 활동을 하는 데 필요한 칼로리가 줄어들 것이다. 게다가 일반적으로 활동별 소모 칼로리 계산법에서는 사람들이 집에서 책을 읽거나 TV를 보며 앉아 있을 때 쓸 칼로리를 빼지 않는다.

"흔히들 하는 보통 운동에서 안정시대사량을 빼면, 여러분이 썼다고 생각하는 칼로리의 30퍼센트가 줄어들기도 한다"라고 콜라타는 이야기한다. 심지어 수학에 능통한 듯한 사람들조차 이 영역에서는 착각에 빠지기도 한다. 콜라타가 학회에서 만났다는 한 수학자는 방금 400미터를 달렸으니 파이 한 조각을 마음 푹 놓고 먹을 수 있다고 판단했다. "1.6킬로미터당 100칼로리가 소모된다고 계산하면 그는 25칼로리를 소모한 셈이다. (……) 파이 한 조각이면 열량이 400칼로리는 족히 된다."

나는 열역학 다이어트 신봉자다. 주요 목표는 식이요법과 운동이라는 두 변수를 최대한 활용해 몸무게를 일정하게 유지하거나 서서히 줄이는 것이다. 후자가 목표라면 칼로리를 섭취량보다 많이 꾸준히 태우면 된다. 그렇게 하는 데 미적분까지는 필요도 없다. 기본적인 산수만 할 줄 알면 된다. 하지만 그게 그렇게 간단하다면, 날씬하지 않은 사람이 어디 있겠는가?

첫째로 다이어트에 영향을 미치는 경제적 요소도 있다. 가혹한 현실에서 건강식품은 사실상 정크푸드보다 비싸다. 그래서 모든 사람이 균형 잡힌 고급 식생활을 하지는 못한다. 뿐만 아니라 피자나 프렌치프라이나 핫퍼지선디를 정말 좋아하는 사람들도 있다. 그들은 담백한 단백질, 유기농 야채, 비정백 곡물을 주식으로 먹으면 심각한 박탈감을 느낄 것이다. 삶의 질도 반드시 계산에 넣어야 한다. 우리는 어떻게 해야 균형점을 찾을 수 있을까?

이제 미적분이 도움이 될 것이다. 이 경우 우리는 하루 섭취 허용 칼로리와 식비 예산이 정해진 상황에서 '맛', 즉 음식에서 얻는 즐거움을 극대화하고 싶다. 이 수수께끼를 풀기 위해 우리는 맛(y)을 다이어트 식단(f)의 함수 그래프로 그려보려고 한다. y는 'yummy(맛있는)'의 머리글자이고, f는 식단의 구성 요소로 우리가 좋아하는 온갖 음식(food)이다. 하루 섭취 허용 칼로리가 2000이고 식비 예산이 40달러라면, 두 상수의 한계선 안에서 우리는 지금 식단을 어떻게 조정해야 맛(y)을 극대화할 수 있을까?

가령 우리는 현미와 당근보다 스니커즈 초코바를 더 좋아할 수도 있다. 하지만 오로지 스니커즈만 먹으면 우리는 칼로리 한도를 금방 넘어설 뿐 아니라 비타민 결핍증에 걸릴 것이다. 역으로 우리가 가까운 건강식품 식당에서 신선한 유기농 야채샐러드와 방목해 기른 닭 요리에 비네그레트 소스를 곁들여 먹길 좋아할 수도 있다. 하지만 '그것만' 먹으면 우리는 금세 식비 예산을 넘어설 것이다. 그렇다면 이제 그날그날 뭘 먹을지 안다고 할 때, 우리는 식단을 어떻게 조정해야 식사를 최대한 즐길 수 있을까?

이것은 다소 변형된 미분 문제다. 우리가 집을 고를 때 쓴 다변수 최적화 문제와도 비슷하다. 단, 그 경우에는 두 변수가 비용의 제약만 받았지만, 이번에는 변수들이 비용과 칼로리의 제약을 받는다. 그런 까닭에 이 함수는 전통적인 데카르트 좌표계에 그리기 어렵다. 차원이 너무 많아서 알아보기 쉽게 표현하기 힘들다. 하지만 우리는 그걸 벡터, 즉 변화의 방향 및 크기와 관련지어 생각해볼 수 있다. 우리가 식단을 변화시키는 방법은 얼마든지 있지만, 어떤 변화는 허용되지 않는다. 칼로리나 비용의 정해진 한계를 넘어서기 때문이다. 바꿔 말하면 그 특정 벡터는 무효하기 때문이다. 반면에 다른 변화가 '허용되는' 까닭은 그렇게 변화해도 두 한계치가 그대로 유지되기 때문이다.

보통 우리는 모든 f 값에 대해 도함수를 구한다. 하지만 이 경우에는 허용되는 f 값, 즉 우리가 칼로리와 비용의 경계조건 안에서 선택할 수 있는 f 값에 대해서만 도함수를 구할 것이다.

적분은 어떨까? 적분도 열역학 다이어트에서 어떤 역할을 한다. 구체적으로 말하면 그 역할은 우리가 태우는 칼로리와 관련되어 있다. 결국은 모두 연소율의 문제다. 칼로리 연소율을 시간에 대해 적분하면 우리는 총 연소 칼로리를 구할 수 있다. 체육관 운동기구의 열량계도 이 계산을 몰래 하고 있다. 그러나 앞서 확인했듯이 그 연소율은 여러 변수의 영향을 받는다. 대사율, 운동 강도, 근육량 등등. 이런 변수는 계산을 복잡하게 만든다. 그래서 운동기구들은 대부분 열량계의 기본 설정이 부정확하다. 그런 기계가 할 수 있는 계산은 기껏해야 어림셈이 고작이다.

죽음의 곡선

식이·운동요법을 최적화해 적정 체중을 유지하는 데만 수학과 미적분을 이용할 수 있는 것은 아니다. 그것을 이용하면 우리는 임의의 해에 자신이 죽을 확률도 알아낼 수 있다. 이는 영국의 무명 보험계리인 곰퍼츠 Benjamin Gompertz의 연구 덕택이다. 곰퍼츠는 네덜란드에서 영국으로 이민한 거상의 집안에서 태어났다. 그는 유대인이라는 이유로 대학 입학 허가를 받지 못해 주로 혼자서 공부했는데, 뉴턴의 저서를 읽으며 수학 지식을 습득한 덕분에 특히 미적분에 능수능란했다.

어느 날 열여덟 살의 곰퍼츠는 헌책방에 들렀다가 책방 주인이자 수학자인 그리피스 John Griffiths와 친구가 되었다. 곰퍼츠는 처음에 가르침을 받고 싶어 했지만, 그리피스는 자기 학식보다 그 청년의 학식이 이미 앞서 있음을 곧바로 알아차렸다. 그래서 곰퍼츠에게 스피탈필즈 수리학회[+]를 소개해주었다. 회칙상의 최저 연령이 스물한 살임에도 학회에 가입한 곰퍼츠는 언제든 도움을 청할 수 있는 수학 선생이 주위에 널려 있음을 깨달았고, 덕분에 급속도로 지식을 키워나갈 수 있었다(학회 규칙에 따르면, 한 회원이 다른 회원에게 도움이나 정보를 요청할 경우, 후자는 전자에게 협조하지 않으면 벌금 1페니를 물어야 했다).

곰퍼츠는 증권가와 관계가 돈독한 유대인 부잣집의 딸과 결혼한 후, 그 연줄로 증권사에 입사했다. 결국 그는 처남이 새로 차린 보험회사의 보험계리인 겸 서기장이 되었는데, 그곳에서 그의 수학적 능력은 빛을 발했다. 그는 세부 보험통계표를 종합할 때 '일련의 복잡한 계산'을 수행하는 능력이 실로 대단했다. 뿐만 아니라 곰퍼츠는 미적분 원리를 인간 사망률에 적용해 생명보험료를 계산해내기도 했다. 1825년 무렵 그는 이렇게 썼다. "죽음은 일반적으로 공존하는 두 원인의 결과일 수 있다. 하나는 죽음이나 퇴화의 전조가 없는 우연이고, 다른 하나는 퇴화, 즉 파괴에 대한 저항력의 감소다."

바꿔 말해, 어떤 사람이 버스에 치인다든가 하는 치명적 사고를 당하지 않는다고 가정하면, 그가 임의의 해에 죽을 확률—나이가 들수록 높아지는 확률—을 미적분으로 구할 수 있다. 가설을 검증하려고 곰퍼츠는 영국 네 도시 여러 연령집단의 인구 비율을 비교했는데, 그 결과 나이가 들수록 사망률이 등비로 증가한다는 점을 알아냈다. 그리하여 곰퍼츠의 사망률 법칙이 탄생했다. 이 법칙에 따르면, 우리가 내년에 죽을

[+] 런던 수리학회의 전신. 그리피스가 당시 회장이었다.

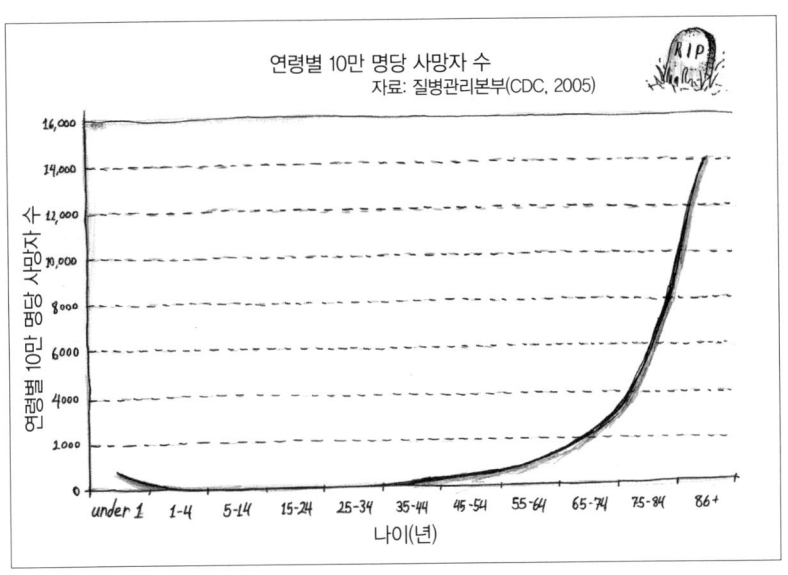

확률이 얼마이든($\frac{1}{1000}$이든 $\frac{1}{10000}$이든) 간에 그 확률은 지금부터 8년 후 두 배로 커질 것이다. 요컨대 사망률은 시간이 흐를수록 등비로 증가한다.

'곰퍼츠 함수'의 그래프, 즉 곰퍼츠 성장 곡선 또한 S자형 곡선이다. 전염병학 모델과 마찬가지로, 정해진 기간의 처음과 끝에서 성장(노화) 속도가 가장 느리다(실제로 곰퍼츠는 맬서스의 인구론 모델에 기초해 성장 모델을 만들었다). 그 곡선 위 임의의 점(나이)에 닿는 접선의 기울기에서 우리는 보험통계학적 노화 속도를 도함수의 형태로 얻는다.

그렇다. 몸은 타고난 만기일이 있다. 예를 들어 스물일곱 살의 미국인은 다음 해에 죽을 확률이 $\frac{1}{3000}$이다. 하지만 그 확률은 서른다섯 살에는 $\frac{1}{1500}$로, 마흔세 살에는 $\frac{1}{750}$로 증가한다. 그러다 백 살이 되면

백한 살까지 살 확률은 50퍼센트밖에 되지 않는다. 여러분이 1년 안에 죽을 확률은 8년마다 2배로 늘어난다. 이 법칙은 영양 상태와 의술과 삶의 질이 나아진 오늘날에도 유효하다. 이것은 나라와 시대는 물론이고 (노화 속도 차이를 고려하는 한) 종도 막론하고 유효하다. 과학자들은 이것이 실제로 왜 그런지 이해하지 못한다. 하지만 사실이 그럴 때가 많다. 나이와 무관하게 작용하는 요인도 있긴 하나, 일본이나 미국처럼 사망률이 낮은 나라에서라면 그런 요인은 보통 무시해도 괜찮다. 곰퍼츠 본인은 여든여섯 살이라는 지긋한 나이에 마비성 발작으로 죽었다. 새로 결성된 런던 수리학회의 회지에 실을 논문을 쓰던 중이었다.

건강을 증진하려고 적절히 먹고 운동하는 것은 고귀한 노력이지만, 그런다고 곰퍼츠의 사망률 법칙을 피해 갈 수는 없다. 우리는 모두 언젠가 죽을 것이다. 그러므로 중요한 것은 바로 삶의 질과 전반적 행복도다. 몸이 건강하면 삶의 질이 높아진다. 아마도 이것이 그린마이크로짐 운영 방침의 실제 혜택일 듯하다. 체육관에 꼬박꼬박 와서 운동한다고 지구를 구하진 못하겠지만, 그로써 체육관은 돈을 아끼고 사람들은 보람도 느끼고 건강도 유지한다. "운동에는 어떤 만족감이 따르죠. 그냥 바퀴만 돌린 게 아니라 실제로 뭔가 해냈다는 느낌이 들거든요." 태깃의 말이다.

혹시라도 그것만으로 충분하지 않을까 봐 보즐은 체육관 회원들에게 따로 보너스 포인트를 준다. 각자 전기를 만드는 시간 단위로 회원들은 그 지역의 상점에서 쓸 수 있는 쿠폰 포인트를 얻는다. 직접 보즐의 개량식 기구로 운동해보면서 나는 무엇보다도 우리가 무심코 에너지를 얼마나 많이 쓰는지, 그 에너지를 처음에 만들려면 어떤 노력이 드는지 새삼 실감할 수 있었다.

현수선 이야기

늘어뜨린 유연한 쇠사슬을 뒤집어놓은 듯이, 견고한 아치는 서 있다.

— 로버트 훅 Robert Hooke

매섭게 추운 2월의 어느 오후, 나는 세인트루이스에 와 있다. 이런 날씨면 사람들은 대개 따뜻한 난롯가에 웅크리고 앉아 향긋한 차를 홀짝이며 재밌는 책을 읽고 싶어 할 것이다. 하지만 나는 시내에서 며칠째 학회에 참석하던 중, 몇몇 씩씩한 사람들과 어울려 게이트웨이아치를 구경하러 왔다. 이것은 토머스 제퍼슨Thomas Jefferson 대통령의 루이지애나 매입을 기념해 1965년 10월에 완공한 역사적 건축물로, 세인트루이스의 스카이라인을 장악한다. 우리 다섯 명은 달걀 모양의 트램tram+에 꾸역꾸역 들어가 아치 꼭대기로 올라간다. 거기서는 이 '서부로 통하는 관문'의 얼어붙은 주변 경치가 훤히 내려다보인다. 그 별칭은 오리건 산길의 초입인 세인트루이스를 거쳐 서부로 이주한 개척자들을 기려 붙인 것이다.

+ 일종의 엘리베이터. (옮긴이)

그 장관은 비좁은 공간—트램은 어찌 보면 알 모양의 5인용 관 같기도 하다—과 아울러, 바람이 불 때마다 불안하게 흔들리는 느낌 때문에 다소 빛이 바랜다. 게이트웨이아치는 최고 45센티미터까지 바람에 흔들리도록 설계되었다. 하지만 바람이 너무 강할 때는 일반인에게 개방하지 않는다. 구조공학을 잘 모르는 사람들은 아치가 곧 무너질 것 같다고 느끼기도 한다. 특히 한 여자는 죽음이 임박했다고 확신하는 듯하다. 눈을 꼭 감고 팔로 자기 몸을 감싼 채, 트램이 다시 내려가기 전에 딱 한 번만 내다보라는 친구들의 간청에도 요지부동이다. 그녀의 윗입술에는 땀방울이 맺혀 있건만 또다시 바람이 한차례 불어와 아치를 흔든다.

그 가련한 여자는 그렇게 걱정할 필요가 없다. 눈에 보이는 대로가 사실이 아닐 때도 있다. 잘 지은 건축물은 실제로 매우 안정적이다. 레오나르도 다빈치는 이렇게 말했다. "아치는 서로 기대면 강해지는 두 약한 요소로 구성된다." 게이트웨이아치가 서 있는 비밀은 모양에 있다. 그 모양을 꼭 집어 가리키는 기하학 용어가 있다. 본래 그것은 유연한 쇠사슬이나 밧줄이 두 점에 걸려 있는 모양을 뒤집은 형태인데, 여기서 뒤집지 않은 곡선 모양을 현수선catenary이라고 한다. 이 말은 '쇠사슬'을 뜻하는 라틴어 '카테나catena'에서 유래했다. 다빈치의 '서로 기대는 약한 요소'는 놀라운 구조 안정도를 낳는, 반대력의 미묘한 균형을 나타낸다.

자연은 선호하는 모양이 있다. 두 점에 걸려 있는 쇠사슬은 순수하게 장력만 받는 상태에서 멈출 것이다. 이는 표면장력 때문에 거품이 구형이 되는 현상과도 비슷하다. 쇠사슬에서 장력은 연이은 고리들 사이에 작용하는 유일한 힘이다. 그 힘은 곡선 위 어떤 점에서든 쇠사슬에

(직각이 아니라) 평행으로 작용할 수밖에 없다(그러지 않으면 쇠사슬이 움직일 것이다). 현수선은 뒤집어 아치로 바꾸면 순수하게 압력만 받는 형태로 반전된다. 일반 건축재인 석재와 콘크리트는 장력에는 취약하지만 압력에는 매우 강하다. 그래서 뒤집힌 현수선 모양은 상당한 수평거리에 걸치는 돔이나 아치 같은 건축물을 짓는 데 이용할 수 있다.

게이트웨이아치를 설계한 핀란드 태생의 미국 건축가 사리넨Eero Saarinen은 뒤집힌 현수선 모양을 그대로 본뜨진 않았다. 그는 백과사전 표제항의 설명처럼 '미묘하게 날아오를 듯한 느낌'+을 내려고 아치를 꼭대기 방향으로 약간 길쭉하게 늘였다. 하지만 사리넨이 현수선의 변형을 선택한 것은 단지 미관 때문만은 아니었다. 그는 아치를 건축 기사 반델Hannskarl Bandel과 함께 설계했는데, 반델은 그걸 약간 늘이면 기초부에 실리는 무게가 늘어나 안정성을 추가 확보할 수 있음을 알았다. 그럴 만한 이유가 충분히 있었던 셈이다. 뒤집힌 현수선 모양은 수평 방향으로는 극히 안정적이지만 수직 방향으로는 그보다 못하다(게이트웨이아치는 192미터 기초 위에 192미터 높이로 우뚝 솟아 있다). 근처 명판에 보란 듯이 새겨놓은 바에 따르면, 게이트웨이아치의 독특한 모양은 다음의 수학 방정식으로 표현된다.

+ 충분히 미묘하지 않은 걸까? 1980년 스와이어스Kenneth Swyers라는 사나이는 그 '날아오를 듯한 느낌'을 너무 곧이곧대로 받아들였다. 그는 낙하산으로 게이트웨이아치 위에 내려앉은 후 다시 뛰어내리려다 죽는 바람에 다윈상을 받았다. (다윈상: 미국의 기자 노스컷Wendy Northcutt이 인간의 멍청함을 알리려고 제정한 상. 자신의 열등한 유전자를 스스로 제거해 인류 진화에 이바지한 사람들에게 준다. 옮긴이)

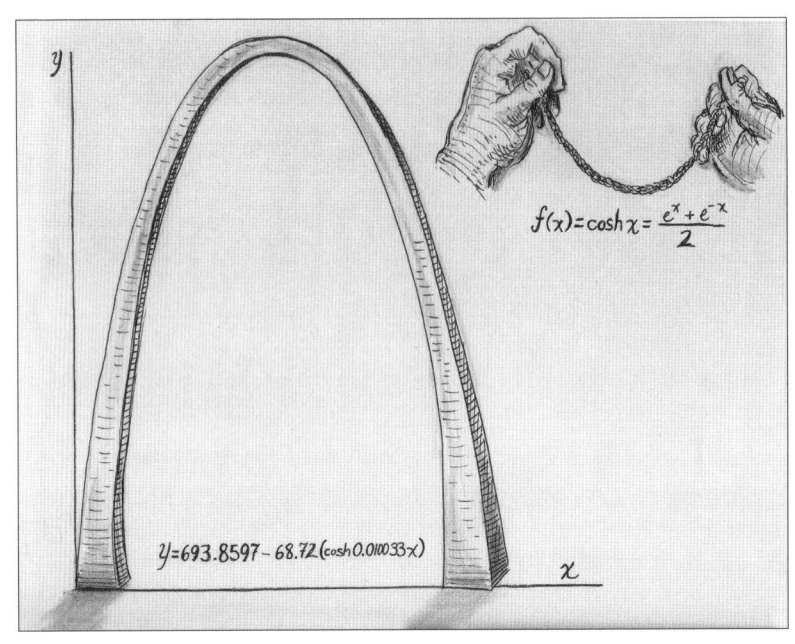

$y = 693.8597 - 68.72\cosh(0.010033x)$

건축 기사들은 하나같이 적절한 크기와 모양의 구조물을 힘의 균형이 잡히게 만들려면 수학이 꼭 필요하다고, 기하학이 건축술에서 중요한 역할을 한다고 말할 것이다. 하지만 기하학 도형의 방정식을 사람들이 이용하게 된 것은 17세기에 페르마와 데카르트가 해석기하학을 고안한 후였다. 그 결과 수많은 고등학생이 컴퍼스와 자를 들고 외각·내각의 합, 사다리꼴의 특성 등을 의무적으로 배우게 됐다. 오늘날 정확한 치수만 알고 있다면 라스베이거스의 피라미드형 룩소르 호텔 부피를 계산하는 일은 비교적 간단한 문제다. 위키피디아에 따르면, 그 피라미드의 밑면은 한 변이 170미터인 정사각형이고, 높이는 105미터다. 우선 밑면 넓이를 구하려면 가로(170미터)와 세로(170미터)를 곱하면 된다. 이어서 그 넓이에 높이를 곱한 후 3으로 나누기만 하면 전체 부피가 나온다. 미적분은 필요 없다.

하지만 어떻게 해야 폭넓은 선택 범위에서 최선의 실용적 디자인—특정 성질을 최대한 활용하는 디자인. 예컨대 일정량의 자재로 지을 수 있는 최적의 피라미드 모양, 가장 튼튼한 실용적 아치 모양 등—을 선택할 수 있을까? 지루한 접근법으로는 선택 가능한 대상을 하나하나 공들여 계산해보는 방법이 있을 텐데, 시간을 엄청나게 잡아먹을 것이다. 하지만 미적분을 이용하면, 관심 대상의 절대량에 초점을 맞추지 않고 어떤 특성의 상대적 변화 방식을 살펴볼 수 있다. 즉 문제에 역동적으로 접근할 수 있다. 실제로 그렇게 하려면 해당 특성의 최댓값과 최솟값을 구해 초점을 좁히면 된다. 답은 그 사이의 어딘가에 있을 것이다.

아치 라이벌

오늘날 건축물은 거의 철골과 철근콘크리트만으로 짓고, 수학 모형과 공학 원리에 크게 의존해 설계한다. 하지만 고대의 아치 건축가들은 시행착오라는 방법을 썼다. 작은 석조 아치는 보통 곡선형 나무틀을 기반으로 만들었다. 건축가는 나무틀 위에 돌덩이나 벽돌을 올려놓고 쐐기와 끈으로 모양을 다듬었다. 전설에 따르면 고대 로마에서는 품질관리의 일환으로 일단 아치가 완성되면 버팀목을 제거할 때 건축자를 아치 밑에 세웠다. 그건 엄청난 동기부여 방법이었다. 애초에 제대로 만들어라. 안 그러면 아치가 무너져 너를 깔아뭉갤 테니. 고딕 대성당의 건축가들은 돌덩이들을 장난감 집짓기 블록 더미처럼 압력만으로 유지되는 안정적 구조물로 바꾸는 방법을 알아내야 했다. 실제로 그들은 해석기하학이나 미적분의 혜택 없이도 그것을 알아냈다. 오래된 대성당들이 1000년 가까이 끄떡없는 걸 보면, 중세 석공들은 분명히 아치의 안정성에 대해 제법 알고 있었던 것 같다.

이런 실용적 지식은 건축가들 사이에서 대대로 전해왔으리라고 추측하는 사람도 있다. 하지만 뒤집힌 현수선의 비밀이라는 수학적 수수께끼가 비로소 풀린 것은 17세기 영국 과학자 훅이 가장 안정적인 아치 모양을 우연히 발견한 후였다. 훅은 현미경을 직접 만들어 벼룩 같은 일상적 사물을 자세히 관찰한 것으로 유명하다. 훅이 현미경으로 관찰하고 그린 정교한 그림은 걸작 『마이크로그라피아 Micrographia』에 실려 있다. 또 그는 반사망원경, 육분의, 풍력계, 윤형 기압계를 발명했을 뿐 아니라 시계에도 관심이 많았다.

이런 업적에도 불구하고 과학자로서 훅은 주로 동시대의 라이벌 뉴턴에 가려 제대로 조명 받지 못했다. 빛의 성질에 대한 그들의 전문적 논쟁은 종종 인신공격으로 변질되었다. 훅은 심지어 뉴턴이 영국학사원 회원으로 선출되지 못하도록 훼방을 놓기도 했다. 어쩌면 훅이 위협을 느낀 것은 당연했는지도 모른다. 그가 과학에 실용적으로 기여한 공로는 뉴턴의 수학 지향적 이론에 밀려 무시당했다. 외모에 대한 열등감도 작용했을 것이다. 뉴턴은 출중하고 당당해 보인 반면, 훅은 작달막하고 구부정했다. 심지어 친구들조차 훅을 실물보다 좋게 묘사해주지 않았다.

동료들에게 인정받지 못한 훅의 역정은 어느 정도 정당했던 것 같다. 2006년 오랫동안 행방불명이던 1661~1682년 영국학사원 육필 회의록이 영국 햄프셔의 낡은 집 구석에 먼지투성이로 처박혀 있다 발견되었다. 이 필사본은 훅과 하위헌스 중 누가 정교한 스프링 시계를 최초로 발명했는가에 대한 오랜 논란을 잠재웠다(결국 그 시계 덕분에 경도를 측정할 수 있게 되었다). 스프링의 물리학을 깊이 이해한 훅은 '변형량은 힘의 크기에 비례한다'는 훅의 법칙을 내놓았다. 그런데 1675년에 하위헌스가 스프링 시계를 발명했다고 발표하자 훅은 격분하며 자기 설계도를 누군가 그 네덜란드 과학자에게 빼돌렸다고 주장했다. 발견된 회의록에는 1670년 6월 23일 회의에서 훅의 스프링 시계 설계도를 언급하는 부분이 나온다. 하위헌스의 발표 5년 전이었다. 이로써 그 못생긴 과학자는 의혹에서 벗어났다.

훅의 여러 과학적 업적은 최근 재조명 받았는데, 그중 하나는 미적분 역사의 보충 설명에 해당한다. 구체적으로 말하면 그것은 현수선이 아치 건축물에서 차지하는 중요성의 '재발견'이다. 일찍이 도제로 기술을 익힌 덕분에 훅은 뛰어난 제도사이기도 했다. 그의 건축학적 재능은 런던 대화재로 도시의 상당 부분이 파괴되었을 때 빛을 발했다. 훅이 현수선의 비밀을 재발견한 것은 바로 1671년에 세인트폴 성당을 재건할 때였다.

안타깝게도 훅은 지나치게 영리해서 자기 이익을 챙기지 못했다. 그는 최적의 아치 모양 문제의 답을 영국학사원에 발표하긴 했지만 출판하진 않았다. 대신 4년 후 그는 라틴어 글자수수께끼로 암호화한 답을 「태양 관측 망원경에 대하여Description of Helioscopes」라는 논문에 부록으로 실었다. 그것은 별로 관심을 끌지 못했다. 결국에는 1705년 훅의 유언집행자가 그 글자수수께끼의 답을 발표했다. "늘어뜨린 유연한 쇠사슬을 뒤집어놓은 듯이, 견고한 아치는 서 있다." (라틴어 원문은 이러하다. "Ut pendet continuum flexile, sic stabit contiguum rigidum inversum.")

자기가 발견한 답을 그렇게 숨기지 않았더라면 훅은 현수선 문제를 푼 공로를 인정받았을지도 모른다. 하지만 결국은 요한 베르누이Johann Bernoulli라는 스위스 수학자가 따로 그 답을 알아내 1691년에 발표해버렸다. 요한 베르누이는 전설적인 베르누이가의 타고난 수학자·물리학자 8인방 중 한 명이다. 그 칼뱅파 가문은 당시 실질적 세력가로, 본래 벨기에 출신이었으나 가톨릭 박해를 피해 스위스로 이주했다. 가장인 니콜라우스 베르누이Nicolaus Bernoulli는 향신료 장사로 입신양명한 인물이다.

니콜라우스는 아들 요한에게 가업을 물려줄 생각이었다. 하지만 도제 교육에서 기대에 턱없이 못 미친 요한은 대신 바젤 대학에서 의학을 공부하기로 했다. 공부하는 틈틈이 그는 형 야코프Jakob Bernoulli와 함께 미적분이라는 최신 수학 도구를 연구하기 시작했다. 그들은 미적분을 다양한 문제에 적용한 선구자였다. 결국 요한은 전공을 의학에서 수학으로 바꿨고, 그리하여 일련의 추악한 형제 간 경쟁이 시작되어 수십 년간 베르누이 가문에 파문을 일으켰다.

베르누이 형제들은 경쟁심이 강해 끊임없이 다퉜고—서로 주고받은 편지에는 심한 모욕과 악담이 가득하다—누군가 수학 문제를 제기할 때면 항상 상대방을 이기지 못해 안달이었다(이처럼 문제를 제기하는 일은 당시 수학에 관심깨나 있는 사람들 사이에서 대유행이었다). 야코프는 자기가 동생 요한을 가르쳤다는 사실 때문에 그를 자신과 동급으로 받아들이기 힘들어했다. 요한은 지는 걸 몹시 싫어했다. 아들 다니엘Daniel Bernoulli에게도 질투를 느낀 나머지, 자신도 출전한 파리 대학의 수학 경시대회에서 다니엘이 우승하자 그를 집에서 내쫓기까지 했다. 심지어 파렴치한 표절도 마다하지 않았다. 한번은 다니엘의 논문을 훔쳐 이름과 날짜를 바꾼 후 자기 것이라고 주장하기도 했다.

그런 끊임없는 다툼 때문에 화목한 가정은 파탄에 이르렀겠지만, 베르누이 형제들의 수학적 창의력은 자극을 받은 듯하다. 현수선 문제를 내놓은 사람은 바로 야코프였다. 늘어져 있는 쇠사슬의 정확한 수학적 형태는 무엇인가? 약 50년 전에 갈릴레이는 그게 포물선이라는 가설을 세웠다. 하지만 1669년에 그 가설이 반증되면서 현수선 문제는 계속 논란거리로 남았다.+ 야코프의 문제 제기 후 몇 달 지나지 않아 요한 베르누이, 라이프니츠, 하위헌스는 각자 답을 내놓으며 불쌍한 훅을 발표에서 앞질렀다. 현대 미적분에서는 늘어진 쇠사슬의 최적 모양을 극소화 문제로써 알아낼 수 있다. 목표는 장력을 극소화하는 것이기 때문이

+ 갈릴레이를 변호하자면, 두 곡선은 매우 비슷하다. 실제로 현수교의 쇠사슬이나 케이블은 처음에 현수선 모양으로 늘어지지만, 추가 케이블로 보강되면 포물선 모양으로 바뀐다.

다. 반면에 가장 튼튼한 아치 모양을 구하는 것은 극대화 문제다. 여기서는 압축력이 가장 큰 모양을 찾고자 하기 때문이다.

현수선은 또 다른 유별난 특징이 있다. 버몬트 주의 은퇴한 수학 교수이자 『원과 넓이가 같은 정사각형 그리기: 미술과 건축의 기하학Squaring the Circle: Geometry in Art and Architecture』의 저자인 칼터Paul Calter에 따르면, 이것은 지수성장곡선과 지수붕괴곡선 모두에 관련되어 있다. 앞서 우리는 두 곡선이 복리 계산이나 개체군 역학에 적용되는 방식을 살펴보았다. 둘의 차이는 지수붕괴곡선 방정식의 지수에 마이너스 기호가 있다는 점뿐이다. 칼터는 두 곡선을 꼭 맞게 합치면 현수선이 나온다고 일러준다.+ 그러므로 일반적인 현수선에서 내려가는 부분은 지수붕괴곡선과 비슷하고 올라가는 부분은 지수증가곡선과 비슷하다. 바로 이 모양을 뒤집으면 안정적인 아치 모양이 나온다.

1696년 요한은 형의 현수선 문제에 응수해 유난히 까다로운 수수께끼를 냈다. 그것은 최속강하선brachistochrone 문제였다. 이 단어는 그리스어 '브라키스토스brachistos(가장 짧은)'와 '크로노스chronos(시간)'에서 유래했다. 요한은 약간 비겁하게도 문제를 이미 풀어놓았는데, 그 문제는 언뜻 생각하기엔 믿기지 않을 만큼 간단한 듯했다. 높이가 다른 두 고정점이 있다고 가정할 때, 두 점 사이에서 구르는 공이 낮은 점에 가장 빨리 도착하는 곡선 경로는 무엇인가? (순수 물리학의 전통대로 이 문제에서는 중력이 일정하고 마찰이 없다고 가정한다.)

+ 현수선의 방정식은 다음과 같다. $y = a\cosh\frac{x}{a} = \frac{a}{2}(e^{\frac{x}{a}} + e^{-\frac{x}{a}})$ (옮긴이)

여러분은 고등학교 수학 시간에 배운 지식을 떠올리며 두 점 사이의 최단 경로란 직선이라고, 따라서 직선이 가장 빠른 경로라고 말하고 싶을지도 모르겠다. 그러고 싶더라도 참아라. 우리는 지금 곡선을 다루고 있다.✛ 1638년에 갈릴레이는 그 곡선이 원호라고 이야기했다. 그 역시 틀렸다. 실제로 실험을 해보면, 두 점 사이의 경사가 급할수록 공의 속도가 더 빨리 늘어난다는 사실을 금방 깨달을 수 있다.

전문적으로 말하면 이것은 극소화 문제다. 우리는 공이 내려오는 데 걸리는 최소 시간을 알아내고자 한다. 하지만 변량이 한 가지 이상이므로 답을 구하려면 있을 수 있는 두 점 사이 경로를 모두 낱낱이 고려해야 한다. 이런 일에는 역시 미적분이 제격이다. 답은 사이클로이드다. 사이클로이드란 바퀴가 직선 위에서 구를 때 바퀴 테두리의 한 점이 그리는 곡선이다.

그 곡선을 뒤집으면—뒤집어놓은 현수선이 가장 안정적인 아치 모양이 되듯이—가장 빠른 하강 경로가 나온다. 우리는 트랙을 두 가지 만들어 답을 시험해볼 수 있다. 결과를 비교할 수 있도록 하나는 사이클로이드 모양으로, 하나는 원호 모양으로 만들어보라. 그런 다음 각 트랙에 공을 하나씩 굴려보라. 사이클로이드 위의 공이 먼저 바닥에 도착할 것이다. 이 곡선 경로의 어느 점에서부터 공을 굴리든 상관없다. 무조건 공은 정확히 같은 시간 후에 바닥에 이를 것이다.

다섯 사람이 요한의 최속강하선 문제를 정확히 풀었다. 요한 본인

✛ 직선까지 포함해서 생각해도 상관없다. (옮긴이)

과 형 야코프, 로피탈Guillaume François Antoine, Marquês de L'Hôpital, 미적분의 두 창시자 라이프니츠와 뉴턴이 그들이다. 당시 조폐국장으로 일하던 뉴턴은 고단한 일과를 마친 후 문제를 받아보았다. 보통 뉴턴은 '외국인들에게 수학 문제로 시달리기'를 싫어했다. 하지만 소문에 따르면 그는 그 문제에 유난히 흥미를 느끼고는 새벽 4시까지 안 자고 문제를 풀었다. 총 12시간이 걸린 셈이었다. 뉴턴은 답을 익명으로 영국학사원에 제출했지만, 요한은 속지 않고 이렇게 말했다. "사자는 발톱만 봐도 알 수 있는 법이다."

이 문제를 푸는 과정에서 '변분학'이 탄생했다. 요한의 제자 오일러 Leonhard Euler가 1766년에 스승의 기법을 개선한 다음 이 용어를 만들어냈다. 이것은 변수가 무수히 많은 미적분이다. 보통은 하나의 변수(x)에 대한 최적 값을 찾으려 하겠지만, 최속강하선 문제의 경우에는 최적의 답을 찾으려면 온갖 곡선을 통틀어 다뤄야 한다. 즉 무수한 곡선들 중에서 하나를 선택해야 하는 셈이다.

바르셀로나의 괴짜 건축가

바르셀로나를 방문한 관광객들은 하나같이 그곳의 독특한 건축물에 넋을 잃는다. 그중에서도 유난히 눈길을 끄는 것은 카탈루냐 지방의 위대한 건축가 가우디Antoni Gaudi y Cornet가 디자인한 건물의 수많은 현수선 모양이다. 가우디 같은 건축가는 전무후무했다. 그는 전통적 기하학 형태에 얽매이지 않고 현수선은 물론 쌍곡면과 포물면도 많이 활용했다. 그의 디자인 중에는 화려한 모자이크 타일과 기발한 장식 기법을 이용한 작품도 있는데, 구엘 공원 입구의 알록달록한 모자이크식 도마뱀 분수도 그런 예다.[+] 적어도 한 문필가는 현란한 가우디 양식을 고딕 사이키델릭아트, 괴짜 건축양식이라고 평가했다.

구리 세공업자의 아들로 태어난 가우디는 2년간의 군 복무를 마친 후 바르셀로나의 건축전문대학에 들어갔다. 아버지는 가산을 처분해 아들의 학비를 댔고, 가우디는 건축업자들 밑에서 일하며 생활비를 벌었다. 가우디는 우등생이 아니었다. 우등생이 되기엔 너무나 별났다. 한번은 공동묘지의 정문을 설계하라는 과제가 나온 적이 있었다. 가우디는 분위기를 설정하려고 기본 설계도에 장의차와 문상객까지 그려 넣었으

[+] 공원 광장의 볼거리 중 하나는 가장자리에 바다뱀 모양으로 길게 이어진 벤치다. 전설에 따르면 가우디는 발가벗은 일꾼이 점토에 앉았다 남긴 엉덩이 자국으로 벤치 표면의 독특한 굴곡을 디자인했다. 애초에 그 일꾼이 발가벗은 채로 점토에 앉은 이유는 여전히 수수께끼로 남아 있다.

나, 정작 과제로 받은 정문을 빼먹어 버렸다. 그는 낙제점을 받았다. 하지만 그 뒤에 그린 도안 두 점에서 최고점을 받았고, 결국 건축가 자격증을 따냈다. "지금 우리가 이 졸업장을 미친놈에게 주는지 천재에게 주는지 누가 알겠는가? 두고 볼 일이다." 1878년 가우디의 졸업장에 서명하던 학장 로헨트Elies Rogent가 한숨지으며 내뱉은 말이다.

심지어 오늘날에도 가우디의 작품에 모두가 찬사를 보내진 않는다. 특히 그의 초기 작품은 디자인이 엽기적일 만큼 독창적이어서 칭찬보다 조롱을 받을 때가 많다(오웰George Orwell은 스페인 내전 때 바르셀로나에 살면서 가우디 양식을 혐오했다고 한다). 하지만 극소수 몇 명은 그의 천재성을 알아보았다. 가우디는 곧 대사업가 구엘Eusebi Güell이라는 후원자를 만나 떠오르는 젊은 건축가로 명성을 쌓기 시작했다. 이 시기에 가우디는 용모도 수려했다. 금발, 파란 눈, 불그스레한 얼굴빛. 지중해 혈통으로서는 특이한 외모였다. 게다가 그는 옷도 최신 유행에 맞춰 빼입었고 수염도 정성스레 다듬었다. 요컨대 멋쟁이였던 셈이다. 하지만 만년에는 그처럼 경망스러운 짓을 그만두었다.

성격도 고약하던 가우디는 자기 일에 관해서라면 믿기지 않을 만큼 단호한 태도를 취하기도 했다. 예컨대 카사바트요Casa Batlló의 설계도에는 가구 하나하나에 이르기까지 온갖 세부 사항이 다 들어가 있었다. 그것은 실로 혁신적인 리모델링 건물로, 움직이는 듯한 발코니며 '파도 모양의 지붕' 위로 솟은 십자가며 건축가 고유의 스타일을 한껏 보여주었다. 하지만 안타깝게도 건물주 바트요Josep Batlló는 자신이 실제 거주자이니만큼 '자신'의 가구와 미적 취향도 고려해야 한다고 우겼다.

카탈루냐의 익살맞은 시인 커르네Josep Carner는 그들의 대단한 공방전에서 영감을 받아 운문을 한 편 썼다. 그 시에서 허구의 인물 '컴즈 부인'은 새로 단장한 집에 그랜드피아노를 들인다. 그런데 그 피아노는 크기도 문제지만 '품격'이 없어서 공간의 균형을 깨뜨린다. 컴즈 부인은 위대한 가우디에게 해결책을 묻는다. 그러자 가우디는 그녀에게 바이올린을 연주하라고 충고한다. 풍자이겠지만 이 과장된 이야기는 가우디의 본성을 담아낸다. 그는 자기 예술관을 다른 사람들이 받아들이길 바랄 뿐 반대로 하려고 하진 않았다.

가우디가 중력에 착안해 아치와 뼈대의 곡률 계산법을 독자적으로 개발한 것은 바로 바르셀로나 외곽의 코로니아 구엘 교회Church of Colònia Güell를 설계할 때였다. 그는 아치에 걸리는 하중을 계산하려고 '현수懸垂모형'을 고안해냈다. 그것은 기둥, 아치, 벽, 천장을 상징하는 실을 정교하게 얽어놓은 모형이었다. 그 실에다 가우디는 납 구슬이 든 작은 주머니를 매달아 건물 구성 요소들의 무게를 싣는 효과를 냈다. 아니나 다를까 최종 결과는 상당 부분이 현수선이었다. 현수선 뼈대는 오늘날에도 구조공학에서 쓰인다.

하지만 그 방법은 가우디가 사그라다 파밀리아La Sagrada Familia 본당 회중석의 복잡한 이중 곡률 천장을 설계하는 데는 그다지 도움이 되지 않았다. 미완성 걸작인 그 육중한 성당은 125년이 지난 지금도 여전히 건설 중이다(거기만 그런 건 아니다. 파리의 노트르담 대성당은 180년이 지나서야 완공되었다). 이곳은 가우디가 설계도를 완성하는 데만 10년이 걸렸다. 그는 결과가 만족스러울 때까지 도면을 고치고 또 고쳤다. 가우디의 설계도에는 첨탑이 18개 나와 있다(열두 제자, 4대 복음서 저자, 성모 마리아, 예수를 의미한다). 각 탑은 복잡한 기하학적 형상과 작은 조각 장식들이 돋보이고, 본당 내부의 부벽은 나무줄기를 쏙 빼닮았다.

가우디는 총 43년간 사그라다 파밀리아 건축에 참여했는데, 그중 12년간은 오로지 그 일에만 매달렸다. 만년에는 사실상 그 성당의 지하실에서 살았다. 딱하게도 가우디는 비참한 최후를 맞았다. 1926년 6월 7일 그는 공사 현장으로 걸어가다 전차에 치였다. 하지만 행색이 어찌나 남루했던지 아무도 그 유명한 건축가를 알아보지 못했다(몇몇 택시 기사들은 그를 부랑자로 보고 병원으로 태워주지 않으려 했다. 나중에 그들은 부상자 돕기를 거부했다는 죄목으로 시경에 벌금을 물었다). 그는 결국 빈민구호병원으로 실려갔다. 이튿날 친구들이 찾아와 그를 더 좋은 병원으로 옮겨주려 했으나, 가우디는 도움을 거절하며 이렇게 말했다. "나는 가난한 사람들과 함께 여기 있겠네." 그는 3일 후 숨을 거두었고, 파밀리아 내부에 안치되었다.

자신의 걸작이 머지않아 완성되리라는 사실을 알면 가우디는 분명히 기뻐할 것이다. 1985년부터 사그라다 파밀리아 건축을 감독해온 보네트Jordi Bonet는 2010년에 내부를 완성하고 본당에서 축하 미사를 올릴 예정이라고 말했다. 그다음에는 마지막 첨탑 하나만 지으면 된다. 167미터 높이의 예수 첨탑은 2026년에 완공할 예정이다.⁺ 완공이 지연된 이유 중 하나는 처음에 건축업자들이 일부 시공법을 알아내지 못했기 때문이다. 가우디가 도면에 설계한 기이한 구조물 가운데 일부는 실제로 어떻게 만들어야 할지 막막했다. 가우디는 현수선 모양 계산법을 독자적으로 발명했을 뿐 아니라 현대의 컴퓨터를 이용하지 않고도 그런 계산을 해냈다.

달걀 껍데기 위를 걸으며

오센도프John Ochsendorf는 케임브리지 킹스칼리지 예배당의 둥그스름한 지붕 위에 처음 서본 순간을 잊지 못한다. "땅에서 25미터 떨어져 얇은 돌 위에 서 있다고 생각해보세요. 미세한 진동도 느낄 수 있을 겁니다. '그 사람들 참 강심장이구나!' 하는 생각이 절로 들 거예요."

오센도프는 매사추세츠 공과대학의 구조공학자이자 건축역사가다. '그 사람들'은 1510년경에 예배당 지붕을 만든 영국 석공 조합원들이다. 오센도프가 그들의 공학 기술에 감탄하는 이유는 간단하다. 예배당 지붕은 가로 길이가 약 15미터인데 두께가 10센티미터에 불과하다. 가로 길이와 두께의 비율로 보자면 달걀 껍데기와 비슷하다. "그들은 건축학을 제대로 발전시켜 고도의 안정성을 확보했습니다. 우리가 아직 그 안정성을 넘어서지 못했다는 점에서 경외심이 느껴질 뿐이에요."

+ 완공은 그 지역의 지하에 고속철도 터널을 만드는 계획 때문에 불투명해지는 듯하다. 그 터널은 사그라다 파밀리아 성당뿐 아니라 가우디의 다른 두 대표작 카사바트요와 카사밀라의 구조에도 해를 입힐 수 있다. 이런 걱정은 기우가 아니다. 2005년에는 지하철 터널이 무너지는 바람에 바르셀로나의 한 구역 전체가 내려앉기도 했다.

현대 건축가들은 자기만의 비결을 고안해냈다. 바로 앞의 가우디처럼 동시대의 스위스 건축가 이슬러Heinz Isler는 뒤집은 '현수막' 모델을 이용해 두께가 얇은 정교한 돔 구조물을 설계했다. 그는 모서리를 고정한 천을 판자 위에 펴놓고, 그 위에 액체 플라스틱을 부은 후 판자를 아래로 치워, 천을 장력만 받는 상태로 늘어뜨렸다. 플라스틱은 굳으면서 모양을 그대로 유지했다. 플라스틱이 완전히 굳으면 이슬러는 그 껍데기 모양을 뒤집어 디자인의 기초로 삼았다. 일종의 미적분 실험인 셈이었다.

오셴도프의 연구 목표는 일반적인 컴퓨터그래픽스 기술을 활용해 고딕 대성당의 돔과 아치에 숨어 있는 비밀을 밝히는 것이다. 당시 대학원생이던 킬리언Axel Kilian과 함께 오셴도프는 입자·스프링 모델링 기술을 응용했다. 그 모델에서는 여러 '매듭'에 달린 가상의 '질량'이 가상의 '스프링'으로 연결되어 있다. 이것은 이리저리 흔들리다 결국 평형 상태에 이르러 필수 하중을 지탱해낸다. 가우디의 현수선 모형과 같은 이치다. CGI 애니메이션에서는 이미 입자·스프링 모델로 머리털이나 천의 움직임을 재현하고 있다. 애니메이터들은 실시간 3차원에서 여러 힘이 상호 작용하며 온갖 방향으로 흐르는 방식을 계획해야 하기 때문이다. 〈스타워즈 에피소드 3—시스의 복수Star Wars: Episode III-Revenge of the Sith〉에서 망토를 입은 요다가 적과 싸우는 장면을 기억하는가? 그 망토의 움직임도 입자·스프링 모델로 디자인한 것이다.

오셴도프와 킬리언은 CGI 애니메이션의 천과 이슬러의 현수막 사이에 유사점이 있음을 알아차렸다. 천은 장력에는 강하지만 압력에는 쉽게 허물어진다. 오셴도프는 정반대 특징을 갖춘 뭔가가 필요했기에,

천 모델을 180도 전환하는 방법을 고안했다. 이 방법 덕분에 그는 고딕 대성당 같은 건축 구조물의 모델을 만들 수 있게 되었다.

그는 이미 기본 프로그램으로 어느 정도 성과를 거두었다. 오센도프는 그 프로그램을 이용해, 파인스캘릭스 회의장(영국 도버 근처)의 돔이 엄격한 안전 규정을 충족할 만큼 튼튼함을 증명했다. 2008년에 개장한 그 회의장에는 진흙 타일을 이어 붙여 만든 돔이 올라가 있다. 돔은 지름이 15미터인 데 반해 타일 두께가 15센티미터에 불과함에도 건설 과정에서 보조 골조가 필요치 않았다. "오센도프의 프로그램이 없었더라면 이렇게 훌륭한 얇은 돔은 건축 허가도 받지 못했을 겁니다." 굴드가 내게 한 말이다. 굴드는 이 건물을 지은 헬리오닉스디자인스사의 직원이다.

언젠가 오센도프는 혁신적 건축 디자인과 환경친화적 건축물로 이어질 기술을 설계자들에게 제공하고자 한다. 현대 건축물은 대부분 환경에 심각한 악영향을 끼친다. 강철은 시간이 지날수록 녹슬고, 콘크리트 제조 과정은 다량의 온실가스를 내놓는다. 이미 오센도프의 프로그램은 어떤 건물을 더 적은 자재로도 지을 수 있었음을 보여주었다. 요컨대 그것은 자재 최적화 문제의 해답을 찾는 프로그램인 셈이다.

1955년에 사리넨이 설계한 MIT 크레스지 강당을 예로 들어보자. 그 건물에는 15센티미터 두께의 콘크리트 돔 지붕이 올라가 있다. 오센도프가 돔의 기하 구조를 분석하고 치수를 현수 쇠사슬 모델에 넣어본 바, 그 돔은 절반 두께의 콘크리트로도 지을 수 있었다. 그렇게 했더라면 (예술성을 희생하지 않고도) 건축비를 크게 절감하는 한편 환경에 미치는 악영향 또한 줄일 수 있었을 것이다. 오센도프는 게리Frank Gehry가 최근에 설계한 MIT 컴퓨터공학과 건물에서도 비슷한 연구 결과를 얻었다. 벽이 갖가지 방향으로 기울어 있는 그 건물은 오센도프의 프로그램으로 자연스러운 하중 작용점을 알아냈더라면 자재를 약 30퍼센트 덜 쓰고도 지을 수 있었다.

여왕의 지혜

베르길리우스Vergilius의 『아이네이스Aeneis』에는 유명한 최적화 문제가 하나 나온다. 페니키아의 공주 디도는 마지못해 고국을 떠났다. 포악한 오라비가 부자 남편을 죽인 후, 그녀의 재산을 차지하려고 했기 때문이다. 디도는 결코 가볍게 여행하지 않았다. 재산(사별한 남편이 숨겨둔 금 등)과 하인으로 가득한 보트 몇 척을 거느리고 '도망'쳤다. 결국 아프리카 해안에 닿은 디도는 거기서 새로운 삶을 시작하길 바랐다. 처음에 그녀를 맞는 원주민들의 태도는 냉담했다(식민지를 개척하려는 사람들을 만난 적이 있었을까). 하지만 디도는 약삭빠르게 그들의 왕과 협상을 벌였다. 상당한 액수를 제시하며, 자기가 소가죽으로 경계를 표시하는 만큼의 땅을 대가로 달라고 했다. 거기다 도시국가를 세울 요량이었다.

여자들이란 원래 수학을 못한다는 고정관념 때문이었을까? 자기가 더 득을 보리라 확신한 왕은 그 제안을 받아들였다. 디도는 즉시 소가죽을 가늘게 자르고 이어 긴 끈으로 만들었다. 그러고는 해안선을 한 경계로 삼고 가죽끈을 반원 모양으로 둘러 왕의 예상보다 훨씬 넓은 땅을 확보했다. 바로 그곳에 디도는 카르타고(지금의 튀니지 근처)라는 대도시를 세우고 여왕으로 군림했다. 수학에서는 '일정한 길이의 경계선으로 최대한 넓은 영역을 둘러싸려면 어떻게 해야 하는가?'를 등주문제라고 부른다.

아, 하지만 디도의 반원이 정말 최대한 넓은 영역을 둘러싸는지 확인하려면 어떻게 해야 할까? 이 역시 미적분을 이용하면 된다. 구체적으로 말하면, 변분법으로 극대화 문제를 풀어야 한다. 더 단순하게 이상화한 문제부터 살펴보며 기본 방법을 알아보자. 가령 디도의 가죽끈 길이가 600미터이고 그녀가 그걸로 가장 넓은 '직사각형' 영역을 둘러싸려 한다고 치자(해안선은 직사각형의 한 변에 해당하는 경계선이 된다). 이처럼 단순화한 문제에서도 그녀가 600미터 가죽끈으로 만들 수 있는 모양은 매우 다양하다. 극단적으로 넓적한 모양에서 극단적으로 길쭉한 모양에 이르기까지 무한하다. 그중 어떤 모양에서 최적의 넓이가 나올까?

어쨌든 시작을 해야 하니, 일단 정사각형을 판단 기준으로 삼아보자. 이 경우 디도는 세 변을 만드는 데 가죽끈이 200미터씩 필요하다. 나머지 한 변은 지중해 해안선의 몫이다. 그 결과 디도는 4만 제곱미터라는 넓이를 얻는다(넓이는 가로 곱하기 세로이므로). 하지만 과연 이것이 최적의 모양인지 알 도리가 (아직은) 없다. 그 모양을 아주 조금 다른 방향으로 바꿔보면 어떨까? 예를 들어 마주 보는 두 변이 201미터, 해안선 맞은편 변이 198미터가 되도록 가죽끈을 조정하면 디도는 3만 9798제곱미터를 확보할 것이다. 이것은 정사각형의 넓이보다 조금 좁다. 그녀는 이를 좀더 시험해보기로 마음먹고 치수를 다른 식으로 바꾼다. 이번에는 마주 보는 두 변이 199미터, 해안선 맞은편 변이 202미터다. 이 넓이는 4만 198제곱미터다. 분명히 정사각형으로는 가장 넓은 영역을 얻을 수 없다.

핵심을 말하자면, 이 문제는 넓이의 고정 값이 아니라 넓이의 '변화'와 관련되어 있다. 바로 이 점이 골칫거리다. 우리는 여러 형태의 넓이를 무작위로 계산하며 우연히 정답을 찾길 바라야 하기 때문이다. 있을 수 있는 모든—즉 무수히 많은—형태의 넓이를 '전부' 고려하는 편이 훨씬 유익할 것이다. 앞서 여러 차례 확인했듯, 미분은 한 수량의 변화가 다른 수량의 변화를 낳는 경우라면 어디든 적용할 수 있다. 미분은 바로 그런 변화율을 측정하는 수단이다.

디도는 그 문제를 단순한 함수로 변형할 수 있다. 가죽끈 길이가 600미터인 상황에서 그녀가 울타리의 가로 길이(w)를 선택하면, 세로 길이는 자동으로 $600-2w$가 될 것이다. 이것을 방정식으로 바꾸려면 어떻게 해야 할까? 다들 알다시피 넓이는 가로 곱하기 세로다. 따라서 디도는 $600w-2w^2$라는 함수를 얻는다. 이것은 그녀가 어떤 모양을 선택하건 간에 넓이를 구하는 데 쓸 수 있는 함수다. 0과 300 사이의 여러 값을 w에 대입해 이 함수의 그래프를 그리면, 우리는 예쁜 곡선(디도 함수의 '얼굴')을 얻게 된다. 이로써 가능성 있는 답의 범위는 매우 좁아진다.

이제 우리는 그래프의 변화율이 0인 점을 찾기만 하면 된다. 앞서 이야기했듯이 곡선에서 접선의 기울기는 미분계수와 일치한다. 그러므로 미분계수가 0인 곳은 바로 곡선의 꼭대기가 될 것이다(거기서 접선은 수평을 이루므로 기울기가 0이다). 실제로 계산해보면 그 점의 w 값은 150이다. 따라서 디도는 가로 길이를 150미터로 정해야, 카르타고를 세울 직사각형 영토를 최대한(4만 5000제곱미터) 확보할 수 있다.

이것 덕분에 디도는 온갖 직사각형 모양의 넓이를 일일이 계산할 필요가 없게 되었다. 그녀는 함수의 그래프를 그린 다음, 어느 값에서 기울기(미분계수)가 0이 되는지만 알아보면 된다. 설령 그런 점이 이번처럼 하나가 아니라 4개이더라도, 가능성의 폭은 현저히 좁아진다. 분명히 그녀는 네 가지 모양의 넓이를 계산해보고, 자기가 계획하는 도시의 최적 너비를 구할 수 있을 것이다.

하지만 최적의 모양은 직사각형이 아니라 반원이라는 사실을 잊지 말자. 진정한 최적 모양을 찾으려면 디도는 변분법을 이용해야 한다. 최속강하선 문제에서도 그랬듯, 직사각형뿐 아니라 온갖 곡선을 통틀어 다루며 무수한 무리들 가운데서 정답을 뽑아내야 한다. 호 길이가 600미터인 반원의 반지름은 약 191미터다. 다들 알다시피 반지름이 r인 온전한 원의 넓이는 πr^2이므로, 반원의 넓이는 곧 $\dfrac{\pi r^2}{2}$이다. 그러므로 여기서 반원의 넓이는 약 5만 7296제곱미터이다.

베르길리우스를 좋아하는 사람이라면 이야기가 카르타고 여왕 디도에게 좋게 끝나지 않는다는 점을 알고 있을 것이다. 그녀는 아프리카 왕의 청혼을 거절하고, 어리석게도 교활한 아이네아스와 사랑에 빠지고 만다. 아이네아스는 트로이 패망 후 살아남은 트로이인들과 함께 떠돌다 우연히 카르타고에 오게 된 인물이었다. 하지만 그는 로마 제국을 세우라는 천명을 따르려고 그녀를 버린다. 슬픔에 잠긴 디도는 장작을 쌓고, 변덕쟁이 연인에게 받은 칼로 자신을 찌른 후 불 속으로 뛰어든다. 떠나는 배 위에서 아이네아스와 부하들은 그 불빛을 보지만 디도가 자살한 줄 알지 못한다.

뒤에 나오는 이야기에서 아이네아스는 저승을 여행하다 디도의 망령과 마주친다. 하지만 그녀는 알은척도 하지 않는다. 버림받았다는 데 여전히 원한을 품고 있다. 시인 엘리엇T.S.Eliot은 이를 서양 문학에서 '가장 강력한 멸시'라고 불렀다. 내가 보기에 그건 모욕당한 여자보다 더 매서운 사람은 말 그대로 지옥에도 없다는 걸 더없이 똑똑히 보여주는 듯하다. 디도처럼 무시무시한 여자가 또 있을까. 그녀는 뉴턴과 라이프니츠가 미적분을 발명하기 수백 년 전에, 미적분 냄새가 풍기는 개념으로 아프리카 왕의 허를 찔렀다.

파도타기 여행

언젠가 파도욕surf-bathing을 해보았으나 뜻대로 되지 않았다. 보드를 제때 제대로 띄웠지만 몸을 가누지 못했다. 보드는 순식간에 물가에 크게 부딪혔고 나는 거의 동시에 바닥으로 처박히며 물을 잔뜩 들이마셨다. 원주민이 아니고서는 파도욕 기술을 완전히 익히지 못할 것이다.

— 마크 트웨인 Mark Twain

『유랑 *Roughing It*』

소설가 클레멘스Samuel Clemens(마크 트웨인의 본명)가 파도타기—여행기 『유랑』에 나온 대로라면 파도욕—의 열렬한 예찬자였다는 사실을 아는 사람은 별로 없다. 심지어 그는 파도타기를 몸소 해보기도 했다. 물론 결과는 비참했다. 노력한 보람도 없이 자빠져 소금물만 잔뜩 들이켰다. 나는 그 심정을 이해한다. 하와이 섬의 코나에서 처음 파도타기를 시도했을 때 나 역시 몇 번이고 물에 빠져 허우적거렸다. 내가 허겁지겁 초보용 롱보드에 기어오르자, 자칭 '서핑 코치'라는 가시스Milton Garces는 태평스레 파도를 타며 충고를 한마디 던졌다. "보드에서 조금 더 뒤로 물러나는 편이 나을 겁니다. 방금은 너무 앞에 있어서 파도를 이겨내지 못한 거예요!"

그가 이를 아는 것은 당연하다. 온갖 파동, 특히 소리와 물의 파동을 다루는 것이 바로 그의 일이다. 가시스는 하와이 대학 마노아 캠퍼스의 음향해양학자로, 초저주파, 즉 주파수가 인간의 가청 범위 (20Hz~22kHz)보다 낮은 음파를 전공한다. 자연에는 우리 지각 너머에서 끊임없이 울리는 갖가지 소리가 있다. 인간의 청력은 감지 범위가 매우 한정되어 있지만, 음파는 그 범위를 훨씬 넘어 존재한다. 우리는 박쥐의 초음파도, 코끼리나 사자의 초저주파도 듣지 못한다. 바람, 물, 지진, 눈사태, 회오리바람, 태풍 모두 가청음은 물론 초저주파도 낸다. 음향학자에게 완벽한 정적이란 없다.

음향학자들은 대부분 대담무쌍한 기질이 있다. 이것은 거의 필연적이다. 음파의 전파를 연구하려면, 그런 파동이 발생하는 곳에 직접 가야 한다. 그곳이 마야 유적지건 활화산의 기슭이건 상관없다. 가시스도 예외가 아니다. 폭발에 따르는 초저주파를 연구하려고 뉴멕시코 주의 화이트샌드 미사일 시험발사장에서 미사일을 터뜨리지 않을 때면, 그는 에콰도르나 일본 규슈 섬의 화산 주위에 초저주파 감지기를 설치한다. 한번은 화산 분출구 근처에 세워놓은 도요타 코롤라에서 낮잠을 자던 중 화산재에 질식할 뻔했는데 간신히 안전지대로 차를 몰고 나온 적도 있었다.

그러므로 가시스가 열성적인 서퍼인 것은 놀랄 일이 아니다. 하와이 섬 초저주파 연구소ISLA의 나머지 사람들도 대부분 마찬가지다. 나는 그 연구소에 대해 좀 더 알아보려고 코나에 왔다. 연구소는 파도 자료를 수집하기 용이한 해안에 자리 잡고 있다. 마우이 섬은 기다란 백사장으로 유명한 반면, 코나 지역의 해안은 검은 화산암으로 뒤덮여 있다. 하와이 섬은 전부 수천 년에 걸친 화산 폭발의 잔존물이며 여전히 화산 지역이다. 현지인들은 흰 조개껍데기를 검은 바위 위에 그림이나 글자 모양으로 올려놓길 좋아한다. 코나식 그래피티랄까?

연구소는 파도타기 명소 중 한 곳과도 가깝다. 여기서는 점심시간에 파도타기 하는 것도 흔한 일이다. 그러다 보니 가시스의 주장은 지극히 자연스럽게 들렸다. 그는 파형과 파동역학을 정말 이해하고 싶으면 서프보드를 타고 따뜻한 하와이 바닷물과 부딪히며 파동 현상을 직접 경험해보라고 했다. 나는 수영이라면 자신 있었고, 또 파도타기를 늘 한번 해보고 싶었기에, 제안을 흔쾌히 받아들였다. 나와 연구소 사람들은 가지각색의 사륜구동 차량을 타고 비포장 돌길을 달려 파도타기 천국으로 향했다.

그리하여 창백한 도시인인 나는 땡볕에서 서프보드에 엎드려 열심히 물을 저으며 파도를 만나러 가게 되었다. 내 주위에는 가시스의 연구소 동료들은 물론, 그의 아내(어엿한 과학자다)와 어린 딸도 있었다. 안타깝게도 나는 더 이상 창백하지 않았다. 날이 저물 무렵 내 몸의 뒷부분은 발바닥이고 뭐고 할 것 없이 온통 새빨개졌다. 나는 한쪽만 구운 대구처럼 보였다.

햇볕에 탄 건 그렇다 치고, 파도타기는 수많은 기본 물리 개념과 관련되어 있다. 위치에너지, 운동에너지, 표면장력, 마찰력, 부력, 유체역학 등등. 파동 자체의 연구도 마찬가지다. 파동은 물, 소리, 빛에서부터 소립자의 파동성, 시공간의 중력파에 이르기까지 물리학의 거의 모든 분야에서 핵심을 이룬다. 분위기를 잡치려는 건 아니지만, 여기서도 마찬가지다. 물리학이 있는 곳이라면 미적분도 있게 마련이다.

균형 잡기

1778년 쿡James Cook 선장은 타히티 섬에서 북아메리카의 북서 해안으로 가던 도중에 카우아이 섬의 와이메아 항구에 들렀다. 북아메리카 대륙을 관통해 태평양과 대서양을 잇는다는 전설의 뱃길을 찾으러 가던 길이었다. 그들은 기록상 폴리네시아 군도를 방문한 첫 유럽인으로, 원주민들에게 따뜻한 환대를 받았다. 그들이 도착했을 때가 마침 평화의 신 로노를 숭배하는 기간이었기 때문이다. 섬사람들은 노를 저어 영국 군함 디스커버리호와 레졸루션호의 정박지로 다가갔고, 영국인들은 그들에게 물건을 팔아 식량을 보충했다. 1년 후 쿡 선장은 북서 항로 탐사에서 아무 성과도 거두지 못한 채 식량을 보충하고 배를 수리하려고 섬으로 돌아왔다. 하지만 하와이 섬에 다시 들렀을 때는 원주민들과 충돌했다. 아마도 두 번째 상륙 시기가 폴리네시아의 전쟁 신 쿠를 숭배하는 기간과 겹쳤기 때문인 듯하다.

기록에 따라 세부 내용이 다르긴 하지만, 충돌이 발생한 것은 몇몇 원주민들이 배에서 물건을 훔치기 시작했을 때인 듯싶다. 처음에는 도둑맞은 집게 때문에, 그다음에는 도둑맞은 보트 때문에 다툼이 일어났다. 쿡의 부하들은 보트를 돌려받으려고 추장을 인질로 잡아두려 했지만(영국 선원들이 흔히 쓰던 협상 방식이었다), 계획은 실패로 돌아갔다. 긴장이 고조되다 결국 영국군이 공격을 시작했고 칼리무 추장이 죽었다. 곧이어 성난 원주민들이 들고일어나 반격을 개시했다. 영국군이 머스킷 총을 장전하려고 사격을 멈춘 때를 틈타 원주민들은 케알라케쿠아 만의 해안으로 몰려나왔다. 그들은 선원들에게 산 단검으로 쿡 선장을 난자하고 시체를 끌고 가 내장을 꺼내고 뼈를 발라냈다. 잔인하게 들리지만, 그건 각별한 존경의 표현이었다. 그곳에는 최고 제사장의 시신을 그렇게 처리하는 장례 풍습이 있었다.

그런 난리에도 불구하고 부관 킹James King은 나중에 그 불운한 항해의 이모저모를 쿡 선장의 일지에 기록할 때, 전투뿐 아니라 하와이 문화의 유쾌한 측면도 언급했다. 그중 하나가 바로 파도타기다. "물 위에서 흔히들 즐기는 유희 활동. 그곳에는 파도가 해안으로 밀려와 부서지는 굉장한 바다가 있다. (……) 그들은 그런 활동을 하며 엄청난 즐거움을 느끼는 듯하다."

파도타기가 하와이 제도에 정착한 사연의 기록은 거의 없지만, 쿡 선장이 방문한 무렵에 파도타기는 이미 그곳 문화에 깊숙이 스며들어 있었다. 파도타기 영웅에 대한 신화와 전설도 있었고, '마카히키'라는 연례 축제도 있었다. 그 축제에서는 로노 신을 받드는 데 파도타기가 중요한 역할을 했다. 심지어 왕족과 평민이 쓰는 암초와 해변도 따로 있었다. 그런 계층화는 지금도 어떤 형태로 남아 있다. 예컨대 관광객들 취향에 맞는 파도타기 장소가 있는가 하면, 현지인들이 선호하는 비밀스러운 장소도 있다.

킹은 18세기 하와이 사람들의 파도타기 기술에 감탄을 금치 못했는데, 그럴 만도 했다. 가시스 가족들이야 그걸 쉽게 하는 것처럼 보이지만, 마크 트웨인이 100여 년 전에 깨달았듯이 파도타기란 생각하기엔 간단해도 몸에 익히기엔 어려운 운동이다. 가시스가 가르쳐준 방법은 이러하다. 우선 바닷가에서 적당히 먼 곳으로 물을 저어 나가서 보드 방향을 돌리고 적절한 파도를 기다린다. 이때 작용하는 주요 물리적 메커니즘은 중력과 부력이다(아르키메데스의 유레카 모멘트를 떠올려보라). 이 상태에서는 가속도가 없으므로 합력이 0이다. 나는 그저 서프보드 위에서 물결을 따라 부드럽게 위아래로 흔들리며 안성맞춤의 파도를 기다리고 있을 뿐이다.

일단 최적의 파도를 발견하면 가시스는 나에게 물가 쪽으로 세차게 저어 가라고 재촉한다. 여기서 요령은 다가오는 파도의 속도와 엇비슷해지도록 내 속도를 높이는 것이다. 그래야 파도가 내 위치에 왔을 때 그걸 '잡아탈' 수 있다. 그러지 않으면 파도는 그냥 지나가 버리고 나만 서프보드 위에 덩그러니 남아 남들이 즐거워하는 모습을 지켜보게 될 것이다. 실제로 이런 일은 내가 인정하기 싫을 만큼 자주 일어났다. 그건 내 상체 힘이 부족한 탓이기도 했다. 하지만 때로는 나도 성공해서, 파도가 나를 끌어당기는 힘을 분명히 느꼈다. 적어도 '느낌'은 그랬다. 물리학적 관점에서 보자면, 움직이는 파도가 서프보드를 앞으로 밀어내 속도를 파도 속도와 일치하도록 높인 셈이다. 바로 그 시점에서 나는 파도에 '올라탈' 수 있도록 미친 듯이 물을 저어야 했다.

이걸 처음 경험했을 때 어찌나 신이 나던지 곧바로 균형을 잃고 짤막한 파도 속에 곤두박질치고 말았다(처음 파도를 타는 사람들이 으레 겪는 일이다). 움직이는 파도는 말 그대로 미끄러운 경사면으로, 서프보드에 가하는 힘이 끊임없이 변한다. 이때는 중력과 부력뿐 아니라, 보드를 앞으로 미는 동유체력(움직이는 유동체의 힘)도 있고, 보드 바닥에 작용하는 마찰력과 항력도 있다. 우리는 계속 자기 몸무게를 앞뒤로 움직여 보드의 질량중심 근처에 머물러야만 힘―중력의 하향력과 부력의 상향력―의 균형을 유지할 수 있다. 이 균형이 깨지면 보드는 회전하며 뒤집힌다. 보드 앞부분이 너무 낮으면 우리는 앞으로 넘어질 것이다. 반면에 너무 뒤로 움직여 보드 앞부분을 너무 높이면 우리는 추진력을 잃고 멈추며 물에 빠질 것이다. 내 경우에는 보드 앞부분이 너무 많이 물에 잠겼다. 아주 잠깐이었지만 그거면 충분했다. 나는 앞으로 고꾸라지며 바닷속으로 처박혔다.

짧은 보드에서는 그렇게 아슬아슬한 균형을 잡기가 한결 수월하다. 대신 처음에 파도를 잡아타기는 더 힘들다. 그러므로 나 같은 초보자에겐 길쭉한 롱보드가 제격이다. 그게 바로 내가 쓰는 보드다. 가시스는 그 보드를 쓰면 '어떤 파도도 잡아탈' 수 있을 것이라고 장담한다(실력 좋은 서퍼가 쓴다면야 그렇겠지). 하지만 이 말은 곧 일단 파도를 잡아탄 후 일어서기가 더 까다로워진다는 뜻이다. 100년 전 트웨인처럼 나는 매번 넘어지기만 할 뿐 결코 완전히 일어서지 못했다. 기껏해야 간신히 엉거주춤 설 수 있을 뿐이었다.

하와이 전설에 따르면, 오아후 섬의 여자 추장 마말라Mamala는 먼바다에서 엄청나게 크고 거친 파도도 능숙하게 탔다고 한다. 나는 마말라가 아니다. 하지만 나는 작은 파도를 타고 균형을 유지하며 바닷가까지 오는 데 두 번 성공했다. 화려한 기술을 쓰진 않았지만 물에 빠지지도 않았다. 나는 동유체력에 의존했다. 그 힘의 마법에 걸린 물은 파도 앞으로 밀려와 내 서프보드에 부딪치고는 방향을 바꿔 보드를 비껴갔다. 만약 내가 더 빨리 나아갔더라면, 내가 지나간 자리에는 시원하게 물보라가 일었을 것이다. 훌륭한 서퍼—나 말고—는 그 분기점보다 조금 앞선 위치에서 파도의 표면을 오르내리며 해안까지 갈 수 있다.

사실상 서퍼들은 파도와 춤추는 동안 롤러코스터의 기본 원리를 그대로 활용한다. 그들은 파도 표면에서 중력을 이용해 내려오며 운동에너지를 얻는 대신 위치에너지를 잃는다. 하지만 그렇게 축적한 운동에너지로 파도의 물마루까지 되올라가면, 전체 과정을 처음부터 다시 시작하게 된다. 이상적으로 말하자면, 훌륭한 서퍼는 마지막에 체중을 보드 뒤에 실으며 앞부분을 들어 '브레이크'를 걸 것이다. 파도가 지나가고 나면 그 서퍼는 다시 보드 위에 누워 또 다른 파도를 잡아타러 나갈 수 있다. 아니면 여러분은 나처럼 바닷가에 닿기 전에 넘어지는 교활한 술수를 써보는 것도 괜찮다.

이게 바로 파도타기의 기본 물리학이다. 미적분은 어디에 있느냐고? 간단한 일례로 처음에 파도를 잡아타는 난문제를 살펴보자. 개념상으론 매우 간단하지만 실행하기엔 매우 까다로운 문제다. 앞서 말했다시피 나는 특정 시간·장소(파도가 내게 도달하는 시간·장소)에서 특정 속도(파도와 같은 속도)에 이르러야 한다. 야구에서 외야수는 알맞은 시간에 알맞은 장소에 있기만 하면 되지만, 서퍼는 속도도 맞춰야 한다. 미적분의 관점에서 보자면, 이것은 파도를 만나는 순간에 적정 속도에 이를 수 있도록 시간에 대해 가속도를 적분하는 문제다. 엄밀히 말하면, 다가오는 파도를 잡아타기 위해서는 두 가지 적분을 구해야 한다. 한편으론 가속도를 적분해 속도를 구해야 하고, 다른 한편으론 속도를 적분해 위치를 구해야 한다.

손은 파도타기의 수학적 현실을 곰곰이 생각해보더니 이렇게 말한다. "이야, 파도타기를 할 줄 아는 사람이 있다는 것부터가 놀라운데!" 그럼에도 세상엔 훌륭한 서퍼가 널리고 널렸다. 그들은 누구 할 것 없이 그 복잡한 계산을 순식간에 뚝딱 해내는데, 대부분 자기가 그러는지 의식하지도 못한다. 인간의 뇌는 놀라운 계산 기능을 수행해낸다. 하지만 이건 타고난 능력인 동시에 학습한 능력이다. 스포츠·운동 기능에서는 연습이 곧 완벽에 이르는 길이다(이런 점은 미적분에서도 마찬가지다).

파도의 사인은?

파도타기가 세계에 널리 알려진 것은 1959년 〈기젯Gidget〉이 영화계를 강타하며, 최고의 서퍼를 가리키는 '빅 카후나the Big Kahuna'라는 말을 만들어냈을 때였다. 본래 '카후나'는 지역의 제사장이나 주술사로, 특별한 주문을 외며 새 서프보드에 이름을 붙이고 파도타기에 좋은 날씨를 기원했다. 하지만 실제로 파도의 크기와 모양은 신비로운 주문이 아니라 세 변수에 좌우된다. 풍속, 대안거리(바람이 불어 파도를 일으킨 수면의 거리), 바람이 지속된 시간. 노련한 서퍼들에 따르면, 최고의 파도는 먼 곳의 격렬한 폭풍 때문에 생긴 파도다. 그런 바람이 며칠간 계속 불면 물결이 수없이 일어 서로 부딪치는 가운데 자잘한 '삼각파'가 생긴다. 그런 잔파도들은 모이고 모이면서 점점 커지다 하와이 해변에 이를 때쯤이면 일련의 강력하고 거대한 파도가 된다.

내가 바다에 나간 날은 큰 파도가 없었다. 나에겐 좋은 날씨였다. 파도가 작으면 바다에 극성 서퍼들이 덜 몰려들기 때문이다. 파도타기에서 성공의 관건 중 하나는 적절한 파도의 선택이다. 이건 쉬운 일이 아니다. 파랑 역학은 상당히 복잡하다. 그래서 기상예보관들은 인공위성에서 받은 실시간 기상정보에 의존해 큰 파도의 위치를 파악한다. 열성파 서퍼들은 크기와 지속성 등이 가장 적절한 파도를 눈대중으로 찾아내고 그게 자기 위치에 왔을 때 얼마나 빠를지 판단하는 데 매우 능숙하다. 하지만 나 같은 풋내기는 그 파도들이 모두 똑같아 보인다. 그것들이 언제 최고조에 이르고 언제 사그라질지 예측하기 힘들다.

미적분은 파동 자체를 분석할 때 유용하다. 파동은 어떤 종류든 세 가지 기본 특성이 있다. 파장, 진동수, 진폭이 그것이다. 음파의 경우, 밀한 부분(혹은 소한 부분) 사이의 거리가 곧 파장에 해당한다. 물체가 빨리 진동하면, 밀한 부분의 간격이 좁은 단파장이 생기며 높은 소리가 난다. 반면에 물체가 천천히 진동하면, 밀한 부분의 간격이 넓은 장파장이 생긴다. 진동수는 1초에 마루(밀한 부분)가 몇 번 생기는가를 나타낸다. 이 진동 속도의 측정 단위를 헤르츠(Hz)라고 부르는데, 1Hz란 곧 1초에 한 번 진동한다는 뜻이다. 음파의 진폭은 진동의 범위를 의미하며, 소리의 크기(세기)를 결정한다.

바다의 파도 역시 이런 특성이 있다. 일반적으로 파도는 파고(골에

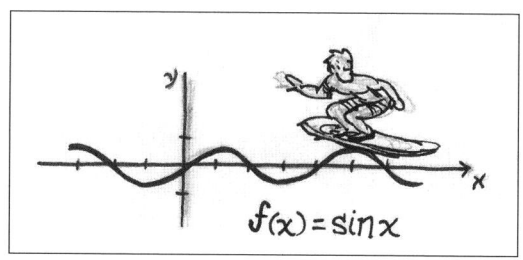

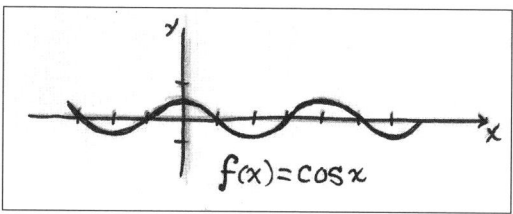

서 마루까지의 높이), 파장(마루와 마루 사이의 거리), 주기(일정 위치에 마루가 도달하는 시간 간격)로 평가한다. 이 셋은 각각 진폭, 파장, 진동수와 비슷한 개념이다. 수학적으로 파장은 주기함수로 표현된다. 파장은 일정 시간 간격을 두고 일련의 마루와 골을 반복적으로 형성하기 때문이다. 실제로 데카르트 좌표계에 이런 주기함수 그래프를 그려보면, 전형적인 사인파 모양(그 주기함수의 '얼굴')이 나온다.

위 사인파는 어떤 파동을 수학적으로 이상화한 함수 $\sin x$를 나타낸다. 코사인($\cos x$)은 사인과 한 쌍을 이루는 여함수다. 사인과 비슷해 보이지만, 전체가 축을 따라 왼쪽으로 약간 이동해 있다. 그래서 코사인파는 최댓값에서 시작하는 반면 사인파는 0에서 시작한다.

어떤 파동이든 사인이나 코사인으로 간주할 수 있다. 경우에 따라 모양만 다소 바뀔 뿐이다. 수학자들은 그런 곡선을 그냥 '사인 곡선'이

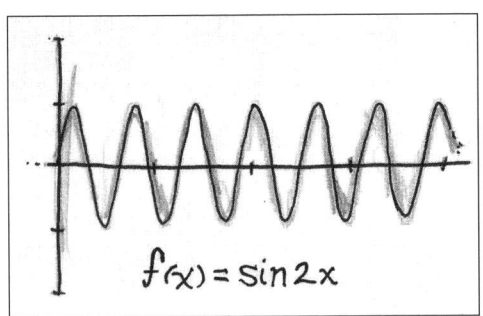

라 부르기도 한다. 우리는 그 곡선의 '얼굴'에서 파형에 관한 정보를 얻을 수 있다. 1초 동안의 마루와 골 수를 세면 사인 곡선의 진동수를 알아낼 수 있다. 마루와 골이 많으면 고주파라는 뜻이고, 마루와 골이 적으면 저주파라는 뜻이다. 사인 함수에서 x에 어떤 수(2)를 곱하면($\sin 2x$), 우리는 마루와 골의 간격을 좁히며 파동의 진동수를 높일 수 있다.(위 그림)

우리는 진폭(파동의 강도)도 조정할 수 있다. 그러려면 함수 전체에 어떤 수(2)를 곱하면 된다($2\sin 2x$). 다음 그림에서 보듯이, 그래프는 마루

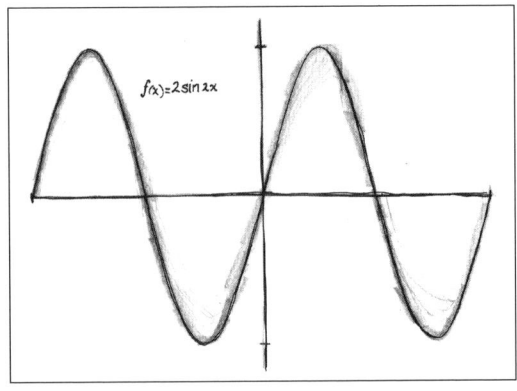

가 더 높아진 사인파다.

사인과 코사인은 가장 단순한 파형으로, 순음이나 단색광의 파형과 동일하다. 여러 가지 파동들은 서로 간섭하며 한데 어울려 더 복잡한 파형을 만들어내기도 한다. 사인과 코사인은 미적분 과정에서 여느 함수들처럼 다룰 수 있다. 표기법만 다를 뿐이다. 여전히 우리는 미분계수와 적분을 구할 수 있고, 그 값은 각각 접선 기울기와 곡선 아래 넓이에 해당한다. 사인과 코사인 사이에는 미적분 계산의 지름길이 되는 흥미로운 관계가 있다. 예컨대 사인파 그래프는 0에서 시작해 올라가다 꼭대기에서 평평해진다. 반면에 사인파의 접선 기울기는 1에서 시작해 0으로 간다. 그런데 이것은 코사인파의 변화 방식과 정확히 일치한다. 여기서 우리는 사인의 도함수가 코사인이라는 결론을 이끌어낼 수 있다.†

역으로 코사인파는 1에서 시작해 0으로 가는 반면, 접선 기울기는 0에서 시작해 -1로 간다. 그래서 코사인의 도함수는 마이너스 사인이다. 한 바퀴를 마저 다 돌자면, 마이너스 사인과 마이너스 코사인의 도함수를 구할 때도 마찬가지다. 마이너스 사인의 도함수는 마이너스 코사인이고, 마이너스 코사인의 도함수는 우리의 출발점 사인이다.

적분은 미분의 결과를 원상태로 되돌리므로, 위 순환 패턴을 역방향으로 따른다. 사인의 적분은 마이너스 코사인이고, 마이너스 코사인의 적분은 마이너스 사인이고, 마이너스 사인의 적분은 코사인이며, 코

---

† 엄밀히 말하면, 이것은 우리가 각도를 육십분법이 아니라 라디안법으로 나타낼 때만 참이다. 1라디안은 $\frac{180}{\pi}$도다.

사인의 적분은 사인이다. 이런 원리는 우리가 음파, 광파, 중력파, 해파 등등 어떤 파동을 다루든 간에 유효하다. 그러므로 파동 현상의 어떤 변화와 운동을 분석하든 미적분을 이용할 수 있다.

산산이 부서지는 파도여!

파도는 대부분 얕은 바다로 오면 결국 '부서지고' 만다. 이것은 파도의 아랫부분이 윗부분을 지탱하지 못할 때면 늘 일어나는 일이다. 이곳 코나 해변에서는 파도가 한꺼번에 부서지지 않고 좌우로 겹겹이 벗겨지다 스러진다. 이 쇄파$^+$는 기분 좋게 서서히 부서지는 붕파^{崩波}다. 말려 올라가며 부서지는 권파^{卷波}는 너무 갑자기 부서지다 보니, 서퍼를 내동댕이친 후 상상을 초월하는 힘으로 바닥까지 내리누르기도 한다. 그런 파도의 에너지는 어마어마하다. 파도 크기에 따라 다르긴 하지만, 압력이 1제곱미터당 5000~10000킬로그램에 이르기도 한다. 주로 급경사 해안에서 나타나는 쇄기파^{碎寄波}는 심지어 부서지지 않을 때도 있다. 오히려 그것의 강력한 역류는 방심한 해수욕객과 서퍼들을 깊고 위험한 바다로 끌고 가기도 한다.

+ 해양학에서 다루는 쇄파(부서지는 파도)에는 크게 붕파, 권파, 쇄기파, 이렇게 세 종류가 있다. 각각의 기본 특징은 본문에 나온 대로다. 아래 단락에 나오는 암초파와 절벽파는 부수적인 종류다. (옮긴이)

부서지는 파도는 가청음파는 물론이고 초저주파도 내놓는다. 가시스의 연구에서는 그런 특징을 이용해 '실시간 쇄파 초저주파 모니터링'—그가 부연한 대로라면 '거꾸러지는 파도의 깊은 소리 모니터링'—이란 기술을 개발한다. 가시스는 오아후 섬 북쪽 해안의 쇄파를 중점적으로 연구하고 있다. 그곳은 뭇사람들 사이에서 서퍼의 메카로 통한다.

초저주파를 내는 쇄파에는 세 종류가 있다. 권파, 암초파, 절벽파. 가시스의 연구는 마지막 종류에 초점을 맞추고 있다. 현재 그는 파도 하나가 부서지는 소리만 따로 분리해내려고 애쓰는 중이다. 기본적으로 그는 대양저에 흩뿌려놓은 음압감지기와 전통적인 지진관측술을 병용해 움직이는 파면을 관찰한다. 말하자면 수집한 원자료로 파도의 특징(높이 등)을 알아내, 서퍼에게 닥칠 법한 위험 따위를 더 잘 식별하려는 것이다. 이 일은 생각보다 까다롭다. 보통 그런 예측 과정에서는 서퍼가 직접 관찰한 바에 의존해 파고를 알아낸다. 물론 작은 만에는 그런 정보를 수집하려고 만든 센서 내장 부표들이 떠 있지만, 거기서 수집한 자료만으론 정확한 예측을 내놓기 힘들다.

이게 뜻밖일 수도 있다. 샌디에이고 해안에서는 그런 부표 시스템이 매우 효과적이기 때문이다. 그곳의 스크립스 해양학연구소Scripps Institute에서는 일단의 부표를 설치하고 원자료를 교묘한 알고리즘으로 처리해 유의미한 신호를 잡음에서 분리해낸다. 이로써 그들은 다가오는 파도의 방향, 속력, 곡률을 그래프로 나타내 음원의 위치를 밝히고 좀 더 정확한 예측을 내놓을 수 있다.

그렇다면 왜 오아후 섬에서는 이게 안 통할까? 나는 해군연구소의 음향학자 에덜먼Geoffrey Edelmann에게 물어보았다. 그의 설명에 따르면, 아늑한 샌디에이고 해안에서는 방향성을 확증하기가 쉬운 데 비해 하와이에서는 방향성 자체가 모호하다. 파도가 말 그대로 사방팔방에서 한꺼번에 다가오기 때문이다. 그래서 샌디에이고의 알고리즘이 통하지 않고, 과학자들은 기본 가정을 똑같이 세우지 못한다. 하지만 가시스의 예상이 적중한다면, 초저주파는 그 지역의 해양학 관측에 매우 유용한 수단이 될 수도 있다.

가시스가 수집하는 초저주파 원자료는 신호처리 및 분석 과정을 한참 거쳐야 한다. 그런 후에야 그는 실시간 쇄파 초저주파 모니터링에서 파면에 대한 실용적 통찰을 얻을 수 있다. 코나 해안을 때리는 파도는 진동수가 다른 갖가지 파도의 축적물이므로, 자료 처리 과정에는 복잡한 파형을 개개의 성분 파동으로 분해하는 일도 포함된다. 이 일이 가능해진 것은 18세기 프랑스 수학자 푸리에Jean Baptiste Joseph Fourier가 고안한 '푸리에 변환' 덕분이다. 나는 푸리에가 트웨인처럼 몸소 파도타기를 해보았다는 역사적 증거는 찾지 못했다. 하지만 확신하건대, 푸리에는 (적어도 이론상으로는) 탁월한 서퍼가 되었을 것이다. 그는 주기함수의 달인이었다.

푸리에의 삶은 파란만장했다. 1768년 그는 오세르에서 정력가 양복장이의 아들로 태어났다. 그에겐 친형제자매 열한 명 말고도, 아버지의 전처가 낳은 이복형제자매가 세 명 더 있었다. 푸리에는 열 살 무렵 고아가 되었지만 오세르 주교의 추천 덕분에 수도원 학교에서 기초 교육을 받았다. 공부에 남다른 두각을 드러낸 그는 이어서 오세르의 군사학교에 들어갔다. 거기서 그는 수학과 사랑에 빠졌으나, 처음엔 성직자가 되기로 마음먹었다. 하지만 결국 수학으로 돌아섰다. 1790년에 푸리에는 오세르의 모교에서 교편을 잡고 있었다.

어쩌면 그가 수학 연구에 몰두하고 싶어 한—그럼에도 초기에 이렇다 할 성과를 거두지 못한—부분적 이유는 당시가 격동기였기 때문인지도 모른다. 프랑스에서는 혁명의 기운이 싹트고 있었다. 처음에 푸리에는 '천부적 평등 개념'을 좇는다는 혁명 명분과 '왕과 성직자의 간섭에서 자유로운 정부를 세우고자' 하는 소망에 공감했다. 그래서 지역의 혁명위원회에 가입했지만 머지않아 그 결정을 후회했다. 더없이 잔혹한 공포정치가 프랑스를 장악하면서 수많은 귀족과 지식인이 단두대의 이슬로 사라졌기 때문이다. 파리 거리에는 말 그대로 피가 철철 흘렀다.

공포시대에 만연하던 잔인한 군중심리와 충돌하기란 섬뜩하리만치 쉬웠다. 혁명운동 세력은 비슷한 목표를 공유했음에도 곧 옥신각신 싸우는 여러 당파로 분열했고, 병적 광란은 프랑스 전체로 퍼져 나갔다. 현명한 사람들은 몸을 사리며 세간의 이목을 끌지 않으려고 애썼다. 그처럼 불안한 상황에서는 새 공화정체제에 맞서다 꼬투리만 잡혔다 하면 누구든 반역죄로 고발당할 수 있었기 때문이다. 그런데 푸리에는 오를레앙으로 여행 가던 도중, 반대 당파 앞에서 자기 오세르 당파의 입장을 옹호하는 실수를 저지르고 말았다. 1794년 7월, 그는 그 여행에서 피력한 견해 때문에 구속되어 단두대로 향할 운명에 처했다.

하지만 다행히도 그가 투옥된 직후, 공포정치의 주역 로베스피에르 Maximilien Robespierre가 자신에게 반발하는 혁명에 맞닥뜨리고는 (자기가 선동했던) 성난 폭도들에게 목숨을 잃었다. 로베스피에르가 죽자 혁명은 열기가 식었고 푸리에를 비롯한 수감자들은 감옥에서 풀려났다. 운 좋게도 푸리에는 프랑스 재건의 디딤돌이 될 새 사범학교에 합격했다. 거기서 그는 걸출한 3명의 프랑스 수학자 밑에서 공부했다. 라그랑주, 라플라스(현명하게도 공포시대에 프랑스를 떠나 있었다), 몽주 Gaspard Monge가 그들이다. 1795년 9월에 푸리에는 명문 에콜 폴리테크니크에서 교편을 잡았다.

이 모든 일은 푸리에가 서른 살이 되기 전에 일어났다. 하지만 조용히 사색하는 삶은 여전히 그와 거리가 멀었다. 강사 자리를 얻고 몇 년이 지난 후 그는 과학 고문으로 나폴레옹의 군대에 들어갔다. 나폴레옹이 이집트를 침략한 시기였다. 이집트에서 나폴레옹의 군대가 흥망성쇠를 겪는 동안, 푸리에는 주로 고고학 탐사에 참여하는 한편 카이로에서 이집트 연구소 설립을 도왔다. 1801년에 푸리에는 프랑스로 돌아와 교직에 복귀했으나, 머지않아 나폴레옹은 변덕스럽게도 그를 그르노블의 지사로 임명했다. 하지만 마침내 푸리에는 안정적이고 평화로운 환경에서 수학에 몰두할 수 있게 되었다. 그리고 곧 수학계에 논란을 불러일으켰다.

섞어주세요

문제의 발단은 열파동이 물질 속에서 이동하는 방식을 설명하는 방정식이었다. 푸리에의 결론에 따르면, 물결 모양의 '신호'는 아무리 복잡하더라도 여러 파동을 특별한 '조리법'대로 섞으면 처음부터 다시 만들 수 있다. 바꿔 말하면, 주기함수는 모두 수학에서 사인과 코사인에 해당하는 단순한 파동의 합(푸리에 급수)으로 나타낼 수 있다. 실제로 복잡한 신호에 어떤 파동이 들어 있는지 알아내려면, 있을 수 있는 파동을 모두 적분으로 검증해보면 된다. 그게 바로 푸리에 변환이다.

푸리에 변환은 미적분 초보자가 이해하기는 어렵다. 게다가 복잡한 신호는 고성능 컴퓨터가 있어야 분석할 수 있다. 하지만 전체 개념은 그리 복잡하지 않다. 우리는 원래 신호를 분해해 '재료'를 알아낸 다음, 재료에 해당하는 사인파들을 섞어 그 신호를 다시 만드는 방법을 알아내기만 하면 된다.

이것은 여러분이 즐겨 찾는 식당의 특별 요리를 집에서 만들어보는 일과 비슷하다. 그럴 땐 재료를 짐작해야 한다는 점만 다를 뿐이다. 사인 곡선을 많이 쓸수록 다시 만든 파형은 원래 파형에 가까워진다. 이는 실진법에서 직사각형을 많이 쓸수록 곡선 아래 넓이의 근삿값이 참값에 가까워지는 것과 같은 이치다. 갈수록 늘어나는 갖가지 작은 조각을 합산할 때면 언제든 우리는 적분을 하는 셈이다.

어떤 파형이 원래 신호의 재료인지 판단하는 간단한 요령이 있다. 앞에서 우리는 단순한 사인 파형으로 $\sin x$와 $\sin 2x$의 그래프를 보았다. 그런데 $\sin x$를 제곱하면, 우리는 이런 모양의 파장을 얻게 된다.(298쪽 위 그림)

보시다시피 이 파장은 x축 위아래로 균등하게 진동하는 원래 사인

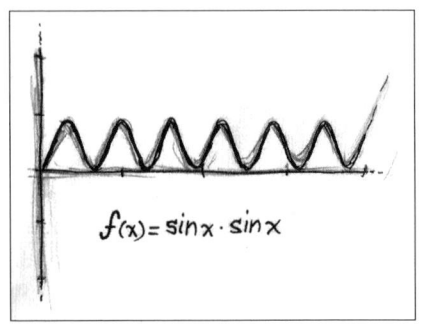

파와 달리 전부 위에서 진동한다. 위 파형을 적분할 경우, 전체 넓이는 오른쪽으로 갈수록 늘어날 것이다. 즉 계속 증가하기만 할 뿐 감소하지는 않을 것이다. 이런 방식으로 우리는 $\sin x$가 원래 신호의 성분임을 알 수 있다(사실상 그것은 원래 신호의 유일한 성분이다). 반면에 $\sin x$에 $\sin 2x$를 곱하면, 우리는 다음과 같은 모양의 파장을 얻게 된다.

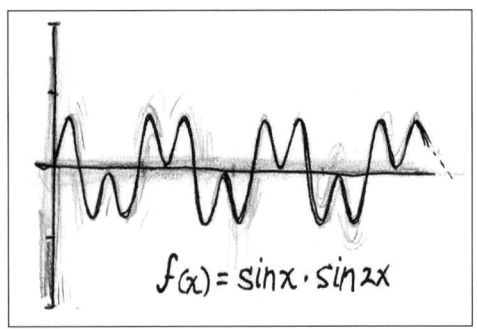

이 파장은 x축 위아래로 꽤 균등하게 진동한다. 이를 적분할 경우, 전체 넓이는 증가하다 감소하기를 반복하며 0 주위에서 진동할 것이다.

이로써 우리는 sin2x가 원래 신호의 성분이 '아님'을 알 수 있다. sinx에 sin1.1x, sin3x 등 다른 파장을 곱해도 결과는 비슷할 것이다. 원래 신호는 여러 파장이 섞인 복합체가 아니라 재료가 하나뿐인 단일 파장이기 때문이다.

그렇다면 두 파장을 합친 신호에서는 어떻게 될까? sinx + sin2x의 그래프는 다음과 같다.

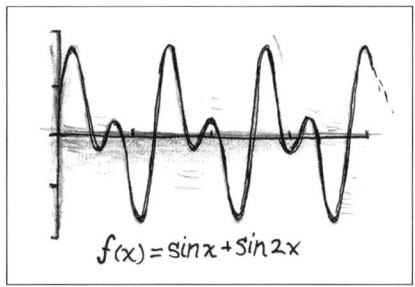

이제 우리는 성분일 가능성이 있는 사인파를 하나하나 똑같은 방식으로 시험해볼 것이다. 가령 위 파장에 sinx를 곱하면, 우리는 다음과 같은 파형을 얻을 것이다.

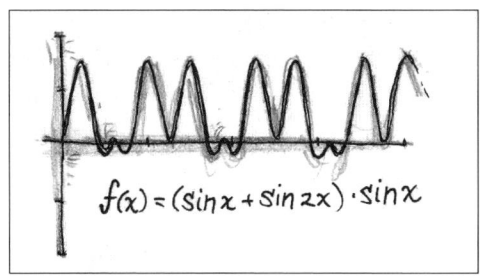

진동이 대부분 x축 위에서 일어나므로, 이를 적분할 경우 전체 넓이는 갈수록 증가할 것이다. 따라서 $\sin x$는 원래 신호의 성분이다. 하지만 원래 신호에 $\sin 3x$를 곱하면, 우리는 다음 그림과 같은 파형을 얻게 된다.

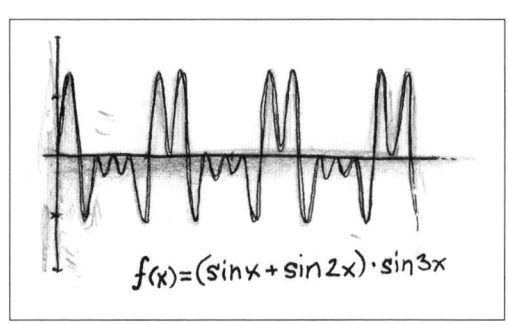

이로써 우리는 $\sin 3x$가 원래 신호의 성분이 아님을 알 수 있다. 파장이 x축 위아래로 균등하게 진동하기 때문이다. 우리는 원래 파형의 성분인 $\sin x$와 $\sin 2x$를 제외한 모든 파장에 대해 비슷한 결과를 얻을 것이다[여기서 x에 곱해진 1, 2 등의 진동수는 방정식에서 변수 ω(오메가)로 나타낸다]. 사실상 푸리에 변환의 역할은 x의 함수를 ω의 함수로 바꾸는 일이고, 적분은 이런 변환을 완성하는 수단이다.

푸리에 분석이 없었다면 디지털신호처리기DSP도 나오지 않았을 것이다. DSP는 잡음을 제거하려면 어떤 음파를 지워야 하는지 결정하는 마이크로 전자회로다. DSP에는 특정 주파수에 반응해 울리는 공진기가 들어 있다. 공진기가 울리고 나면 DSP는 불필요한 주파수를 빼놓고 원래 음파를 다시 만들어 증폭한 후 스피커나 헤드폰으로 내보낸다. 최종 결과는 정적에 가깝다. 휴대전화, CD플레이어, 보청기에는 대부분 DSP가 하나 이상 들어 있다. 푸리에 변환은 신호를 걸러내는 데 유용한 수학적 공진기인 셈이다.

DSP는 처음에 일정 간격으로 신호에서 샘플 값을 뽑는다. 가령 부서지는 파도의 초저주파 샘플 값이 1000개 있다고 치자. 얼마나 많은 '부분적' 사인파가 그 복잡한 파형을 구성하는지 정확히 모르지만, 우리는 샘플 값의 수에서 상한과 하한을 얻는다. 일단 그 범위가 있으면, 얼마나 많은 사인파가 두 한계 사이에 들어가는지 알아낼 수 있다. 대부분의 경우에 우리는 신호를 완벽하게 다시 만들려면 샘플 값 수(1000)만큼의 사인파가 필요할 것이다.⁺

이제 우리는 신호를 구성하는 사인파들의 진동수를 안다고 치자. 하지만 우리는 진폭도 알아야 한다. 즉 원래 신호를 다시 만들 때 각 사인파를 얼마나 많이 섞어야 하는지도 알아야 한다. 신호가 묵직한 저음이면 고주파보다 저주파가 많이 섞여 있을 것이고, 신호가 날카로운 고음이면 반대일 것이다. 어떻게 해야 그 정도를 정확히 알아낼 수 있을까? 여기서도 역시 적분을 이용하면 된다. 샘플링 시점별로 사인 값에 샘플 값을 곱한 후, 그 결과 값을 합산하면, 해당 사인파의 진폭을 알아낼 수 있다. 모든 사인파를 이런 식으로 처리하며, 재료에 해당하는 파장

＋ 어떤 복잡한 파동의 한 주기를 1000으로 등분한다고 생각해보자. 그렇게 나눈 구간의 경계별 함수 값이 곧 위에서 말하는 샘플 값이다. 이 문단의 후반부는 가령 주기가 1000π인 파동을 분석할 경우, 주기가 $\pi, 2\pi, 3\pi, \ldots, 1000\pi$인 사인파를 구성 요소 후보로 생각해 볼 수 있다는 뜻이다. (옮긴이)

을 추려내고 진폭을 구하면, 우리는 결국 그 신호를 다시 만드는 조리법을 얻게 된다.[+]

그날 저녁 나는 노곤한 몸으로 호텔 야외 바에서 상큼한 열대과일 칵테일을 마시며 긴장을 푼다. 지는 해가 바다를 핑크빛 오렌지색으로 물들이는 가운데 호텔 직원들은 파티를 준비하고 있다. 나는 리드미컬하게 철썩이는 파도 소리를 들으며, 그 소리가 들리는 건 내 뇌가 끊임없이 푸리에 변환을 수행하기 때문이라는 생각에 잠긴다. 그것은 우리가 소리를 듣는 방식에서 매우 중요한 부분이다.

기압파를 감지한 뇌는 그 신호에 대해 푸리에 변환을 수행해 '소리'의 진동수와 진폭을 식별한다. 귀는 압력의 변화를 시간의 함수로 평가한다. 그것은 하나의 음일 때도 있고, 음악의 화음처럼 뭉친 여러 음일 때도 있다. 어느 경우든 뇌는 푸리에 변환으로 전체 음파의 구성 요소를 밝혀낸다. 마찬가지로 우리가 노을을 보고 특정 빛깔—화려한 선홍빛이든 미묘한 핑크빛이든—을 알아볼 때마다 우리 뇌는 푸리에 변환으로 특정 진동수의 빛을 분리해낸다. 서퍼가 파도를 쳐다볼 때 그의 뇌 또한

[+] 푸리에 이론을 여기서 상세히 설명하긴 힘들지만, 참고가 될 만한 공식을 조금 언급해두겠다.

푸리에 급수: $f(t) = a_0 + \sum_{n=1}^{\infty} a_n \sin(n\omega t) + \sum_{n=1}^{\infty} b_n \cos(n\omega t)$

푸리에 계수: $a_0 = \frac{1}{T}\int_0^T f(t)dt$, $a_n = \frac{2}{T}\int_0^T f(t)(\sin(n\omega t))dt$, $b_n = \frac{2}{T}\int_0^T f(t)(\sin(n\omega t))dt$

[a_0 : 직류 성분, a_n : 사인파 진폭, b_n : 코사인파 진폭, T : 주기, ω : 각 진동수 $= 2\pi f = \frac{2\pi}{T}$ (여기서 f는 진동수)]

이 단락에서 적분으로 사인파의 진폭을 구한다는 말은 a_n 값을 위 공식대로 구한다는 뜻이다. 실제로 샘플 값을 이용할 경우, 계산 과정은 에우독소스의 실진법과 비슷하다. (옮긴이)

이와 비슷한 계산을 하고 있다.

푸리에 변환에는 개인적인 의미도 담겨 있다. 갓 약혼했을 무렵 숀과 나는 샌프란시스코의 학회에 갔다 로스앤젤레스의 새집으로 돌아오는 길에 경치 좋은 퍼시픽코스트 하이웨이를 달렸다. 해거름에 우리는 차에 기름을 넣으려고 말리부 북쪽에 잠시 멈췄다가 어둑해지는 수평선에 뻗친 찬란한 주황, 빨강, 자줏빛 노을에 감탄하며, 파도가 바닷가에 평화롭게 찰싹이는 소리를 음미했다. 긴 하루의 운전을 마무리하기에 더없이 낭만적인 분위기였다. 숀은 낭만 빼면 시체인 데다 전형적인 물리학자이기도 하다. 그래서 그는 내 어깨를 감싸며 이렇게 속삭였다. "저 파장들을 푸리에 변환으로 분석해보면 재미있지 않을까?"

나는 결코 파도 소리나 아름다운 해넘이를 예전처럼 감상하지 못할 것이다. 이것은 미적분을 탐구하며 얻을 수 있는 가장 큰 선물일 듯하다. 수학의 영역을 통해서만 접근할 수 있는, 세상을 완전히 새롭게 보는 방식! 그날 저녁 나는 바다를 바라보며 더없이 완벽한 해넘이를 음미했다. 하지만 내가 놓친 게 훨씬 많았다. 같은 장면을 바라보던 숀은 수학 기호로 표현되는 자연의 다채로운 복잡성을, 눈에 보이는 현상 이면의 심오한 근본적 질서를 음미했다.

에필로그

수학의 미메시스

나는 적분도 잘하고 미분도 잘하지.
나는 미생물 학명도 훤히 꿰고 있지.
요컨대 식물, 동물, 광물에 관해서라면
나는 그야말로 현대식 장군의 본보기야.

— 길버트 W. S. Gilbert & 설리번 A. S. Sullivan
〈펜잔스의 해적 The Pirates of Penzance〉

캘리포니아 대학 샌타바버라 캠퍼스 UCSB 언저리에는 육각 탑이 태평양을 바라보는 예쁜 복숭앗빛 건물이 자리 잡고 있다. 여기는 카블리 이론물리학연구소 KITP. 세계 최고의 물리학자들이 모여 의견을 나누며 혁신적 발전을 도모하는 곳이다. 바로 옆이 해변이다 보니 분위기는 가히 목가적이다. 매혹적인 태양과 파도가 내 관심을 차지하려고 다툴 수밖에 없다. 하지만 오늘만큼은 과학의 승리다. 오늘은 코넬 대학에서 온 친절하고 매력적인 천체물리학자 번스 Joe Burns의 '블랙보드 런치 토크'라는 강연회가 열린다. 그는 여러 과학자들과 함께 나사의 토성 탐사선 카시니호에서 받은 데이터를 분석하며 그 머나먼 행성—특히 신비에 싸인 고리—을 연구하고 있다.

나는 KITP의 전문 강연회에서 개념을 주목하다 방정식만 보면 눈을 게슴츠레 뜨는 게 습관이 되었다. 어쨌든 그런 수학은 대부분 수준이 너무 높아서 미적분 풋내기가 따라가기 힘들다. 전에 참석해본 난해한 강연들에 비하면 덜 전문적이지만, 처음에는 번스의 강연도 예외가 아닌 듯하다. 아니나 다를까 번스도 칠판 쪽으로 돌아서더니 방정식을 갈겨쓰기 시작한다. 하지만 이번에는 기호가 눈에 들어온다. 번스는 미분을 하고 있구나! 곧바로 나는 그가 변화율을 계산하고 있음을 알아차린다. 그는 토성 고리를 구성하는 얼음 조각들의 미세한 속도 변화율을 계산하고 있다.

그 강연회는 내게 '미메시스^{mimesis}의 순간'이었다. 그 순간에 나는 미적분 교과서에 나오는 추상적 기호들을 비로소 이해하기 시작했다. 그것들을 실제로 인식 가능한 대상과 관련지을 수 있었기 때문이다. 고대 그리스에서 '미메시스'는 자연의 예술적 표현을 의미했다. 하지만 어떤 두 철학자는 그 말을 극적으로 다르게 해석했다. 한쪽은 동굴의 비유로 유명한 플라톤^{Platon}으로 이데아의 영역이 신성하다고 믿었다. 그가 보기에, 자연을 비롯한 우주 만물은 모방물이었고, 예술적 모방물은 당연히 이데아에서 한 단계 더 먼 형태였다. 고로 그에 따르면, 예술(지어낸 허구)은 모두 '현실' 세계보다 열등하고, 현실 세계는 이데아의 영역보다 열등하다.

다른 한쪽은 아리스토텔레스로, 우리가 눈에서 광선을 발사해 물체를 인식한다고 생각하던 중 잠시 시간을 내『시학^{Poetics}』이라는 유명한 책을 썼다. 아리스토텔레스는 가공의 미메시스에 관대했다. 인간에겐 본래 예술적 허구를 만들어내 카타르시스를 얻으려는 욕구가 있다고 믿었기 때문이다. 하지만 그는 상당히 난해한 추론으로 비극이 희극보다 중요하다고 결론짓기도 했다(그는 인간 시각의 작용 원리도 잘못 생각했다). 현대 미학은 여전히 플라톤과 아리스토텔레스에게 어느 정도 신세를 지고 있다. 두 철학자는 모두 디에게시스diegesis와 미메시스를 구별했다. 디에게시스는 말하기다. 예를 들면 어떤 동작을 간접적으로 얘기해주거나 학생들에게 미적분을 강의하는 행위 따위다. 반면에 미메시스는 보여주기, 즉 등장인물의 생각과 감정을 외적 동작으로 드러내는 행위다. 현대 오락물에서 다음은 격언이다. "말하지 말고 보여주라."

철학 개론 수업을 들어본 사람이라면 다들 이 정도는 알고 있을 것이다. 하지만 1946년 문학 연구가 아우어바흐Erich Auerbach는 미메시스 개념을 "역사상 가장 야심적인 문학이론서"(www.lerhaus.org 아우어바흐 전기에서 인용)에서 다소 조정했다. 『미메시스: 서양 문학의 현실 묘사Mimesis: The Representation of Reality in Western Literature』는 문학 전공 학생들의 필독서다. 대학생 시절 나에게도 지대한 영향을 끼친 이 책은 지금도 내 책장에 우아하게 꽂혀 있다. 이 책에서 아우어바흐는 문학의 전통을 서유럽 역사 전체에 걸쳐 분석하며, 사람들이 "텍스트 밖 일부 '현실' 세계의 생생한 환영"을 만들어내는 방식을 고찰한다. 우리 영문학 교수님의 설명에 따르면, 미메시스의 순간이란 자기 경험을 예술 작품과 긴밀하게 관련지으며 '아하! 이게 그거였군!' 하고 깨닫는 시점이다. 감상자가 바로 이런 감정적·지적 공명을 경험하기 때문에 창조적 예술의 힘이 그렇게 큰 것이다.

내가 직접 이야기 나눠본 바로는 플라톤에 동의하며 허구를 낮잡아보는 과학자들도 많다. 이것은 부끄러운 일이다. 지어낸 허구는 매우 효과적인 교육 수단이기 때문이다. 이 수단을 이용하면, 다소 무미건조한 대학 강의(디에게시스)를 창의적 요소(미메시스)로 보완해 학생들에게 재미와 관심을 불러일으킬 수 있다.✚ 말하지 말고 보여주라. 미메시스의 순간은 참된 지식을 얻는 데, 즉 기계적 암기가 아니라 실질적 학습을 하는 데 꼭 필요한 구성 요소다. 과학, 수학 등의 학과목을 배우는 일은 곧 이처럼 이론과 실제를 긴밀하게 관련짓는 일이다.

KITP에서 나는 UCSB의 수학과 교수 아그볼라Bisi Agboola를 알게 되었다. 아그볼라는 영국에서 교육받았는데 고등학교 때 대부분의 수학 시험에서 낙제했다. "그건 따분하고 복잡하고 어려웠어요." 어릴 때 그는 수학이 전혀 필요 없는 직업을 찾으려고 고민하던 끝에 벌목꾼이 되겠다고 부모님께 말씀드렸다. 하지만 나무 치수는 재야 하지 않겠느냐는 부모님의 지적에 좌절했다.

그런데 어느 해 여름 아그볼라는 바빌로니아 시대부터 1960년대까지 수학사를 다룬 타임라이프사의 책—버가미니David Bergamini의 『수학Mathematics』—을 접하게 되었다. "그 책을 읽으며 상상의 날개를 펼치다 보니 수학이 난생처음으로 재미있어지더군요." 그래서 그 무미건조해 보이던 과목에 대한 생각이 바뀌었다. 그는 수학에 아름다움이 깃들어 있음을 알아차렸고, 결국 미적분을 직접 가르치게 되었다. 지금 아그

✚ 여러 교육자들에 따르면, 물리학자들은 교실에서 항상 허구를 이용하고 있다. 일반적인 기초 교재에서는 마찰력 같은 복잡한 요소를 무시하기 때문이다.

볼라는 수학자로 정수론과 다차원 위상기하학을 연구하고 있다. 하지만 기초 산술은 여전히 좋아하지 않는다. "그건 지루해요."

사람마다 배우는 방식이 다르다. 전통적인 수학 교육 방식을 잘 받아들이는 사람이 있는가 하면 아그볼라와 나처럼 그러지 못하는 사람도 있다. 하지만 그렇다고 우리가 수학 공부에 소질이 없다는 뜻은 아니다. 이것은 현대 초등교육의 기반을 마련한 18세기 교육학 개척자 페스탈로치Johann Pestalozzi의 관점이기도 하다. 페스탈로치는 스위스 취리히에서 의사의 아들로 태어났으나 일찍 아버지를 여의었다. 그래서 시골에서 어머니와 할머니의 손에서 자랐는데, 그 경험 때문에 평생 동안 스위스 농민의 곤경에 공감하게 되었다. 대학 시절 루소Jean-Jacques Rousseau의 '자연주의' 철학을 받아들인(아들 이름도 루소로 지었다) 그는 결국 교사의 길을 걸었다.

 그의 생각은 대부분 급진적이었다. 페스탈로치는 당시 스위스 교육계에 뿌리박혀 있던 '방법과 정확성의 강요'를 거부했다. 그리고 "비실거리는 늙은 글쟁이들의 케케묵은 체계와 저속한 인위적 수법의 최신식 체계에서 교육을 떼어내 자연의 영원한 힘에 맡기고 싶다"고 선언했다.[+] 그는 최초의 응용교육심리학자가 되어, 아이들은 구체적 대상으로 시작한 다음 근본적 추상 개념으로 넘어가야 한다고 주장했다.

 페스탈로치는 개인을 중요시하며 자발적·자주적 행동을 권유했다. 그의 학생들은 답이 정해진 문제를 받지 않고 각자 호기심을 따르도록 권장받았다. 또 그는 학생들의 양육 환경을 적절히 조성하고 당시 흔하던 매질 관습을 폐지해야 한다고 믿었다. 그리고 자신의 교육 체계에서 '장황하고 무의미한 말'을 없애려고 애쓰는 한편, 구체적 관찰을 강조하고자 했다. 그는 이를 '직관Anschauung'의 원칙이라고 불렀다. 하지만 직관은 반드시 구체적 행동으로 보강해야 한다. "생명이 우리를 형성한다. 그런데 우리를 형성하는 그 생명은 말의 문제가 아니라 행동의 문제다." 그 행동을 익히는 최선책은 반복이다. 단, 기계적 암기에 의존하지

[+] 영국에도 방법과 정확성을 강요한 사람이 있었다. 17세기 수학교사 코커Edward Cocker는 1667년에 이런 제목의 교재를 썼다. 『코커의 산수책: 비할 데 없이 훌륭한 이 과목을 거의 이해하지 못하는 사람에게 알맞은 쉽고 편한 방법. 지금 도시와 시골에서 가장 유능한 교사들이 쓰는 바로 그 방법Cocker's Arithmetick: Being a Plain and Familiar Method Suitable to the Meanest Capacity for the Full Understanding of That Incomparable Art, as It Is Now Taught by the Ablest School-masters in City and Country』이 책은 몇 세대에 걸쳐 영국 중학교 교과서로 쓰였다. 요즘에는 제목부터 훨씬 간결한 『바보도 이해하는 수학Math for Dummies』이 있다.

말고, 구체적 대상의 맥락 안에서 연습으로 행동을 숙달해야 한다.

나는 이번에 미적분을 탐험하면서 무심결에 페스탈로치 방법론의 몇 요소를 받아들였다. 첫째, 매질은 하지 않는다. 둘째, 전문용어—'장황하고 무의미한 말'—를 너무 많이 쓰는 자료는 피한다. 나는 전문용어를 해석하는 데 시간을 엄청나게 들였지만 핵심 개념을 그다지 파악하지 못했기 때문이다.

해결의 열쇠는 오히려 추상적 방정식과 구체적 실례 사이에서 내가 찾아낸 관계에 있었다. 하지만 오해는 하지 마시라. 추상적 개념에 통달하는 일은 미적분을 파악하는 데 절대적으로 중요하다. 여러 친숙한 맥락에서 미적분 원리를 보여주면 그것의 응용 방식을 이해하기가 더 쉬워질 뿐이다. 학생들이 대부분 이해하지 못하는 것은 바로 그런 추상적 개념과 구체적 실례의 '관계'다. 나도 그 미메시스의 순간—'이' 추상적 방정식이 '그' 구체적 실례와 관련되어 있음을 깨달은 순간—전에는 교과서에 나오는 문제는 '정확히' 척척 풀어냈어도 개념은 완전히 이해하지 못했다.

그 중요한 관계를 내가 어떻게 찾아냈느냐고? 내 주변을 관찰한 다음 그 관찰 결과를 실천(행동)으로 보강했다. 미적분 교과서에 나오는 문제를 버리고 내 호기심을 따랐다. 라스베이거스, 디즈니랜드, 하와이, 보즐의 그린마이크로짐 등등 어디에 가 있든 이렇게 자문했다. '이 경험의 어느 부분이 미적분과 관련되어 있을까?'

기존의 문제에 의존하지 않고 나만의 문제를 고안하는 과정에서 나는 그러지 않았더라면 얻지 못했을 통찰력을 얻었다. 그것은 기계장치로 작동하는 장난감을 분해한 후 다시 조립하는 법을 알아내는 일과 비슷했다. 그럴 때 우리는 설명서만 읽을 때보다 작동 원리를 훨씬 많이 배운다. 여전히 나는 그런 기초 기술을 닦고 학습 내용을 '머릿속에 남기려면' 반복적으로 연습해야 했다. 하지만 친숙한 맥락이 있었던 만큼 반복적 과정을 이해하기가 한결 쉬웠다.

그런 과정은 무관해 보이는 현상들 사이에 숨어 있는 관계를 발견하는 데도 도움이 되었다. 이를테면 나는 지수붕괴곡선으로 커피 냉각 속도와 옷 건조 속도뿐 아니라 천문학, 경제학, 개체군 역학의 어떤 변화 과정까지 설명할 수 있을 줄은 꿈에도 생각지 못했다. 그런 가지각색의 현상들은 그럼에도 수학적으로 연관되어 있어서 같은 종류의 방정식으로 표현된다. '수학 이야기'를 하지 않으면, 이런 관계를 찾기가 훨씬 어려워진다.

이 여행을 시작한 지 2년이 지난 지금, 솔직히 나는 미적분을 좋아한다고 말하지 못한다. 적어도 물리학처럼 좋아하진 않는다. 오히려 세계를 설명하는 데 미적분이 수행하는 역할을 마지못해 인정하는 쪽에 가깝다. 나는 결코 수학적으로 유창하지 않다. 외국어에서와 마찬가지로, 그런 유창함은 다년간 연습을 쌓고 평소에 이 멋진 신세계에 집중하는 가운데 얻는 것이다. 처음에 나는 아기들이 "저기 제인 달린다" 하고 소리 내는 수준일 뿐이었다. 하지만 미적분의 역사, 개념, 용어, 방법을 배운 다음에는 어떤 물리학 개념의 뉘앙스를 훨씬 잘 이해하게 되었다. 그리고 무엇보다 간단한 방정식과 마주치는 걸 더 이상 꺼리지 않게 되었다. 거기서 유익한 통찰을 얻을 수 있음을 알기 때문이다. 반사적인 거부 반응과 무시무시한 울렁증도 사라졌다. 그리고 누가 또 알겠는가? 배움이란 평생 계속하는 일이니, 내가 꾸준히 조금씩 하다 보면 수학이 내 가슴속에 더 깊이 파고들지도 모른다.

예전에 나는 왜 미적분을 이해하기 힘들 거라고 확신했을까? 그런 생각의 일부는 분명히 성적 편견에서 비롯했을 것이다. '여자는 수학과 과학을 못한다'는 흔한 편견은 수천 년 전부터 내려왔다. 물론 역사를 살펴보면 여걸 제르맹 같은 예외가 드문드문 있긴 하다. 그런 여자들은 보통 통계적 예외로만 간주된다. 하지만 여자와 남자의 수학적 능력에 선천적 차이가 없다는 증거가 계속 나오고 있다. 실제로 격차가 나타나는 것은 대부분 사회적 요인 때문이다. 그러나 이것은 논란의 여지가 많은 이야기다. 우리는 수학과 과학에서의 노골적 성차별이 과거사라고 믿고 싶지만, 사실상 그런 태도는 오늘날처럼 진보한 시대에도 여전히 남아 있다.

한 기하학 교사는 "여자들은 공간추론력이 부족해서 자기 수업을 잘 따라오지 못할 것"이라고 교실에서 대놓고 말한다. 한 상담교사는 여학생들에게 '실용수학반'을 듣도록 설득한다. 거기서 학생들은 결혼식 하객들에게 햄이 몇 조각씩 필요한지 배운다. 한 물리학 교수는 실험 수업을 마치기 전에 여학생들의 연구물은 꼬박꼬박 확인하지만 남학생들의 연구물은 확인할 필요도 느끼지 못한다. 한 컴퓨터공학 교수는 여학생들의 질문이라면 모두 '게으른 계집애들의 우는 소리'로 간주하고 무시해버린다. 한 미적분 선생은 수업 시간에 여학생들의 몸 치수를 재 부피 계산에 이용하는 행위가 전혀 문제 될 게 없다고 생각한다. 한 여성이

들려준 얘기에 따르면, 그녀의 고등학교 수학 선생은 '여자는 남자보다 수학을 어려워한다'며 세 여학생을 맨 앞줄에 앉혔다. 그건 시험 시간에 그들의 가슴골을 힐끗거리고 자기 사타구니를 그들에게 스치게 하려는 속 보이는 핑계였다. "세 사람 중 누가 그 자식이랑 지하 컴퓨터실에 처박혀 있지 않았을까요?" 그녀가 (과장되게) 물었다.

나는 그렇게 끔찍한 일을 겪어본 적이 전혀 없다. 우리 수학 선생님은 친절했다. 내놓고 격려하진 못할망정 적대시하며 좌절시키거나 성희롱하지는 않았다. 우리 부모님은 내 고집스러운 성향에 약간 당황하시긴 했지만 학업에 지원을 아끼지 않으셨다. 여자는 남자만큼 수학을 잘하지 못한다고 딱 잘라 말하는 사람은 내 주위에 한 명도 없었다. 하지만 나는 그 메시지를 어떤 식으로든 받긴 받았다. 인지심리학자이자 몇몇 유명한 책(『여성과 남성이 다르지도 똑같지도 않은 이유 *The Mismeasure of Woman*』는 젊은 여성의 필독서다)의 저자인 태브리스 Carol Tavris의 설명에 따르면, 우리가 성에 대한 부정적 메시지를 분명히 접하지 않더라도 삼투압처럼 의식에 스며드는 미묘한 상황적·사회적 신호가 존재한다.

이것은 심리학계에서 고정관념 위협이라고 부르는 현상으로, 이미 여러 과학 논문에서 확증된 바 있다. 예를 들어 2007년 『심리과학 *Psychological Science*』지에 실린 한 연구에 따르면, 여자보다 남자가 많이 나오는 학술회의 영상을 본 여자 수학 전공자들은 양성이 골고루 나오는 학술회의 영상을 본 여자 수학 전공자보다 회의에 참여 의욕과 소속감을 덜 느꼈다. 반면에 남자 수학 전공자들은 그런 미묘한 상황적 신호의 영향을 받지 않았다. 간단히 말하면, 바로 그런 현상이 고정관념 위협이다.

이런 압박감은 실제로 매우 크다. 하지만 수학에 대한 내 애증을 모두 성별 탓으로 돌릴 수는 없다. 사실상 수학 때문에 고생하는 남자도 많다. 자기 수학적 능력에 비추어 자아를 인식하는 사고방식은 젊을 때 나타나서 줄곧 우리 지각 작용에 영향을 미친다. "저한테 치명적 약점이 하나 있다면 그건 분명히 수학일 겁니다." 이 말을 한 브라이언은 진화 생물학자가 되려고 공부하는 중이다. 하지만 그는 무시무시한 수학 수업과 계속 부닥치면서 그 과목에서 낙제해 과학자의 꿈을 이루지 못할까 봐 걱정하고 있다. "해석조차 불가능한 문제처럼 무서운 건 없어요. 저는 '미적분'이란 말만 들어도 악몽을 꾼다니까요." 그의 고백은 내가 만난 여러 여학생들의 얘기와 다를 바가 없다.

태브리스는 미국인들이 선천적 재능이라는 개념에 사로잡혀 있는 것이 이런 부정적 자기 인식의 근본 원인이라며 한탄한다. 말하자면 이런 식이다. 재능은 타고난다. 따라서 우리는 수학에 재능이 있거나 없거나 둘 중 하나이고, 부족한 선천적 재능은 아무리 열심히 노력해도 보완할 수 없다. 이를 굳게 믿었던 나는 수학을 언어만큼 쉽게 익히지 못했으니 아무래도 수를 다루는 '재능'이 부족한 것 같다고 생각했다. 하지만 나 자신의 노력이 좀 더 필요할 뿐이었다. 기본 문제를 푸는 데 숙달할 때까지 수학이라는 외국어의 어휘(기호)와 문법(방법)을 배우기만 하면 되는 것이었다. 사실상 이건 외국어 문제다. 프랑스어나 독일어나 이집트 상형문자를 배우느라 진땀 빼는 학생도 많지 않은가.

데버러의 경우를 생각해보자. 초등학교 4학년 때 그녀의 선생님은 수업 시간에 구구단 외우기 시합을 열었다. 경쟁심이 매우 강하던 데버러는 집에서 구구표를 열심히 외웠고, 그 결과 시합에서 우수한 성적을 거두며 '수학 잘하는' 아이로 알려지게 되었다. 그 일은 데버러에게 두고 두고 엄청난 영향을 미쳤다. 유달리 어려운 문제와 씨름할 때마다 그녀는 '난 수학을 잘하니까 이걸 분명히 풀 수 있을 거야'라고 생각하며 끝까지 밀고 나갔다. 하지만 그녀가 자신의 선천적 재능을 믿고 수학을 잘하게 된 것은 열심히 노력하고 수업 시간에 거듭 격려받은 덕분이었다.

태브리스에 따르면, 미국 문화에서는 실패를 바라보는 태도 또한 건전하지 못하다. 실패를 학습 과정의 자연스러운 단계가 아니라 부끄러운 일로 여기는 사람이 많다. 캘러는 예전에 고등학교 대수학 시험에서 낙제했다. 그 일 때문에 그녀는 자신감을 잃고 수학을 점점 혐오하게 되었다. "저를 바보로 만드는 수학이 싫었어요. 재미있는 구석이 뭐 하나라도 있어야 말이죠. 그건 거대한 검은 벽처럼 떡하니 버티고 서서 종종 저를 가로막았어요. 그게 왜 거기 있는지, 제가 왜 그것에 신경 써야 하는지 알 수가 없었어요."

하지만 실제로 잘못은 우리가 배우는 방식에 있다. 실패할 자유가 없는 상황에서 학생들이 아무것도 배우지 못하는 것은 놀랄 일이 아니다. 과학도 당당히 내세우는 성공뿐 아니라 실패한 실험과 무의미한 결과에 의존해 인간의 지식을 향상시킨다.

다행인 것은 수학과 과학을 배우려는 사람을 좌절시키는 요인이 아무리 많아도 훌륭한 선생님 한 명만 있으면 그 모두를 뛰어넘을 수 있다는 점이다. 나에겐 앨런과 숀이 있었다. 캘러에겐 말 그대로 그녀의 삶을 바꿔놓은 헌신적인 고등학교 수학 선생님이 있었다. 상황이 완전히 바뀐 것은 그녀가 수학의 실연과 응용을 중요시하는 여선생님의 수업을 들었을 때였다. 캘러가 정신적 장벽을 극복하는 데 시간이 좀 걸리긴 했지만, 선생님은 온갖 창의적 방법으로 차근차근 끈기 있게 그녀를 이끌어주었다. 캘러는 선생님과 함께 커다란 검은 벽을 깨나갔고, 마침내 난관을 극복하고 자기가 수학을 '잘한다'는 사실을 깨달았다. 이어서 그녀는 대학에서 물리학을 전공했다.

급료도 인정도 제대로 못 받으면서 열심히 일하는 뛰어난 고등학교 수학교사들이 많다. 하지만 그들은 힘겨운 싸움을 벌이고 있다. 일반적인 미적분 교육 방식은 상당수의 학생들에게 먹혀들지 않는다. 결국 학생들은 대개 고등학교 시절의 나처럼 영문도 모르는 채 기계적으로 문제를 풀게 된다. 아니면 자신의 문제 풀이 능력에 실망한 나머지 죽을 때까지 수학을 거부하게 되거나.

내가 아는 선생들은 하나같이 학생이 '아! 이게 그거구나!' 하고 뭔가 깨닫는 모습을 볼 때마다 흐뭇해한다. 우리가 좋아하는 미술, 문학, 음악, 연극 작품에는 보통 우리가 알아보고 감정적으로 반응할 수 있는 요소가 들어 있다. 이와 마찬가지로, 우리는 대부분 수학과 물리의 추상적 개념과 현실의 경험 사이에서 그런 관계를 찾게 해주는 책, 강의, 교과 과정에 더 많이 반응한다. 감정적으로 끌리면 한결 나아진다. 그런 흥분과 열정은 학생들이 필연적 고난을 넘어 꿋꿋이 지식을 추구하는 데 연료를 공급하기 때문이다.

배우 크럼홀츠는 TV 드라마 〈넘버스Numb3rs〉에서 젊은 천재 수학자 역을 연기한다. 용감하게도 그는 2006년 미국과학진흥협회AAAS의 공개 토론회에 참석했다. 그 회의에서는 수학과 과학에 대한 대중의 부정적 인식을 바꾸는 문제를 논의했다. 방을 가득 채운 과학자들 앞에서 분위기를 누그러뜨리려고 크럼홀츠는 고등학교 때 대수학 시험에서 두 번이나 낙제점을 받았다고 고백했다.

〈넘버스〉는 내가 접한 어느 교육 방법보다 수학과 현실의 관련성을 잘 보여준다. 매주 찰리 엡스(크럼홀츠 분)는 수학을 이용해 FBI 수사관인 형의 사건 해결을 돕는다. 수학은 상업적으로 이용하기 힘든 주제다. 하지만 범죄 수사라는 친숙한 틀 안에서 수학을 보여주면, 그것의 추상적 개념은 비과학자들에게 쉬워질 뿐 아니라 그야말로 흥미진진해진다. 그 드라마의 오프닝에서 이를 완벽하게 요약해서 말해준다. "우리는 매일 수학을 사용합니다." 심지어 크럼홀츠는 자연과 예술에서 흔히 볼 수 있는 피타고라스 정리와 피보나치수열에 점점 더 흥미를 느끼고 있다고 고백하기도 했다. 찰스 엡스의 역할을 맡지 않았다면 그는 그런 개념을 교실 밖에서 만날 일이 없었을 것이다. 여기서 드러나듯, 그가 수학을 힘겨워한 것은 소질 부족 때문이 아니라 그 과목이 제시되는 방식 때문이었다. 우리와 마찬가지로 그는 수학이 왜 중요한지, 그걸 일상에서 도대체 어떻게 써먹을 수 있는지 전혀 이해하지 못했다.

학계에는 미국의 수학·과학 교육의 안타까운 실정을 한탄하는 사람이 많다. 감히 내가 복잡다단한 문제의 간단한 해결책을 제시해 최고의 교육 전문가들을 당황시키겠다는 것은 아니다. 학습이란 매우 개인적인 일이다. 한 학생에게 통하는 방법이 다른 학생에게 통하지 않을 수도 있다. 그런 개인적 방식을 어떻게 모두 체계화할 수 있겠는가? 하지만 젊은이들에게 영감을 주는 미메시스의 힘은 무시하지 말아야 할 것이다.

　미메시스의 비슷한 해석을 물리학의 획기적 발견에도 적용할 수 있다는 것은 결코 우연이 아니다. 여기서도 미메시스는 놀라운 관계에서 영감을 얻는 창의적 활동이다. 아인슈타인에 따르면, 그가 특수상대성 이론을 세운 것은 몇 년 전에 역 승강장을 떠나는 기차 안에 앉아서 얻은 중요한 통찰 덕분이다. 그때 아인슈타인은 움직이는 기차 안의 자신과 승강장에 서 있는 사람이 시간을 다르게 판단하리라고 생각했다('이게 그거구나!').

　나무에서 떨어지는 사과를 보고 뉴턴은 중력과 운동법칙에 대한 중요한 통찰을 얻었다. 그는 사과의 위치를 시간의 함수 그래프로 그리면 포물선이 나온다는 사실을 깨닫고는 운동과 기하학 및 대수학을 관련지었다('이게 그거구나!'). 아르키메데스는 히에로의 황금 왕관 문제에 대한 해결책을 욕조 속에서 알아냈다. 내 나름의 소박한 깨달음은 그 운명적인 날에 샌타바버라에서 얻었다. 그때 나는 추상적인 미적분 방정식과 토성 고리 운동을 관련지으며 아르키메데스처럼 깨달았다. '유레카! 이게 그거구나!'

부록 1

직접 계산해보기

> 수학을 배우는 유일한 방법은 수학을 직접 하는 것이다.
>
> — 폴 할모스 Paul Halmos

> 말해주시면 잊을 겁니다. 보여주셔도 아마 기억하지 못할 겁니다. 하지만 같이 하게 해주시면 이해할 겁니다.
>
> — 아메리카 인디언 속담

자, 이제 여러분은 『미적분 다이어리』를 읽었으니 미적분이 어떤 건지 대략 감을 잡았을 것이다. 어쩌면 여러분은 이 주제를 조금 더 깊이 파고들어 보면 어떨까 하고 생각할지도 모르겠다. 이 부록은 여러분이 그다음 단계로 나아가는 데 도움이 될 것이다. 나는 무시무시한 방정식을 본문에서 일부러 다루지 않았다. 그러나 조만간 진짜 수학과 정면으로 맞서야 하는 사람도 있을 것이다. 여기에 미적분을 '가르치기' 위한 내용은 없다. 이 부록이 학교 수업, 교과서, 과외 교사를 대신하진 못한다. 하지만 여기서 여러분은 본문에 나온 개념이 어떻게 수학의 언어로 바뀌는지 살펴볼 수 있을 것이다. 미적분에 홀딱 반해 더 자세한 부분까지 알고 싶어 하는 사람들에게는 켈리의 『완전한 바보를 위한 미적분 길잡이』를 추천한다.

다음은 가장 많이 쓰는 용어와 기호에 대한 설명으로, 여러분이 기본적인 미적분 방정식을 '읽는' 데 도움이 될 것이다.

함수

함수는 $f(x)$와 같이 표기한다. 어떤 방정식의 앞부분에서 이 기호를 볼 때마다 우리는 일종의 함수를 다루고 있음을 알아차린다. 예를 들어 $f(x) = x^2$에서 우리는 x^2이 함수라는 사실을 알 수 있다. 원점을 지나는 2차 함수를 일반화시켜 표현하면 $f(x) = ax^2$으로 쓸 수 있다. 여기서 a는 '어떤 상수'를 나타낸다. 그런데 $f(x)$를 그냥 y로 쓰는 경우도 많다. 그런 표기법에서 x는 어떤 값이든 취할 수 있는 '독립변수'이고 y는 x 값에 따라 달라지는 '종속변수'다. 이것은 데카르트 좌표계에 점을 표시할 때 명심해야 하는 사항이다.(327쪽 참고)

위 함수는 포물선을 나타낸다. 포물선 함수의 일반적 표기법(일반형)은 $f(x) = ax^2 + bx + c$다. 여기서 x는 독립변수, y는 종속변수, a, b, c는 상수다. 그 밖에 표준형이라고 부르는 표기법으로 $f(x) = a(x-h)^2 + k$도 있다. 이 표준형에서는 포물선의 꼭짓점 좌표, 즉 포물선과 대칭축의 교점 좌표 (h, k)를 쉽게 알아볼 수 있다.

이런 함수들은 언뜻 보기에 서로 다른 듯하지만 사실상 모두 같은 곡선(포물선)을 나타낸다. 미적분 초보자들은 여러 가지 표기법이 혼란스러울 수도 있다. 내 경우엔 한 함수의 여러 표기법을 동의어, 즉 모양은 다르지만 뜻은 같은 말로 생각해보는 게 도움이 되었다. 방정식 구조의 변화는 문장의 절, 주부, 술부의 위치 변화와 비슷하다. 문장 구조를 바꿀 때 지켜야 할 문법이 있듯이, 방정식을 '다시 쓸' 때 지켜야 할 특별한 규칙이 있다. 그 규칙에 따라 바꿔 쓰는 한, 방정식이 전달하는 전체적 의미는 그대로다. 수학적 숙련도의 참된 평가 기준 중 하나는 혼란스러운 표기 방식에도 불구하고 방정식의 핵심을 간파해내는 능력이다. 그런 까닭에 단순히 공식을 외우기만 해서는 충분치 못하다. 우리는 공식의 의미를 알아야만 한다.

극한

우리는 극한 개념을 1장에서 논했다. 켈리(일명 '바보들의 탁월한 길잡이')는 이렇게 말한다. "극한이란 x 값의 목적지에서 함수가 도달하기로 '작정한' [그래프상의] 높이다. 실제로 거기 도달하든 안 하든 상관없다." 예컨대 x가 3에 접근할 때 $f(x) = 2x + 5$의 극한값은 11이다. 수학 기호로 표현하면, 이 문장은 $\lim_{x \to 3} f(x) = 11$로 바뀐다. 3은 x 값이 접근하고 있는 목적지이고, $f(x)$는 지금 우리가 다루는 함수이고, 11은 극한값이다. 이 경우에 극한값은 간단히 함수 값과 일치한다. 하지만 이보다 이해하기 어려운 경우도 있다.

극한값이 존재하지 않는 경우도 있다. 전형적인 예는 x 값의 목적지에서 함수가 일정한 값에 접근하지 않고 무한히 증가하거나 감소하는 경우다. 또 다른 교과서적 예는 x가 0에 접근할 때 $f(x) = \sin \frac{1}{x}$의 경우다. 그 극한값이 존재하지 않는 이유는, 함수의 그래프가 꿈틀거리며 왔다 갔다 할 뿐 일정한 값에 수렴하지 않기 때문이다.(324쪽 참고) 이럴 때 우리는 그 극한값이 존재하지 않는다고 말할 수 있다.

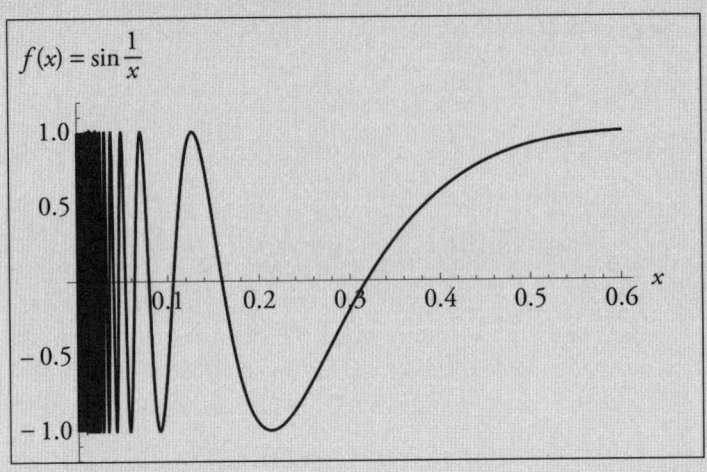

도함수

도함수의 일반적 표기법은 $\frac{d}{dx}$다. 도함수는 비율, 즉 두 점의 차이에서 비롯한다. 예를 들면 분자는 두 시점 간의 위치 변화량이고 분모는 그 두 시점의 시간 차이다. $f(x) = ax^2$의 도함수를 구할 경우 $\frac{d}{dx}ax^2 = 2ax$라고 적으면 된다.

적분

적분은 S자를 길게 늘인 모양의 $\int$로 나타낸다.

적분이란 합산 과정이므로 늘어난 S자를 기호로 쓴다고 생각하면 기억하기 쉽다. 실제로 적분을 구할 때는 보통 $\int_a^b$와 같이 기호의 위아래에 적분 구간을 나타내는 숫자가 적혀 있다. 이것을 정적분이라고 부른다. 반면에 구간이 지정되지 않은 경우 부정적분이라고 부른다. $f(x) = ax^2$이라는 도함수를 원래 함수로 되돌리고 싶다면, 적분을 구하는 식을 $\int ax^2 dx = \frac{1}{3}ax^3 + c$라고 적으면 된다.

지수와 로그

미적분에서 중요한 지수와 로그도 간단히 이야기해볼 만하다. 미분과 적분처럼 지수와 로그는 동전의 양면이다. 각각은 서로의 결과물을 원상태로 되돌린다. 어떤 수 x를 다른 수 a의 지수로 올려 얻은 결과를 b라 하고 a를 밑으로 하는 로그로 계산하면 로그 값은 처음의 x가 된다(단, a는 1이 아닌 양수로 한정).

$$a^x = b, \ \log_a b = x$$

여기서 a를 '밑'이라고 한다. 이 밑에 어떤 지수 x를 올린다는 것은 곧 밑을 x번 거듭제곱한다는 뜻이다. '지수'란 결국 밑의 거듭제곱 횟수로, 밑의 오른쪽 위에 조그맣게 표기된다. 예를 들어 10을 5번 거듭제곱한 수라면 10^5으로 적을 것이다. 이처럼 밑이 10인 경우, 지수를 계산 결과의 0의 개수로도 볼 수 있다. 이런 점으로 미루어보면 지수함수는 지수가 변수인 2^x, 5^x 같은 함수일 것이다. 반대로 밑이 변수인 x^2, x^3, x^5 등은 지수함수라고 부르지 않는다. 이 구별은 매우 중요하다.

로그 계산을 하면 지수 계산의 결과물을 원상태로 되돌리게 되므로 ($\log_a a^x = x$), 어떤 수의 로그란 결국 그 수의 거듭제곱 횟수에 해당한다(a를 밑으로 하는 b의 로그를 $\log_a b$로 적고 b를 '진수'라고 부른다). 지수 계산에서와 마찬가지로, 10이 밑인 '상용로그'의 경우 로그 값은 곧 진수의 0의 개수를 나타낸다. $\log 10 = 1$, $\log 100 = 2$, $\log 1,000 = 3$ 등등. 즉 일반화해서 표현하자면 $\log 10^x = x$인 셈이다. 한 가지 주의 사항은 음수를 진수로 취할 수 없다는 점인데, 그 까닭인즉 양수인 밑을 아무리 거듭제곱한들 음수가 나올 리 없기 때문이다.

직접 그려보자

내가 미적분에 다시 손댔을 무렵, 물리학자 남편 숀은 나더러 풀라고 우리 집 화이트보드에 간단한 문제들을 남겨놓곤 했다. 수학적인 연애편지였달까? (그렇다. 우리 집엔 화이트보드가 있다. 다들 집에 하나씩 있지 않나?) 첫 번째 문제들의 주목표는 특정 함수로 만든 점들을 데카르트 좌표계에 찍고 연결해 결과로 나오는 곡선 모양(함수의 '얼굴')을 확인해보는 데 있었다. 곧 나는 '그래퍼grapher'라는 프로그램을 이용하면 이 일을 훨씬 쉽게 할 수 있음을 깨달았다. 그 프로그램에서는 함수의 여러 상수값을 입력하고 엔터 키를 누르기만 하면 정확한 곡선이 마법처럼 눈앞에 나타난다(이것은 엑셀로도 할 수 있다).

그래퍼로 놀아보면 재미있다. 하지만 솔직히 말하면 몇몇 함수를 직접 손으로 천천히 그려보는 것도 그에 못지않게 유익하다. 우리 중에는 함수의 개념을 이해하기 힘들어하는 사람도 많다. 교과서의 정의는 정확하긴 하지만 나처럼 수학적이지 않은 사람에겐 거의 무의미하다. 말 그대로 함수를 낱낱이 분해하고 천천히 다시 만들어보면, 그런 의사소통의 간극을 메우는 데 도움이 된다.

$f(x) = ax^2$의 그래프를 데카르트 좌표계에 그려보자. 앞서 말했듯이 $f(x)$는 y를 달리 적은 기호일 뿐이므로, 여기서 우리는 $y = ax^2$을 다룰 것이다. 이 과정은 지루할망정 복잡하지는 않다. $a = 1$이라고 가정할 때 우리는 x에 여러 값을 넣어 각각의 y 값을 구한 다음, 좌표계에서 두 값이 교차하는 곳에 점을 찍기만 하면 된다. 내 경우엔 그 값들을 우선 표로 정리해보았더니 편리했다.

$x =$	$y =$
-5	25
-4	16
-3	9
-2	4
-1	1
0	0
1	1
2	4
3	9
4	16
5	25
...	...

우리는 이걸 그리면 포물선이 나온다는 사실을 이미 알고 있다. 나는 편의상 정수(양의 정수, 0, 음의 정수)를 선택했지만, 여러분은 양수, 음수, 분수를 막론하고 어떤 실수든지 x에 대입할 수 있다(음수를 여기 포함시키지 않으면 포물선의 절반만 얻게 될 것이다). 앞서 말했다시피 함수는 어

떤 범위 내의 '모든' x 값, 즉 무한개의 값에 대해 존재한다. 그걸 그리는 일은 정말 지루할 것이다. 하지만 x에 충분히 여러 값을 대입하고, 그렇게 얻은 점을 좌표계에 그리다 보면, 언젠가는 연결했을 때 곡선 모양이 뚜렷이 나타날 만큼 점을 모을 수 있을 것이다.

나는 곡선이 함수의 '얼굴'에 해당한다고 말했다. 그런데 그 얼굴은 다양한 표정을 지을 수 있다. 행복하든 슬프든 화가 나든 한 사람은 기본적으로 같은 이목구비를 갖추고 있지만, 그의 얼굴은 그가 경험하는 감정에 따라 매우 다르게 보일 수 있다. 함수도 마찬가지다. 이를테면 방정식에서 상수 a는 포물선의 크기와 방향을 결정한다. a 값이 클수록 포물선은 가파르고 가늘어진다. a가 양수인 포물선은 아래로 볼록하고, a가 음수인 포물선은 위로 볼록하다. $a = 2$인 경우, 우리는 아래 그림처럼 생긴 포물선을 얻는다.

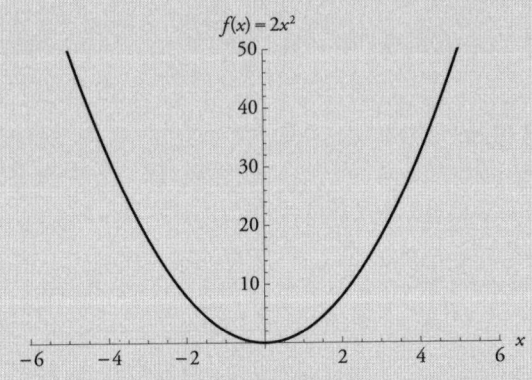

$a = -2$인 경우, 우리는 똑같지만 뒤집힌(위로 볼록한) 모양의 포물선

을 얻는다. 이 함수의 값은 항상 음수이기 때문이다.

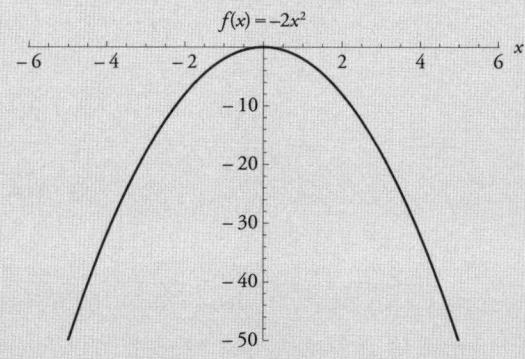

마지막으로 우리는 변수와 상수를 추가한 $f(x) = ax^2 + bx + c$ (혹은 $y = ax^2 + bx + c$)의 경우를 생각해볼 수 있다. 이 기본 방정식에서 각 상수 값을 바꿨을 때 곡선의 모양이 어떻게 달라지는지 직접 확인해보면 재미있다. 예를 들어 $a = 3$, $b = 8$, $c = 10$인 경우에 우리는 다음과 같은 그래프를 얻는다.

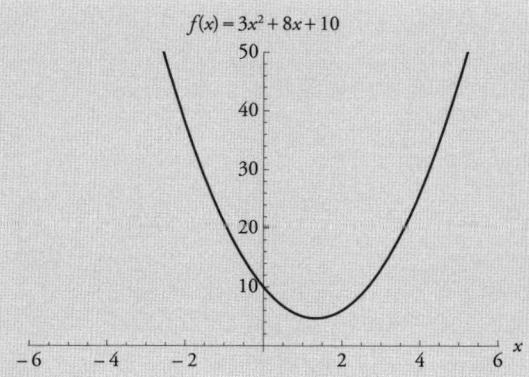

이것은 여전히 같은 기본 함수 그래프다. 그 '얼굴'은 다른 '감정'을 표현하고 있을 뿐 본질은 변하지 않았다.

함수 10인방

몇몇 함수의 그래프는 직접 손으로 그려보면 유익하지만, 너무 자주 등장하는 함수들은 '얼굴(곡선 모양)'을 기억해둘 만하다. 가장 흔한 함수 열 가지는 다음과 같다. 이것들은 이미 어느 정도 낯이 익었을 것이다. 하나(로그)를 제외한 나머지는 모두 우리가 본문에서 접해보았기 때문이다.

덤으로 그 함수들의 도함수와 적분도 언급해두었다. 그 둘은 미적분 초보자에게 매우 중요한 정보이기 때문이다. 더군다나 지난 세대의 수학자들이 우리를 위해 다 계산해놓았는데 우리가 뭐하러 그걸 처음부터 다시 계산하겠는가? 둘의 관계, 즉 미분이 적분의 결과물을 어떻게 되돌리는지, 또 반대 과정은 어떻게 되는지를 실제로 살펴보는 것도 유익할 것이다.

1. 상수함수 : $f(x) = c$

이것은 직선로를 등속도로 달리는 자동차의 속도 등을 나타낼 때 쓰는 함수다. 그런 상황은 2장에서 언급했다.

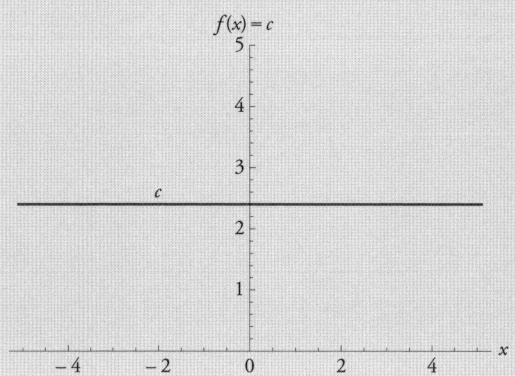

도함수 : $\frac{d}{dx}c = 0$

등호 왼쪽의 표기는 우리가 상수 c를 미분하고 있음을 의미한다. 답이 0인 까닭은 도함수란 곧 변화율을 나타내기 때문이다. 상수는 원래 변하지 않으므로 변화율(도함수)이 0이다.

적분 : $\int c\,dx = cx$ [+]

여기서 등호 왼쪽의 표기는 우리가 상수 c의 적분을 구하고 있음을 나타낸다. 앞서 말했듯 적분은 미분의 이면이다. 예컨대 자동차의 속도를 미분하면 가속도를 알아낼 수 있고, 그 속도를 적분하면 우리가 출발 시점 (a)부터 도착 시점 (b)까지 이동한 거리를 알아낼 수 있다.

실제로 그런 정적분을 구할 경우, 우리는 $\int_a^b c\,dx = (b-a)c$ 라고 적을 것이다. 적분 기호 아래위의 수 a, b는 우리가 적분하는 구간을 나타낸

[+] 엄밀히 말하면 $\int c\,dx = cx + d$다(d는 상수). 부정적분의 결과에는 항상 임의의 상수가 덧붙는다. 이에 대한 설명은 조금 뒤에 나온다. (옮긴이)

다. 등호 오른쪽의 표기는 우리가 도착 시점 (b)에서 출발 시점 (a)을 뺀 후 속도 c를 곱해 이동 거리를 구하고 있음을 나타낸다.

2. 선형함수(일차함수) : $f(x) = ax + b$

이것은 가속도가 일정한 자동차의 속도 등을 나타낼 때 쓰는 함수다. 그런 상황 역시 2장에서 언급했다.

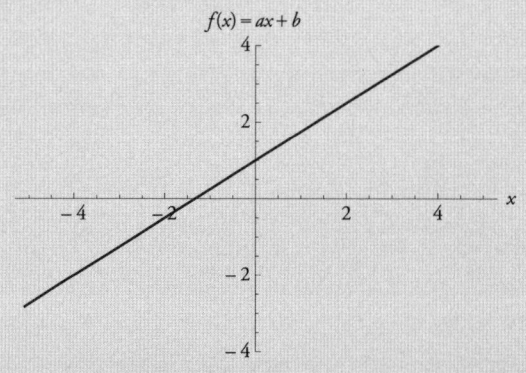

도함수 : $\dfrac{d}{dx}(ax+b) = a$

적분 : $\int (ax+b)dx = \dfrac{1}{2}ax^2 + bx + c$

3. 이차함수(포물선) : $f(x) = ax^{2+}$

이 함수는 갖가지 물리적 상황에서 불쑥불쑥 나타난다. 포탄의 탄도, 떨어지는 사과의 위치 함수, 4장에서 타워오브테러를 타던 우리의 위치 함수 등등.

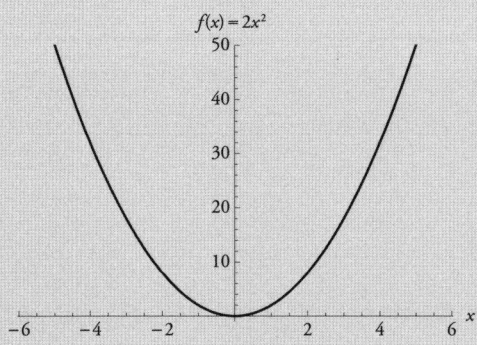

도함수 : $\dfrac{d}{dx}ax^2 = 2ax$

적분 : $\int ax^2 dx = \dfrac{1}{3}ax^3 + c$

4. 지수함수(지수성장곡선) : $f(x) = 10^{ax}$

앞에서 우리는 지수의 기본을 살펴보았다. 지수함수에서는 밑을 고정하고 지수를 변수로 둔다. 여기서 밑은 10이고 지수는 ax다. 이 함수로 우리는 게걸스러운 좀비 때문에 인류의 절멸이 거의 확실시되는 6장의 상황이나 네덜란드 튤립 시장이 급격히 성장하는 5장의 상황을 설명할 수 있다.

✢ 이것은 이차함수의 가장 간단한 예다. 이차함수의 일반형은 $f(x) = ax^2 + bx + c$다. 이 함수의 도함수는 $\dfrac{d}{dx}(ax^2 + bx + c) = 2ax + b$이고, 적분은 $\int (ax^2 + bx + c)dx = \dfrac{1}{3}ax^3 + \dfrac{1}{2}bx^2 + cx + d$이다. (옮긴이)

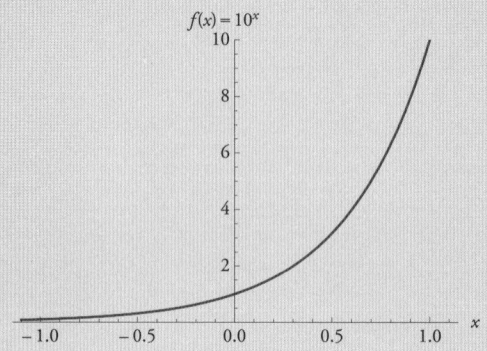

도함수 : $\dfrac{d}{dx}10^{ax} = \dfrac{a}{\log e}10^{ax} = (a\ln 10)10^{ax}$

적분 : $\int 10^{ax}dx = \dfrac{\log e}{a}10^{ax} + c = \dfrac{1}{a\ln 10}10^{ax} + c$

여기서 여러분은 $\log e$라는 새로운 표기를 보았을 것이다. 이것은 오일러수 e의 상용로그 값을 의미한다.[+] 오일러수의 중요성에도 불구하고 나는 본문에서 그걸 언급하지 않았다. 솔직히 말하면 그것이 미적분 초보자들을 혼란시킬 수 있기 때문이다. e는 π처럼 무리수다. 즉 직접 적을 경우, $e = 2.71828\cdots$과 같이 소수점 이하의 숫자가 한없이 계속된다는 뜻이다. 그런 까닭에 방정식에서는 그 수를 그냥 e로만 적어놓는다. 혹시 궁금해하는지 모르겠지만, e의 상용로그 값은 $0.43429\cdots$이다.

[+] 위와 아래(지수붕괴선) 네 공식의 뒷부분은 일반적인 표기 방식을 감안해 옮긴이가 첨가했다. 보통 $\log_a e$보다는 $\log_e a$, 즉 자연로그 $\ln a$를 많이 쓴다.

$(\log e = \dfrac{\log e}{\log 10} = \dfrac{1}{\frac{\log 10}{\log e}} = \dfrac{1}{\log_e 10} = \dfrac{1}{\ln 10})$

5. 지수함수(지수붕괴곡선) : $f(x) = 10^{-ax}$

이 함수 또한 여러 물리적 상황에서 자주 등장한다. 4장에서 언급했듯이, 커피가 식는 속도, 스플래시마운틴에서 물에 젖은 옷이 마르는 속도 등을 이 함수로 설명할 수 있다. 이것은 기본 형태는 지수성장곡선 함수와 같지만 지수가 음수다.

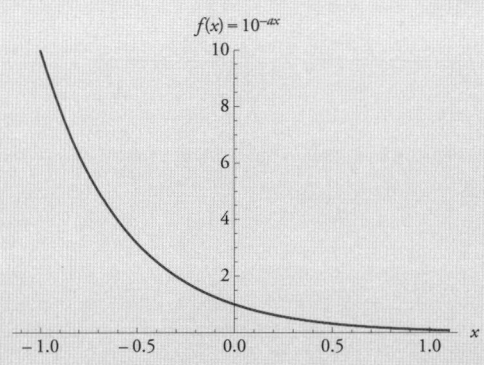

도함수 : $\dfrac{d}{dx}10^{-ax} = -\dfrac{a}{\log e}10^{-ax} = -(a\ln 10)10^{-ax}$

적분 : $\int 10^{-ax}dx = -\dfrac{\log e}{a}10^{-ax} + c = -\dfrac{1}{a\ln 10}10^{-ax} + c$

보다시피 지수붕괴곡선의 도함수 및 적분은 사실상 지수성장곡선의 도함수 및 적분과 똑같다. a에 마이너스 부호가 붙어 있을 뿐이다.

6. 로그함수 : $f(x) = \log ax$

우리가 본문에서 로그함수를 따로 다루진 않았지만, 이 함수로 물리학자들은 기체가 가득한 상자, 블랙홀, 7장에서 언급한 카르노 열기관 같은 물리계의 엔트로피(무질서도)를 알아낸다. 앞서 말했다시피 음수의 로그 값이란 존재하지 않으므로 x의 음수 값에 대해서는 곡선이 나타나지 않는다. 대신 x가 오른쪽에서 0으로 접근하면 로그 값은 음의 무한대로 내려간다.

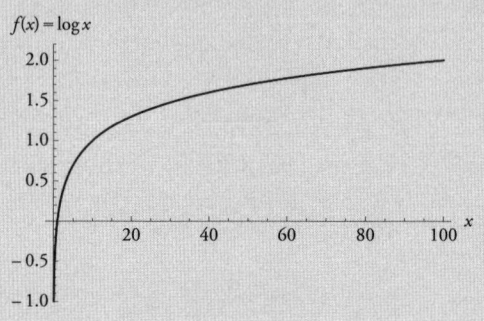

도함수 : $\dfrac{d}{dx}\log ax = \dfrac{\log e}{x}$

적분 : $\int \log ax\, dx = x\log ax - x\log e + c = x\log ax - \dfrac{x}{\ln 10} + c$

7. 사인함수 : $f(x) = \sin ax$

이것은 대표적인 주기함수로, 함수 값이 일정한 속도와 시간 간격으로 되풀이된다. 그 간격을 주기라고 부른다. 우리는 9장에서 파도의 파동을 이야기하면서 사인파, 즉 사인 곡선을 접했다. 하지만 이 개념은 물결 같은 현상이라면(광파, 음파, 중력파 등) 혹은 일정한 주기로 되풀이되는 과정이라면(시계의 똑딱거림, 인간의 심장박동, 24시간마다 반복되는 해돋이 등) 어디든지 적용할 수 있다.

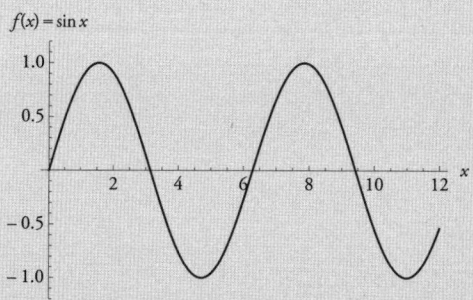

도함수 : $\dfrac{d}{dx}\sin ax = a\cos ax$

적분 : $\int \sin ax\, dx = -\dfrac{1}{a}\cos ax + c$

8. 코사인함수 : $f(x) = \cos ax$

코사인함수는 사인함수와 한 쌍을 이루는 여함수다. 이것 역시 일종의 사인 곡선으로, 물결 같은 현상에 적용된다.

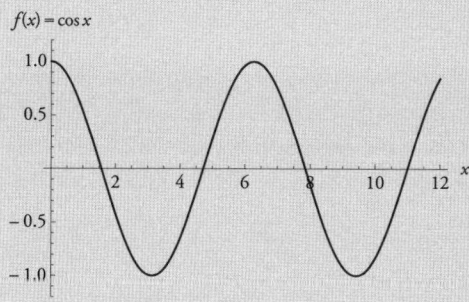

도함수 : $\dfrac{d}{dx}\cos ax = -a\sin ax$

적분 : $\int \cos ax\, dx = \dfrac{1}{a}\sin ax + c$

9. 쌍곡선코사인함수(현수선) : $f(x) = \cosh x = \dfrac{e^x + e^{-x}}{2}$

이것은 뒤집으면 가장 튼튼한 아치 모양이 된다고 8장에서 이야기한 바로 그 곡선이다. 여기서 우리는 오일러수를 또 만난다. 이번에 오일러수는 e^x라는 함수 모양을 하고 있다. 여느 무리수와 마찬가지로 e는 유별난 성질이 있다. 예컨대 e^x는 원래 함수와 도함수와 적분이 모두 일치하는 유일한 함수다[$f(x) = 0$을 제외하면]. 아래의 공식에서도 이를 분명히 확인할 수 있다.

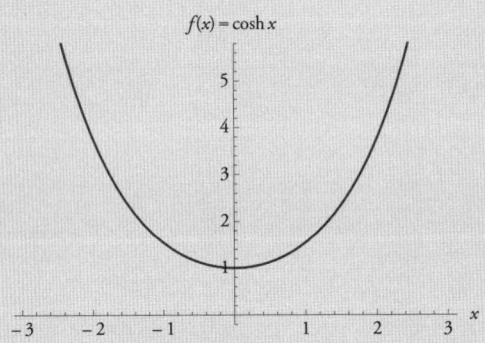

도함수 : $\dfrac{d}{dx}\cosh ax = \dfrac{1}{2}(e^x - e^{-x})$

적분 : $\int \cosh x\, dx = \dfrac{1}{2}(e^x - e^{-x}) + c$

10. 정규분포함수(종형 곡선) : $f(x) = e^{-x^2}$

이것은 비록 종종 오해되긴 하지만 일반 대중에게 가장 잘 알려진 함수일 듯하다. 우리는 3장에서 크랩스의 확률을 이야기할 때 이 함수를 만났다. 하지만 이것은 확률변수와 관련된 상황이라면 거의 어디든지 적용할 수 있다. 경제학에서 옵션 가격을 결정할 때 쓰는 블랙숄즈 모형도 정규분포함수를 이용한 예다. 이 함수는 대규모 개체군에서 어떤 특징이 나타날 확률을 계산하거나 학교에서 '상대평가'로 성적을 매길 때도 유용하다.

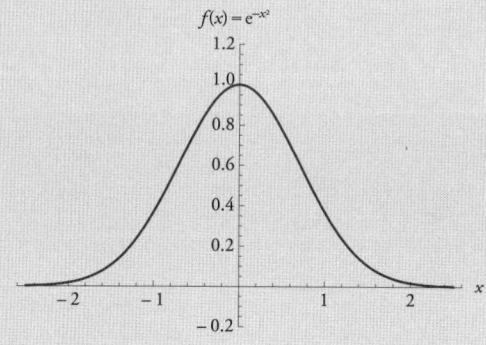

도함수 : $\dfrac{d}{dx} e^{-x^2} = -2xe^{-x^2}$

적분 : 정규분포함수의 적분은 알려져 있지 않다. 이 적분은 컴퓨터로 계산할 수는 있지만 명시적 형태로 적을 수는 없다.

문제를 풀어보자

자, 이제 퍼즐 조각들을 짜 맞추며 실제로 미적분 문제를 어떻게 푸는지 살펴보자. 이것들은 연필과 종이로 풀 수 있는 간단한 예제다. 하지만 여러분이 미적분을 더 깊이 파고들 생각이라면 공학용 계산기를 하나 마련해볼 만하다. 지루한 숫자 계산은 기계에게 맡기자. '진짜' 수학은 창의적 문제 해결이지 기계적 계산이 아니다.

극한값 구하기

우선 함수의 극한값을 찾는 간편한 요령부터 알아보자(극한값이 존재하는 경우라고 가정하자. 극한값이 없는 경우도 있다). 장담하건대 이걸 알아두면 미분을 배울 때 도움이 될 것이다. 앞에서 우리는 $f(x) = 2x + 5$라는 함수를 보았다. 이 함수는 기울기가 2이고 y 절편이 5인 직선을 나타낸다. x가 3에 접근할 때 $f(x)$의 극한값은 11이다. 이 말은 우리가 x에 대입하는 값이 3에 가까워질수록 함수 그래프의 높이 y 값이 11에 가까워진다는 뜻이다.

우리가 이걸 '어떻게' 아느냐고? 3에 가까워지는 일련의 수를 직접 x에 대입해보면 이해가 갈 것이다. 예를 들어 $x = 2.9$이면 함수 값은 10.8, $x = 2.95$이면 함수 값은 10.9, $x = 2.99999$이면 함수 값은 10.99998이 된다. 이렇듯 x 값이 3에 가까워질수록 함수 값은 11에 가까워진다. 고로 x가 3에 접근할 때 이 함수의 극한값은 11이다.

하지만 이 과정은 지루하고 시간이 많이 걸리는 데다 극한값의 근삿값만 내놓을 뿐이다. 우리는 극한값을 정확하게 구하고 싶다. 가장 간단한 방법은 이른바 대입법이다. 여러분은 'lim' 기호 아래에 적힌 숫자를 방정식의 x에 대입하기만 하면 된다. 예를 들어 x가 2에 접근할 때 포물선 함수 $f(x) = x^2$의 극한값 $\lim_{x \to 2} x^2$을 구해보자. 방정식의 x에 2를 넣으면 우리는 4를 얻는다. 그러므로 $\lim_{x \to 2} x^2 = 4$다.

마찬가지로, $\lim_{x \to 4}(x^2 - x + 2)$를 구하려면 x에 4를 넣어보면 된다. $4^2 - 4 + 2 = 14$이므로 $\lim_{x \to 4}(x^2 - x + 2) = 14$다.

여러분은 함수 $f(x) = x^2 - x + 2$의 그래프(또 다른 포물선)로 이걸 확인해볼 수 있다. 즉 4 위아래의 값을 x에 넣어보면, 그 값이 4에 가까워질수록 함수 값이 14에 가까워진다는 사실을 확인할 수 있다.

하지만 항상 그렇게 간단하지는 않다. 때로는 'lim' 기호 아래의 수를 x에 대입하면, 말도 안 되는 수가 나오기도 한다. 이를테면 분모가 0이 되는 경우도 있는데, 이것은 수학에서 금기 사항이다. 그런 경우 우리는 인수분해라는 방법으로 문제를 좀 더 간단하게 바꿀 수 있다. 가령 $\lim_{x \to -3} \frac{x^2 - 9}{x + 3}$의 값을 구한다고 치자. 방정식의 x에 -3을 넣어보면, $\frac{0}{0}$이 나온다. 이런 결과는 아무 쓸모가 없다.

그래서 우리는 방법을 바꿔 분자를 인수분해한다. 마침 x^2과 9는 모두 완전제곱수다(내가 이 예를 고른 데는 그만한 이유가 있다). 인수분해의 결과는 $\lim_{x \to -3} \frac{(x+3)(x-3)}{x+3}$이다.

아하! 고등학교 수학 시간에 우리는 분자와 분모에 같은 식이 있으면 둘을 같이 없앨 수 있다고 배웠다. 이 경우에는 $x + 3$이 분자와 분모 모두에 있다. 둘을 지우면 문제는 훨씬 간단한 $\lim_{x \to -3}(x-3)$이 된다.

이제 우리는 대입법으로 돌아가서 x에 -3을 넣을 수 있다. -3 - 3 = -6 이므로 $\lim_{x \to -3} \frac{x^2-9}{x+3} = -6$이다. 숀은 이렇게 말한다. "$x = -3$에서 함수 값 자체는 명확하지 않지만 극한값은 명확하지."

직선의 기울기 구하기

2장에서 우리는 로스앤젤레스에서 라스베이거스로 자동차 여행을 하면서, 매우 이상적인 상황을 가정해 예비미적분의 기본 개념을 설명했다. 예를 들기 위해 우리는 여기서 또 다른 이상적 상황을 가정할 것이다. 가령 어떤 자동차가 제한속도까지 속도를 높인 다음, 얼마간 일정 속도로 달리다가 장애물을 피하려고 급정거했다고 치자. 이렇게 변화하는 속도를 시간의 함수 그래프로 그리면, 우리는 이런 모양의 결과를 얻을 것이다.

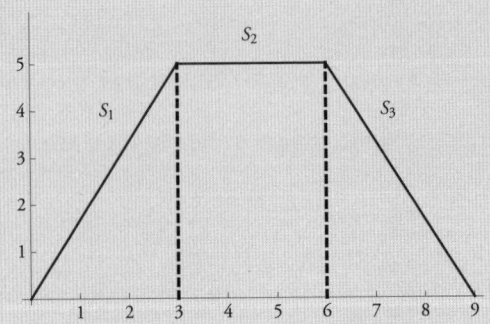

이 도형은 엄밀히 말하면 여전히 '굽어' 있지만 가장자리는 모두 직선이다. 우리는 결국 직선을 다루고 있는 셈이므로 각각의 기울기 S_1,

S_2, S_3을 아주 쉽게 구할 수 있다. 한 직선에서 두 점 (a, b), (c, d)를 아무렇게나 골라 간편한 공식 $S = \dfrac{d-b}{c-a}$에 집어넣기만 하면 된다. S_1의 경우, 처음과 끝의 두 점 $(0, 0)$과 $(3, 5)$를 골라보자. 그 값을 공식에 넣으면 $S_1 = \dfrac{5-0}{3-0} = \dfrac{5}{3}$라는 결과가 나온다. 그다음 $S_2 = 0$이란 결과를 얻는 과정은 너무나 간단한 산술이다. 마찬가지로 S_3도 두 점 $(6, 5)$와 $(9, 0)$을 이용해 계산할 수 있다. 결과는 $S_3 = \dfrac{0-5}{9-6} = -\dfrac{5}{3}$이다. 기울기가 음수라는 말은 곧 우리 속도가 줄어들고 있다는 뜻이다.

기울기 S_2가 0인 이유는 그 직선이 완전히 평평한 수평선분이기 때문이다. 그 양 끝 점 사이에서는 자동차가 일정 속도로 달리고 있으므로, 함수 값이 변하지 않는다(완전히 '수직'인 직선은 기울기가 아예 없다. 그래서 그 기울기는 '정의되지 않는다'고 말한다).

앞서 말했다시피 기울기는 곧 함수 값의 변화 속도(미분계수)다. 직선이 위로 향하든 아래로 향하든 기울기가 가파를수록 함수 값은 빨리 변한다. 위 공식에서도 이를 확인할 수 있다. 분자가 분모보다 크면 y 값이 x 값보다 빨리 변하므로 직선 기울기가 가파르다. 반대로 분모가 더 크다는 말은 x 값이 y 값보다 빨리 변하므로(그래프상의 점이 가로 방향으로 움직이는 정도가 세로 방향으로 움직이는 정도보다 크므로) 직선이 완만하다는 뜻이다. 그래서 위 그래프는 자동차가 가속한 다음 일정 속도로 달리다 감속하는 운동으로 해석할 수 있다.

넓이 구하기

이 도형의 넓이를 구하는 것도 간단한 문제다. 전체 도형을 더 간단한 기하 도형으로, 즉 삼각형 둘과 직사각형 하나로 나누기만 하면 된다.

두 삼각형의 넓이는 밑변 길이에 높이를 곱한 값을 2로 나누면 구할 수 있다. 공식으로 표현하면 $A = \frac{bh}{2}$가 된다(A: 넓이, b: 밑변 길이, h: 높이). 직사각형의 넓이는 가로에 세로를 곱하면 구할 수 있다. 공식으로 적으면 $A = wh$가 된다(w: 가로). 그렇다면 전체 도형의 넓이를 구하는 것은 결국 이 세 넓이를 합산하는 문제일 뿐이다.

두 삼각형 모두 $h = 5$, $b = 3$이다. 따라서 각 삼각형 넓이는 $5 \times 3 \div 2 = 7.5$다. 가운데 직사각형 넓이도 위 공식대로 구해보면, $3 \times 5 = 15$라는 결과가 나온다. 세 값을 합산하면(15 + 7.5 + 7.5) 우리는 30이라는 전체 넓이를 얻을 수 있다.

조금 더 복잡한 문제들

하지만 현실 세계는 그렇게 이상화된 모델에 꼭 들어맞기 힘들다. 위 예의 경우 실제로는 속력과 방향이 끊임없이 변하므로 우리는 단순한 직선이 아니라 곡선을 다루게 될 것이다. 여기서 미적분의 진가가 드러난다. 함수의 도함수와 적분을 이용하면, 변화와 운동을 다루는 복잡한 문제를 푸는 데 도움이 된다. 다시 말하지만, 도함수는 변화율을 나타내며 곡선의 접선 기울기에 해당하고, 적분은 곡선 아래 넓이에 해당한다. 불규칙한 기하 도형을 다룰 때는 이런 값을 구하기가 좀 더 까다로울 뿐이다.

4장에서 우리는 타워오브테러를 타며 자유낙하를 경험한 후, 우리의 운동(위치 변화)을 시간의 함수 그래프로 그리면 포물선이 나온다는 점을 배웠다. 그 포물선은 우리의 위치 함수 $h(t) = \frac{1}{2}at^2 + b$를 나타낸다($h$: 높이, t: 시간). 가령 우리가 임의의 점에서의 순간속도를 알아내고 싶다고 치자. 그러면 우리는 그 점에 닿는 접선의 기울기를 구해야 하는데, 그것은 곧 이 위치 함수의 도함수와 일치한다.

이제 우리는 위치 함수의 기본형을 안다. 그런데 우리는 상수 b 값, 즉 출발 높이도 안다. 타워오브테러의 높이는 199피트다. 계산의 편의상 그 값을 200피트라고 하면, $b = 200$이다.

마지막으로 우리는 중력가속도 a값도 안다. 중력가속도, 즉 낙하하는 물체의 가속도는 약 $-32ft/s^2$이고,[+] 그 값의 절반은 -16이다(값이 음수인 까닭은 우리가 떨어질 때 높이가 줄어들기 때문이다). 이 값들을 처음 방정식에 넣으면, 우리는 $h(t) = -16t^2 + 200$을 얻는다. 이제 우리는 미분할 준비가 다 되었다.

미분(어려운 방법)

거짓말은 하지 않겠다. 이야기가 곧 복잡해질 것이다. 하지만 여기서 고통스러운 단계를 차근차근 밟아보는 일은 유익하다. 그래야 '다음' 절에서 간소화한 방법을 보았을 때 미적분의 유용성을 온전히 음미할 수 있

[+] 미터법을 쓰는 우리나라 교과서에는 중력가속도가 약 $-9.81m/s^2$로 나온다. 여기서는 계산의 편의상 단위를 환산하지 않고 그대로 두었다. (옮긴이)

다. 우리는 먼저 점 (t_1, h_1)을 고른다. 그리고 그 점을 지나는 접선을 그린 다음, 접선 기울기를 구하고자 한다. 그걸 구하면 우리는 순간속도도 구한 셈이 된다. 문제는 접선이 곡선 위의 한 점만 지난다는 데 있다. 우리는 가까운 다른 점 (t_2, h_2)을 고른 다음, 앞에서 나온 간편한 공식으로 두 점 사이의 기울기를 구할 수도 있다. 하지만 그 값은 정확한 접선 기울기가 아니라 근삿값일 뿐이다. 대신 두 점이 서로 가까워질수록 우리는 더 정확한 근삿값을 얻게 될 것이다[(t_1, h_1)과 (t_2, h_2)가 똑같아지면 기울기는 $\frac{0}{0}$이 된다. 분모에 0이 나오는 것은 수학에서 금기 사항이다].

그러나 우리는 '정확한' 접선 기울기를 구하고 싶다. 좋은 소식은 이런 문제에 제격인 편리한 표기법 $\frac{\Delta h}{\Delta t} = \frac{h_2 - h_1}{t_2 - t_1}$이 있다는 것이다. 여기서 Δ(델타)는 매우 작은 증분을 나타낸다. 나쁜 소식은 우리가 h_2, h_1, Δh 등의 값을 전혀 모른다는 것이다.

우선 우리는 h_2 값을 구해야 한다. 그러려면 t_2를 위치 함수에 넣으면 된다. 결과는 다음과 같다.

$$h(t_2) = -16t_2^2 + 200$$

그런데 우리는 $t_2 = t_1 + \Delta t$라는 사실을 알고 있으므로, 이것을 위 식의 t_2에 대입할 수 있다. 결과는 이러하다.

$$h(t_2) = -16(t_1 + \Delta t)^2 + 200$$

우리는 이 식을 가능한 한 많이 분해하고자 한다. 식을 해체한다고, 즉 세부 요소를 더 잘 다룰 수 있도록 식을 낱낱의 성분으로 나눈다고 생각해보자. 이를테면 우리는 위 식을 이렇게 바꿔 쓸 수도 있다.

$$h(t_2) = -16(t_1 + \Delta t)(t_1 + \Delta t) + 200$$

그다음 몇 단계는 건너뛰겠다. 이 단계들은 수학의 '문법'에 따라 식을 좀더 해체하는 과정일 뿐이다. 그 결과가 이렇게 된다고만 말해도 충분할 듯하다.

$h(t_2) = -16(t_1^2 + 2t_1 \Delta t + \Delta t^2) + 200$

이야기가 꽤 혼란스러워지기 시작했지만 우리는 아직 끝나지 않았다. 다음 단계로 우리는 h_1 값을 구해야 한다. 다행히도 이것은 맨 처음의 위치 함수 그대로일 뿐이다. 즉 $h_1 = -16t_1^2 + 200$이다.

이제 우리는 h_2에서 h_1을 빼 Δh를 구할 수 있다.

$\Delta h = -16t_1^2 - 32t_1 \Delta t - 16\Delta t^2 + 200 - (-16t_1^2 + 200)$

이 식을 해체한 후 상쇄되는 요소를 모두 없애고 나면, 다음처럼 훨씬 간단한 형태의 식이 나온다.

$\Delta h = -32t_1 \Delta t - 16\Delta t^2$

드디어 우리는 위 식을 Δt로 나눠 이런 식을 얻는다.

$\dfrac{\Delta h}{\Delta t} = \dfrac{-32t_1 \Delta t - 16\Delta t^2}{\Delta t}$

이 식을 Δt로 약분하면 훨씬 간단해진다.

$\dfrac{\Delta h}{\Delta t} = -32t_1 - 16\Delta t$

이제 우리의 오랜 친구 극한이 등장한다. 우리가 구하는 순간속도란 결국 Δt가 0으로 접근할 때 $\dfrac{\Delta h}{\Delta t}$의 극한값이다. 결과는 다음과 같다.

$v(t_1) = \lim\limits_{\Delta t \to 0} \dfrac{\Delta h}{\Delta t}$

우리는 위에서 $\dfrac{\Delta h}{\Delta t}$를 이미 구해놓았다. 그 값을 극한의 진수에 대입해 식을 다시 쓰면 이렇게 된다.

$\lim\limits_{\Delta t \to 0} (-32t_1 - 16\Delta t) = -32t_1$

요컨대 우리는 $v(t) = -32t$라는 결론을 얻는다. 물리학에 관심 많은 사람들은 이게 기본적인 속도 공식에 해당한다는 점을 알아차릴 것이다. 속도는 가속도에 시간을 곱한 값과 같다. 이 공식은 흔히 $v = at$라고 적는다.

미분(쉬운 방법)

나는 위 과정을 몇 번이고 되풀이했던 가련한 조상들에게 여러분이 가슴 찡한 연민을 느꼈으면 한다. 그들은 그런 식으로 주요 함수들의 도함수를 모두 알아낸 다음, 기본 미적분표로 정리해 후세에게 물려주었다. 오늘날 미분 계산은 훨씬 쉬워졌다. 우리는 이를테면 t^2의 도함수가 $2t$라는 사실을 '알고' 있기 때문이다. 설령 그걸 모르더라도 우리는 미적분표를 찾아볼 수 있다. 이 간단한 방법으로 위 문제를 다시 다뤄보자.

위치 함수가 $h(t) = -16t^2 + 200$임을 알고 있는 상황에서 우리는 $t = 1$(초)일 때 순간속도를 알고 싶다. 그래서 우리는 위치 함수를 미분해 속도 함수를 구하려고 한다. 즉 속도 함수는 $h(t) = \dfrac{dh}{dt}$다.

이미 알고 있는 h 식을 속도 함수의 h에 대입하면 이렇게 된다.

$$\dfrac{dh}{dt} = \dfrac{d}{dt}(-16t^2 + 200)$$

오른쪽 식을 전개하면 이렇게 된다.

$$\dfrac{dh}{dt} = \dfrac{d}{dt}(-16t^2) + \dfrac{d}{dt}200$$

여기서 -16을 괄호 밖으로 끄집어내면 $\dfrac{dh}{dt} = -16\dfrac{d}{dt}t^2 + 0$이 된다. 0이 어디서 나왔느냐고? 상수 200을 미분한 결과다. 미적분의 규칙에 따르면, 상수의 도함수는 무조건 0이다. 도함수란 곧 변화율인데, 상수는 변하지 않기 때문이다.

이제 t^2의 도함수를 구하기만 하면 된다. 여기서 우리는 바로 앞 절에서 설명한 중간 단계를 모두 건너뛸 수 있다. t^2의 도함수가 $2t$라는 사실을 알고 있기 때문이다. 이 말은 곧 $\frac{d}{dt}t^2$ 대신 $2t$를 쓸 수 있다는 뜻이다. 따라서 우리는 $\frac{dh}{dt}$ = -16 × $2t$라는 결과를 얻는다.

우리는 $\frac{dh}{dt}$가 곧 $v(t)$임을 안다. 우변의 곱셈을 마저 끝내면, 우리는 앞서 장황하게 설명한 방법으로 얻은 답과 똑같은 답을 얻게 된다. 즉 속도 함수는 $v(t)$ = $-32t$다. 따라서 t = 1일 때 순간속도는 -32ft/s이다.

적분

적분은 미분의 반대이므로, 여기서 우리는 문제를 뒤집을 것이다. 이번에 우리는 속도 함수 $v=at$를 알고 있는 상황에서, 특정 시점의 우리 위치 $h(t)$를 구하고자 한다. 적분은 곡선 아래 넓이에 해당하는데, 이 경우에는 그 넓이를 구하기가 매우 쉽다. 속도 함수를 그래프로 그리면 직선이 나오기 때문이다. 그러므로 우리는 여기서 적분을 구하려면 그 삼각형의 밑변에 높이를 곱한 값을 2로 나누기만 하면 된다($\frac{bh}{2}$).

하지만 우리의 위치 함수 그래프가 직선도 삼각형도 없는 진짜 곡선이라고 가정해보자. 이제 문제는 복잡해진다. 1장에서 우리는 곡선 아래 넓이의 근삿값을 계산하는 방법, 즉 에우독소스의 실진법을 살펴보았다. 실진법에서는 넓이 계산이 용이한 직사각형들로 곡선 아래를 채운 다음, 각 직사각형 넓이를 계산해 합산함으로써 곡선 아래 넓이의 근삿값을 얻는다. 직사각형 크기가 작을수록 곡선 아래가 빽빽해지면서 근삿값이 실제 넓이에 가까워진다. 우리는 극소한 직사각형으로 이 일을 말 그대로 영원히 계속할 수 있다.

다행히 우리에겐 적분이라는 방법도 있다. 적분은 삼각형 넓이 계산보다 조금 어렵지만, 곡선 아래 넓이를 구하는 데 크게 도움이 된다. 그러므로 $v = at$의 적분 과정은 배워볼 만한 가치가 있다. (공식을 유도하는 과정은 생략하겠다. 고맙지?)

이 문제는 수학적으로 이렇게 적을 수 있다. $h(t) = \int v(t)dt$ 이것은 우리가 속도(v)를 시간(t)에 대해 적분함으로써 순간속도를 모두 합산해 위치(h)를 구한다는 뜻일 뿐이다.

간편한 속도 함수 덕분에 우리는 $v = at$라는 사실을 알고 있으므로, $v(t)$를 at로 바꿔 $h(t) = \int at\, dt$를 얻을 수 있다.

또 다른 편리한 미적분 규칙에 따르면, at 같은, 상수와 함수의 곱을 적분할 때는 언제든지 상수를 적분기호 밖으로 끄집어낼 수 있다. 따라서 위 식은 이렇게 적을 수 있다.

$h(t) = a \int t\, dt$

여기서 적분기호와 dt를 없애려면 미적분표에서 t의 적분을 찾아보면 된다. 표를 확인한바 그것은 $\frac{1}{2}t^2 + c$다. 이 식에 상수 c를 넣은 것은 또 다른 미적분 규칙 때문이다. 그 규칙에 따르면, 부정적분—적분 구간이 지정되지 않은 적분—에는 항상 상수가 들어간다(그래서 물리학자들은 잡다한 연구 결과에 장난스럽게 '상수를 더하는' 습성이 있다). 여러분이 잠깐 생각해보면 이해가 갈 것이다. 적분은 곡선 아래 넓이에 해당한다. 그런데 넓이란 일정한 범위를 나타낸다. 설령 우리가 그 범위를 모르더라도

방정식에는 미지의 일정 값이 필요하다. c는 바로 그런 값을 의미한다.[+]

t의 적분을 방정식에 집어넣으면 이렇게 된다.

$$h(t) = a\left(\frac{1}{2}t^2\right) + ac$$

낯이 익지 않은가? 그렇다. 이건 바로 우리의 오랜 친구 포물선이다! 드디어 우리는 '속도가 직선($v = at$) 모양으로 변하면 위치는 포물선 [$h(t) = \frac{1}{2}at^2 + c$] 모양으로 변한다'는 사실을 알게 되었다. 게다가 그걸 수학적으로 증명할 수도 있다.

함수로 놀기

하지만 여기서 요점은 우리가 위치 함수 $h(t) = \frac{1}{2}at^2 + c$를 몇 단계 만에 쉽게 알아냈다는 데 있다. 이제 우리는 어떤 t 값에 대해서든 우리 위치(h)를 계산할 수 있다.

앞서 얘기한 자유낙하 시나리오에서 $b = 200$이고 $a = -32$였다. 예를 들어 $t = 1$에서 우리 높이(h)는 얼마일까? 184피트다. $t = 2$이면? $h = 136$피트. $t = 3$이면? $h = 56$피트. 이런 식이다. 사실 우리는 위치 함수로 대수방정식을 세워, h가 0이 되는 시간, 즉 타워오브테러 꼭대기에서 떨어진 우리가 땅에 닿는 시간을 알아낼 수도 있다. 이 경우 우리는 t 값을 구하고 있으므로, 식을 $t = \sqrt{-\frac{2b}{a}}$로 바꿔 쓸 수 있다.

이 식에 a, b 값을 집어넣으면 $t = \sqrt{-\frac{2(200)}{-32}}$이 된다. 이어서 마이

[+] 적분 상수의 존재를 엄격하게 수학적으로 증명하는 일은 의외로 매우 까다롭다. 그냥 간단히 설명하자면, 부정적분에 상수를 적는 이유는 상수의 도함수가 0이기 때문이다. 예컨대 $x^2 + c$의 도함수는 c가 얼마이든 간에 $2x$다. 따라서 $2x$의 부정적분은 $x^2 + c$이다. (옮긴이)

너스 기호를 상쇄시키면 $t = \sqrt{\dfrac{400}{32}}$ 이 된다.

이제 분수를 약분하기만 하면 우리는 $t = \dfrac{5}{\sqrt{2}}$ 를 얻을 수 있다. 계산기로 $\sqrt{2}$ 값을 알아보고 나눗셈을 마저 하면, $t ≒ 3.5$ 라는 결과가 나온다. 그러므로 우리는 낙하 시작 후 약 3.5초 만에 지면에 닿을 것이다.

부록 2

좀비 대재앙에서 살아남기

자, 이제 미치든 닥치든 하자고.

— 텔러해시Tallahassee
〈좀비랜드Zombieland〉

2009년 흥행작 〈좀비랜드〉에서는 고약한 인간 광우병이 미국 전역을 휩쓸며 국민 대다수를 게걸들린 좀비로 바꿔놓는다. 그 와중에 용케 살아남은 오합지졸이 비감염 지역을 찾아 돌아다니던 끝에 어느 버려진 놀이공원에서 좀비 떼와 대격전을 벌인다. 〈좀비랜드〉는 〈새벽의 저주〉(2004)를 제치고 좀비 영화 흥행 1위를 차지했다. 알다시피 조만간 속편도 나올 것이다.

가령 그 속편에서 콜럼버스, 위치토, 리틀록, 트윙키광 텔러해시가 드디어 비감염 지역을 찾아내 좀비 전쟁을 멈추고 한숨 돌린다고 치자. 그런데 다시 좀비가 나타나기 시작하고, 텔러해시 일행은 평화롭게 지낼 날이 얼마 남지 않았음을 직감한다. 감염 속도, 즉 좀비 수의 증가 속도를 안다면 그들은 좀비가 언제 압도적으로 많아질지 예측하고서 상황

이 심각해지기 전에 떠날 수 있을 것이다. 운이 좋으면 그들은 늘 좀비 역병보다 한 발 앞서 움직일 수도 있다. 그들에게 필요한 건 약간의 미적분뿐이다.

    이 문제를 풀려면 미분방정식이라는 음침한 영역으로 들어가야 한다. 무섭게 들리겠지만 사실 미분방정식이란 도함수를 포함하는 방정식일 뿐이다. 이것은 부록 1의 문제보다 조금 복잡하다. 하지만 내가 직접 겪어본바 미적분을 진지하게 배우는 사람들은 언젠가 미치든지 닥치든지 하고 이 괴물을 정면으로 마주해야 할 것이다. 누가 또 알아? 여러분이 좀비 대재앙에서 살아남는 데 이런 게 도움이 될지.

여기서 미분방정식이 왜 필요할까? 앞서 말했다시피 개체 수가 등비로 증가하는(혹은 감소하는) 속도는 바로 그 개체 수 자체에 달려 있기 때문이다. (완벽하게 등비로 증가하는 지수함수 모델이 나타나려면 개체 수가 무한해야 하는데, 실제로 그런 상황은 거의 존재하지 않는다. 하지만 예로 살펴보는 데는 이 모델이면 충분하다.) 이를 고려해 미분방정식을 세우고 풀면, 임의의 시간에 좀비가 얼마나 많을지 예측할 수 있다. 여기서 우리는 켈리의 책에서 빌려온 예제 $\frac{dy}{dx} = ky$를 이용할 것이다.

위 방정식에서 y는 좀비 수, x는 지나간 시간, 도함수는 좀비 수의 변화율을 나타낸다. k는 좀비 수의 증가 비율을 결정하는 비례상수다.

미분방정식을 푸는 첫 단계에서는 보통 몇몇 변수를 방정식의 반대쪽 변으로 옮긴다. 말하자면 문제를 고쳐 쓰는 셈이다. 이 경우에 우리는 y를 좌변에 몰아놓고 싶다. 수학자들은 $\frac{dy}{dx}$란 '실제로' 분수가 아니라고 이야기할 것이다. 하지만 $\frac{dy}{dx}$에도 대수의 기본 규칙은 적용된다. y를 우변에서 좌변으로 옮기려면 양변을 y로 나눠야 한다. 그 결과 우리는 $\frac{dy}{y(dx)} = k$를 얻는다.

좌변에 y만 모아놓으려면, 이제 dx를 우변으로 옮겨야 한다. 그러려면 양변에 dx를 곱하기만 하면 된다. 결과는 이러하다.

$$\frac{dy}{y} = kdx$$

여기서 dy와 dx를 없애려면 어떻게 해야 할까? 양변에 적분기호를 덧붙이고 적분을 구해버리면 된다. 우선 적분기호를 붙이면 식은 다음과 같다.

$$\int \frac{1}{y} dy = \int k dx$$

다행히 k는 상수다. 우리는 상수를 적분하는 요령을 2장에서 배웠다. 5의 적분이 $5x$이듯이, k의 적분은 kx다. 한편 좌변에서는 $\frac{1}{y}$을 y에 대해 적분해야 한다. 미적분표에 따르면 이 값은 자연로그함수 $\ln y$다. 고로 식은 $\ln y = kx + c$가 된다. c를 덧붙여 적은 이유는 우리가 부정적분을 했기 때문이다.

성가신 자연로그($\ln$)는 어떻게 처리해야 할까? 다행히 우리는 부록 1에서 설명한 지수함수 e^x로 자연로그함수를 상쇄시킬 수 있다. 함수 e^x는 자연로그함수의 역함수다. 즉 자연로그 값을 진수로 되돌린다는 뜻이다 (역함수는 방정식에서 어떤 요소—이 경우엔 자연로그—를 없애고자 할 때 유용하다). 우리는 방정식을 $e^{\ln y} = e^{kx+c}$로 고쳐 쓸 수 있다. 이 식은 이전 방정식의 양변을 e의 지수로 적은 것일 뿐이다. e^x가 $\ln x$를 상쇄하므로 식은 이렇게 바뀐다.

$$y = e^{kx+c}$$

이것도 해답이라고 볼 수 있지만, 우리는 이 식을 더 간단하게 바꿀 수 있다. 우선 지수함수의 기본 규칙에 따르면 x^{a+b}는 $x^a \times x^b$로 고쳐 쓸 수 있다. 그러므로 우리는 위 방정식을 다시 이렇게 바꿔 적을 수 있다.

$$y = e^{kx} \times e^c$$

마지막으로 우리는 e^c를 그냥 C로 바꿔 쓸 수 있다. 크게 보면 둘 다 상수이기 때문이다. 그리하여 우리는 결국 $y = Ce^{kx}$라는 함수를 얻는다. 휴! 이게 바로 우리 문제의 해답을 암호화한 방정식이다.

여러분이 나 같은 사람이라면 지금쯤 머리가 지끈거려 이걸 그만두고 싶을 것이다. 하지만 좀비들을 잊지 말자! 우리는 좀비 역병이 퍼지는 속도를 알아내야 한다. 바로 우리 목숨이 그 속도에 달려 있기 때문이다. 2장에서 배웠다시피 미분방정식의 답은 특정한 수가 아니라 새로운 방정식이다. 그런데 이 특별한 방정식은 좀비 수 증가율 계산의 열쇠를 쥐고 있다.

이 새로운 방정식의 구성 요소들이 의미하는 바는 무엇일까? C는 최초의 좀비 수(변하지 않는 상수)를, y는 어떤 시간(x)이 지난 후의 전체 좀비 수를 나타낸다. 그 사이에 숨어 있는 오일러수(e)도 있지만, 그건 아직 걱정할 필요가 없다. 마지막으로 k는 좀비 수의 증가 비율을 결정하는 비례상수다.

우리는 k 값을 알아내야 한다. 우선 최초의 좀비 수부터 정해보자. 가령 첫날 19명이 오염된 햄버거를 먹고 좀비가 되었다고 치자. 그런데 10일 후 우리가 다시 수를 헤아려보았더니 좀비는 193마리로 불어나 있었다고 치자. 이 정도만 알면 우리의 편리한 방정식을 이용해 k 값을 구할 수 있다. $y = 193$(최근의 좀비 수), $C = 19$(최초의 좀비 수), $x = 10$(지나간 날짜)을 위 식에 대입하면 $193 = 19e^{10k}$가 된다.

이어서 우리는 몇 단계에 걸쳐 이 식을 간단하게 바꿔 답을 구할 것이다. 구하고자 하는 값이 k이므로 우변에는 k만 남겨두어야 한다. 먼저 양변을 19로 나누면 $\frac{193}{19} = e^{10k}$라는 식을 얻을 수 있다.

이제 우리는 성가신 지수함수를 제거하려고 자연로그를 다시 끌어들인다. 결과는 이러하다.

$\ln\frac{193}{19} = 10k$

여기서 양변을 10으로 나눠 우변에 k만 남겨두면 식은 이렇게 된다.

$$\frac{\ln\frac{193}{19}}{10} = k$$

드디어 우리는 $k = 0.2318$이라는 답을 얻는다. 계산기를 사놓길 잘했지? 좀 더 기운을 내자. 우리는 아직 끝나지 않았다.

이제 C 값과 k 값을 방정식에 넣어 $y = 19e^{0.2318x}$라는 식을 얻을 수 있다. 이 식이 있으면 우리는 '며칠' 후의 좀비 수든지 알아낼 수 있다. 그냥 x 값만 바꾸면 된다. 자, 어떤가! 우리는 정말 예측 모델을 얻었다. 이런 게 바로 수학 함수의 매력이다.

이를테면 30일 후에는 좀비가 몇 마리나 있을까? $x = 30$일 경우 답은 1만 9914마리다. 음, 엄청나게 빨리 불어나는군. 분명히 우리 명랑한 좀비 사냥꾼들도 그렇게 생각할 것이다. '우리는 곧 수적으로 불리해질 거야. 떠나는 게 백번 옳아.'

옮긴이 말

별도 달도 구름에 가린 한밤중에 산속을 헤매보았는가? 저만치 희미하게 웬 집이 한 채 보일 때, 반가운 마음에 그곳을 뚫어져라 쳐다보면, 얄궂게도 집은 곧 사라져버린다. 하지만 시선을 조금만 옆으로 돌리면 다시 그 집이 보인다. 우리 눈의 주변부는 중심부보다 시력이 나쁘고 색각도 약하지만, 약한 빛을 보는 힘은 더 강하기 때문이다. 요컨대 어두운 곳에서 어떤 대상을 보려면 그것의 '주변'을 '멍하니' 바라보아야 한다. 기를 쓰고 대상 자체에 집중하려 들면 오히려 역효과만 나게 마련이다.

    억지스러운 유추일지 모르겠으나, 뭔가를 배울 때도 마찬가지일 듯싶다. 쉬운 개념이라면 정면으로 돌파하는 게 효과적이겠지만, 어려운 개념이라면 마음을 비우고 주변 맥락부터 찬찬히 살피는 편이 낫지 않을까?

    이 책의 저자 제니퍼 울렛이 미적분에 접근하는 방법도 사실상 그런 '맥락 살피기'에 해당한다. 수학 열등생임을 자처하는 영문학 전공자로서 저자는 이를 악물고 미적분 교과서만 파고드는 것이 아니라, 누가 어쩌다 이 몹쓸 미적분을 만들어냈는지, 이놈의 미적분을 도대체 어디에 써먹을 수 있는지, 우리 주변에 미적분의 원리가 숨어 있는 곳은 어디인지 등등부터 느긋하게 알아보려 한다. 이 책은 저자가 그런 식으로 미적분의 주변을 둘러보다 보니 어느새 미적분과 친해져버린 과정을 담고 있다. 독자가 저자의 유쾌한 분투 과정을 공유하며 미적분에 대한 경계심을 조금이나마 늦출 수 있다면, 옮긴이로서는 더 바랄 것이 없겠다.

미국과 우리나라의 문화 차이, 저자의 괴짜다운 취향, 개념 자체의 난해성 등 때문에, 사람에 따라서는 받아들이기 힘든 내용을 더러 만날 수도 있다. 예컨대 카지노에 무관심한 사람이라면 3장의 주된 소재인 크랩스 게임을 이해하기가 조금 버거울 것이고, 공포물이나 패러디물에 별 관심이 없는 사람이라면 6장의 좀비 이야기에 빠져들기 힘들 수 있다. 게다가 9장의 푸리에 변환 및 급수 개념은 수식과 그래프를 동원해 자세히 설명하지 않으면, 누구라도 이해하기 힘들다. 하지만 크게 걱정할 필요는 없다. 저자도 밝혔다시피, 이 책은 교과서가 아니기 때문이다. 두 눈을 부릅뜨고 공부해야 하는 교재가 아니라, 가볍게 읽으며 즐기는 (특이한) 공개 일기장으로 여기는 편이 여러모로 바람직할 것이다.

자랑스럽지도 부끄럽지도 않은 고백을 하나 하자면, 학창 시절에 나는 저자와 반대로 수학만 (그나마) 잘하는 인문학 열등생이었다. 수학 문제야 곧잘 풀었지만, 어쩌다 문학 과제로 시를 한 편 지어야 할 때면 한 행도 못 써서 쩔쩔맸다. 그런 입장에서 번역을 하다 보니, 독특한 고충과 보람이 따르기도 했다. 어떻게 보면 이 책의 번역 작업이 나 자신의 사고방식을 성찰하는 계기가 되지 않았나 싶다. 살아가면서 사고방식이 정반대인 사람의 생각을 삼키고 소화해서 도로 뱉어내 볼 기회가 그리 많지는 않으리라.

끝으로, 바쁜 와중에도 투박한 이메일 질문 공세에 친절히 답해준 저자 제니퍼 울렛, 무더운 날씨에 졸역을 다듬느라 고생하셨을 자음과모음 편집자분들, 늘 든든한 버팀목이 되어주는 글밥아카데미 선생님과 동기들, 항상 무조건적 사랑과 응원을 보내주는 가족과 친구들에게 고마운 마음을 전한다. 그리고 번역하는 내내 내 곁을 맴돌며 나를 울리고 웃긴 세 고양이—두부, 설, 밤—에게도 각별히 애증 어린 감사를 표하고 싶다. 아무튼 이제 고양이 없이 번역한다는 건 상상도 못 하겠다.

참고문헌

Abraham, Marc. "Think of a Number: A Multitude of Math Sins." *Guardian*, April 28, 2009.

Ashford, Karen. "Cedar Point Physics Outing Lauded." Canada.com, April 26, 2008.

Bardi, Jason Socrates. *The Calculus Wars: Newton, Leibniz, and the Greatest Mathematical Clash of All Time.* New York: Thunder's Mouth Press, 2006.

Bell, E. T. *Men of Mathematics.* New York: Simon & Schuster, 1937.

Beller, Peter C. "Fill'Er Up with Human Fat." *Forbes*, December 21, 2008.

Berlinski, David. *A Tour of the Calculus.* New York: Pantheon, 1995.

Berzon, Alexandra. "The Gambler Who Blew $127 Million." *Wall Street Journal*, December 5, 2009.

Bland, Eric. "Web-Crawling Program ID's Disease Outbreaks." *Discovery News*, July 18, 2008.

Bohannon, John. "Social Science: Tracking People's Electronic Footprints." *Science* 314, no. 5801 (November 10, 2006): 914.

―――. "Friends or Acquaintances? Ask Your Cell Phone." *ScienceNOW*, August 17, 2009.

Bressoud, David M. *The Queen of the Sciences: A History of Mathematics* (DVD). Chantilly, VA: Teaching Company, 2008.

Chang, Kenneth. "Study Suggests Math Teachers Scrap Balls and Slices." *New York Times*, April 25, 2008.

Cheever, Henry T. *Life in the Sandwich Islands: The Heart of the Pacific as It Was and Is*. Ann Arbor: University of Michigan Library, 2005.

Clawson, Calvin. *Conquering Math Phobia: A Painless Primer*. New York: Wiley, 1991.

Cowen, Tyler. *Discover Your Inner Economist*. New York: Dutton, 2007.

Danzig, Tobias. *Number: The Language of Science*. New York: Penguin/Plume, 2007.

Darbyshire, Charles. *My Life in the Argentine Republic 1852-1894*. London: F. Warne & Co., 1917.

Dash, Mike. *Tulipomania: The Story of the World's Most Coveted Flower and the Extraordinary Passions It Aroused*. New York: Crown, 2000.

Devlin, Keith. *The Language of Mathematics: Making the Invisible Visible*. New York: Henry Holt, 2000.

———. *The Unfinished Game*. New York: Basic Books, 2008.

Devlin, Keith, and Gary Lorden. *The Numbers Behind Numb3rs*. New York: Plume Books, 2007.

Ellenberg, Jordan. "We're Down $700 Billion, Let's Go Double or Nothing: How the Financial Markets Fell for a 400-Year-Old Sucker Bet." Slate.com, October 2, 2008.

Finkelmeyer, Todd. "Culture, Not Biology, Key Factor to Math Gender Gap, UW Researchers Say." Madison.com, June 1, 2009.

Gleason, Alan, trans. *Who Is Fourier? A Mathematical Adventure*. Boston: Language Research Foundation, 1995.

Goodwin, Liz. "Monsters vs Jane Austen." DailyBeast.com, September 5, 2009.

Goslin, Anna. "The Calculus of Saying I Love You." Inkling.com, October 13, 2007.

Grahame-Smith, Seth. *Pride and Prejudice and Zombies*. Philadelphia: Quirk Books, 2009.

Harford, Tim. *The Undercover Economist: Exposing Why the Rich Are Rich, the Poor Are Poor-and Why You Can Never Buy a Decent Used Car*. New York: Oxford University Press, 2006.

Hempel, Sandra. *The Strange Case of the Broad Street Pump: John Snow and the Mystery of Cholera*. Berkeley/Los Angeles: University of California Press, 2007.

Hernandez, Nelson. "The Thrills of Physics: For High School Students, Theme Park Becomes a Laboratory." *Washington Post*, April 26, 2008.

Houston, James D., and Ben Finney. *Surfing: A History of the Ancient Hawaiian Sport*. New York: Pomegranate Communications, 1996.

Hsu, Jeremy. "Second Life Bank Crash Foretold Financial Crisis." MSNBC.com, November 21, 2008.

Hurt, Jeanette. "Patience Is a Virtue." *Hemispheres*, May 2009.

Johnson, Steven. *The Ghost Map: The Story of London's Most Terrifying Epidemic-and How It Changed Science, Cities and the Modern World*. New York: Riverhead, 2006.

Kaminski, J. A., V. M. Sloutsky, and A. F. Heckler. "The Advantage of Abstract Examples in Learning Math." *Science* 320, no. 5875 (2008): 454-55.

Kelly, W. Michael. *The Complete Idiot's Guide to Calculus*, 2d ed. New York: Alpha Books, 2006.

Kemp, Martin. "Inverted Logic: Antroni Gaudi's Structural Skeletons for Catalan Churches." *Nature* 407, no. 838 (October 19, 2000).

Kestenbaum, David. "A Prayer Book's Secret: Archimedes Lies Beneath." NPR.org, July 27, 2006.

Kojima, Hiroyuki. *The Manga Guide to Calculus*. San Francisco: No Starch Press, 2009.

Kolata, Gina. *Flu: The Story of the Great Influenza Pandemic of 1918 and the Search* for the Virus That Caused It. New York: Touchstone, 2001.

———. "Putting Very Little Weight in Calorie Counting Methods." *New York Times*, December 20, 2007.

———. *Rethinking Thin: The New Scienceof Weight Loss—and the Myths and Realities of Dieting*. New York: Farrar, Straus & Giroux, 2007.

Krendl, Anne C., Jennifer A. Richeson, William M. Kelley, and Todd F. Heatherton. "The Negative Consequences of Threat: A Functional Magnetic Resonance Imaging Investigation of the Neural Mechanisms Underlying Women's Underperformance in Math." *Psychological Science* 19, no. 2, 168–75.

Laak, Phil. "Kelly's Criterion." *Bluff*, April 2008.

Lehrer, Tom. "The Derivative Song." *American Mathematical Monthly* 81 (May 1974): 490.

Levenson, Thomas. *Newton and the Counterfeiter: The Unknown Detective Career of the World's Greatest Scientist*. New York: Houghton Mifflin Harcourt, 2008.

Lofgren, E. T., and N. H. Fefferman. "The Untapped Potential of Virtual Game Worlds to Shed Light on Real World Epidemics." *The Lancet Infectious Diseases* 7 (2007): 625–29.

London, Jack. *The Cruise of the Snark* (1911). New York: Narrative Press, 2001.

Lovell, Michael C. *Economics with Calculus*. Hackensack, NJ: World Scientific Publishing, 2004.

Lucibella, Mike. "The Best Approach for Avoiding Zombies," Inside Science News Service, September 28, 2009.

Mackay, Charles. *Extraordinary Popular Delusions and the Madness of Crowds* (1841). New York: Three Rivers Press, 1980.

Mankiw, N. Gregory. *Principles of Microeconomics*, 3d ed. Mason, OH: Thomas-Southwestern, 2004.

Maor, Eli. *e: The Story of a Number*. Princeton, NJ: Princeton University Press, 1994.

McKellar, Danica. *Math Doesn't Suck*. New York: Penguin Books, 2007.

Mlodinow, Leonard. *The Drunkard's Walk: How Randomness Rules Our Lives*. New York: Pantheon, 2008.

Munz, Philip, et al. "When Zombies Attack! MathematicalModeling of an Outbreak of Zombie Infection," in *Infectious Disease Modeling Research Progress*. Haupauge, NY: Nova Science, 2009, pp. 133-50.

Mythbusters. "Ancient Death Ray," airdate September 29, 2004. Silver Spring, MD: Discovery Communications.

———. "Archimedes' Death Ray," airdate January 25, 2006. Silver Spring, MD: Discovery Communications.

Nadeau, Robert. "The Economist Has No Clothes." *Scientific American*, March 25, 2008.

Nitta, Hideo, and Keita Takatsu. *The Manga Guide to Physics*. San Francisco: No Starch Press, 2009.

O'Rourke, P. J. *On the Wealth of Nations*. New York: Atlantic Monthly Press, 2007.

Ouellette, Jennifer. "Architects Bridge the Void." *New Scientist*, June 13, 2006.

Paulos, John Allen. *Innumeracy*. New York: Farrar, Sttaus & Giroux, 1988.

———. *A Mathematician Reads the Newspaper*. New York: Random House, 1995.

Peeples, Lynn. "Eco-Conscious Gyms Allow Members to Spin Calories into Electricity." Scienceline.org, February 24, 2009.

Pestalozzi, J. *How Gertrude Teaches Her Children: An Attempt to Help Mothers to Teach Their Children and an Account of the Method* (London, 1805), trans. L. Holland and F. Turner. Syracuse, NY: Swann Sonnenschein, 1894.

Pool, Bob. "Getting the Slant on L.A.'s Steepest Street." *Los Angeles Times*, August 21, 2003.

Poundstone, William. *Fortune's Formula: The Untold Story of the Scientific Betting System That Beat the Casinos and Wall Street*. New York: Hill & Wang, 2005.

Reymeyer, Julie. "A Prayer for Archimedes." *Science News*, October 8, 2007.

Rodriguez, Linda. "A Brief History of Dubious Dieting." *Mental Floss*, January 28, 2009.

Rosenwald, Michael S. "For Hybrid Drivers, Every Trip Is a Race for Fuel Efficiency." *Washington Post*, May 26, 2008.

Sample, Ian. "Doubt Cast on Archimedes' Killer Mirrors." *Guardian*, October 24, 2005.

Schepisi, Fred, dir. *I.Q.* Paramount Pictures, 1994.

Seife, Charles. *Zero: The Biography of a Dangerous Idea*. New York: Penguin, 2000.

Severson, Kim. "Seduced by Snacks? No, Not You." *New York Times*, October 11, 2006.

Smith, Reginald. "The Spread of the Credit Crisis: View from a Stock Correlation Network." http://arxiv.org/abs/0901.1392, January 12, 2009.

Smith?, Robert, et al. "The OptAIDS Project: Towards Global Halting of HIV/AIDS." *BMC Public Health*, November 18, 2009.

Soltis, Greg. "Worms Do Calculus to Find Food." LiveScience.com, July 23, 2008.

Squires, Sally. "Bringing Nutrition Home." *Washington Post*, February 12, 2008.

Starbird, Michael. *Calculus Made Clear* (DVD). Chantilly, VA: Teaching Company, 2001.

Stein, Jeanine. "Do the Math, Loss the Weight." *Los Angeles Times*, May 11, 2009.

Stokstad, Erik. "Americans' Eating Habits More Wasteful Than Ever." *Science*, November 25, 2009.

Thomas, Nicholas. *Cook: The Extraordinary Voyages of Captain James Cook*. New York: Walker, 2004.

Thomson, Helen. "What's Luck Got to Do with It? The Math of Gambling." *New Scientist*, August 11, 2009.

Tobias, Sheila. *They're Not Dumb, They're Different: Stalking the Second Tier*. Tucson: Research Corporation, 1994.

———. *Overcoming Math Anxiety*. New York: Norton, 1995.

Twain, Mark. *Roughing It* (1872). New York: Signet Classics, 2008.

Van Hensbergen, Gijs. *Gaudi: A Biography*. New York: HarperCollins, 2001.

Vastag, Brian. "Virtual Worlds, Real Science: Epidemiologists, Social Scientists Flock to Online World." *Science News*, October 27, 2007.

Venkatraman, Vijaysree. "An Electric Workout Through Pedal Power." *Christian Science Monitor*, November 13, 2008.

Wansick, Brian. *Mindless Eating: Why We Eat More Than We Think*. New York: Bantam/Dell, 2006.

Ward, Mark. "Deadly Plague Hits Warcraft World." BBC News, September 22, 2005.

———. "Virtual Game Is a 'Disease Model.'" BBC News, August 21, 2007.

Yan, Zhenya. "Financial Rogue Waves." http://arxiv1.library.cornell.edu/abs/0911.4259?context=q-fin.CP, November 22, 2009.

Zaslavsky, Claudia. *Fear of Math: How to Get Over It and Get on with Your Life*. New Brunswick, NJ: Rutgers University Press, 1994.

Zwillinger, David. *Standard Mathematical Tables and Formulae*, 31st ed. New York: Chapman & Hall, 2002.

찾아보기

ㄱ

가속도 22, 46, 72, 135
가우디 265
갈릴레오 갈릴레이 20, 103, 136, 261
개체군 184~211
거품 시장 159, 160, 178
건축학, 건축술 256, 269
고정관념 위협 314
고트프리트 빌헬름 라이프니츠 43, 48~52, 68, 261, 264
곡선 31~56, 76~79
관성력 144
『광학』 43, 48~50
구스타브 잔데르 235
구토 혜성 134
그린레볼루션 219
극한(값) 52~58, 68, 76, 340
금융 162, 178~180
기하학 15~17, 21, 31~33
길버트 & 설리번 305
깅코파이낸셜 179

ㄴ

나폴레옹 222, 296
네이선 이글 209~211
뉴턴 22, 43~52
뉴턴의 유율 46, 51
니나 페퍼먼 212
니콜라우스 베르누이 260
닐스 보어 120

ㄷ

다비데 카시 205
대니얼 디포 201~202
대수학, 대수 20~23, 39
데이브 베이컨 113
데이비드 버가미니 308
데이비드 버린스키 58
데이비드 애튼버러 132
데카르트 좌표계 40, 41, 46, 74, 109, 132, 134, 170, 245, 289, 322, 327
도함수(미분계수) 20, 69, 72, 76~79, 245, 324

독감 192~195
돔 255, 270
동전·깃털 실험 22
동충하초과 균류 185~186
등주문제 273
디에게시스 307
디지털신호처리 300

ㄹ

라자르 카르노 222
『랜싯 전염병』 213
러셀 치텐던 238
레오나르도 다빈치 254
레오나르드 믈로디노프 104~105
레온하르트 오일러 264
레지널드 스미스 180
로그 325, 330
로버트 레코드 39
로버트 블룸필드 178
로버트 스미스? 202, 204~207
로버트 캐머런 232
로버트 훅 258~260
로피탈 264
루돌프 클라우지우스 224
루이 파스퇴르 199
루이 필리프 공작 97
루카 파치올리 104
룰루 헌트 피터스 234, 238
르네 데카르트 39, 41, 48, 256

르네 프랑수아 드 슬루스 49
리빌 네츠 56
리처드 래릭 84
린든랩 179

ㅁ

마리아 개타나 아녜시 137~138
마리아 칼라스 236
마이크 태깃 227~228, 249
마크 추캐럴 174
마크 트웨인 279, 283, 285, 294
막시밀리앙 로베스피에르 295~296
매드티파티 140
맬서스 계수 188
메디나충증(드래컨큘러스증) 207
메티실린내성 황색포도상구균 211
모기지 162, 173~179
무리수 58, 334
무한대 37, 111, 336
무한소 45, 49, 51~52, 56
미메시스 306~308, 319
미분 19~20, 78~80
미적분 전쟁 48~50
밀턴 가시스 279~281, 284~285, 293~294

ㅂ

바이오 연료 240
『방법』 30

버나드 베세라 필립 드 마리니 맨더빌 97
베르길리우스 272, 275
베이브 루스 232
벡터 140
벡터 미적분 146~149
벤저민 곰퍼츠 246~249
변동금리형 176
변분법 273, 275
부동산 167~168, 175, 178, 180
뷔퐁의 바늘 120
브라이언 완싱크 241~242
블레즈 파스칼 49, 104~105
비시 아그볼라 308
비용 164~166, 171, 245
비트루비우스 152
빌 왓킨스 144
빌흐잘무르 스테펜슨 235

ㅅ

사디 카르노 222, 335
사망률 39, 204
사이클로이드 263
사인 289, 336
사인 곡선 289
살인 광선 장치 33
상수 330
샤를 드 브로스 137
세컨드라이프 178

소피 제르맹 17, 313
속도 → 속력
속도계 70, 86
속력(속도) 293, 344
수학과 과학에서의 성적 편견 313
스미스?의 좀비 모델 204
스탠리 밀그램 208
스텝 레커너 49
스티브 길모어 221
스플래시마운틴 335
시바사부로 키타사토 199
식이요법 233, 244
실베스터 그레이엄 233
쌍곡선 31
쌍곡선코사인함수(현수선) 254, 338

ㅇ

아네시의 마녀 137
아르키메데스 56, 150, 319
아리스토텔레스 56, 306
아부 자파르 알마문 38
아부 자파르 알콰리즈미 38
아이작 뉴턴 22, 43, 264
아폴로니오스 31
안토니 사우니 265
알렉상드르 예르생 199
알베르트 아인슈타인 52, 93, 319
압 딕스터후이스 172
앙투안 공보 103

애덤 보즐 10, 217
액셜 킬리언 270
앨런 그린스펀 179
앨리스터 굴드 271
에너지 82, 218
에드 비글리 주니어 219
에드워드 코커 310
에로 사리넨 255, 271
에리히 아우어바흐 307
에릭 로프그렌 213
S자형 곡선(시그모이드 곡선) 190, 248
에우독소스 33, 72, 349
에우세비 구엘 266
에이브러햄 링컨 31
에이즈 바이러스 206
엔트로피 226
엘리에스 로헨트 266
연립 상미분방정식 204
열 153, 221
열역학 다이어트 238, 244
오센도프 269~272
오일러수 334, 338
올리버 헤비사이드 146
요아네스 조나라스 33
요하네스 미로나스 30
요한 루드비 하이베르그 30, 56
요한 베르누이 78, 260
요한 페스탈로치 309

우생학 188
원 31
『원론』 31
원뿔 31
월터 디즈니 130
위치 32
위치 함수 → 위치
윌리엄 릴리 197
윌리엄 밴팅 234
윌리엄 벤저민 스미스 24
윌리엄 스탠리 제번스 157
윌리엄 태프트 233
윌버 앳워터 238
유리수 58
유클리드 31
6단계 분리 법칙 208
음파 280, 288, 336
이자율(금리) 162
인력 발전 219, 229
입자·스프링 모델 270

ㅈ

자유낙하 130
자유전자 레이저 236
장 르 롱 달랑베르 57
장 밥티스트 조제프 푸리에 294~297
장 자크 루소 309
잭 솔 84
적분 46, 73

전염병학 184, 193, 201
접선 43, 49, 76
정복왕 윌리엄 231~233
제논 53, 64
제이슨 바르디 10, 45
제임스 쿡 282~283
제임스 클러크 맥스웰 147
제임스 프레스콧 줄 224
제프리 에덜먼 294
제한속도 83
조 번스 305
조르주루이 르클레르, 백작 드 뷔퐁 120
조제프 루이 라그랑주 44
조지 고든 바이런 233
조지 로메로 184
조지 버클리 52
조지 오웰 266
조지프 애디슨 215
존 그리피스 246
존 스노 193
존 오센도프 269~272
존 플램스티드 50
존 L. 켈리 116
솜비 353
좀비 역병 208, 354
『종의 기원』 120
종형 곡선(가우스 곡선) 109, 339
주기함수 289, 297, 336

주제프 바트요 266
주제프 커르네 267
줄(단위) 225
중력(인력) 226
증기기관 222
증발 153
지나 콜라타 243
지롤라모 카르다노 100
지수 325, 335
지수붕괴곡선 153~154, 166, 262, 312, 334~335
지수성장곡선 166, 188, 262, 333
지수함수 → 지수
진동수(주파수) 239, 288~290
진자 32, 136, 139
진폭 239, 288~302
짐 윌런 219

ㅊ

찰스 다비셔 195
찰스 맥케이 159
찰스 사이프 10, 72
찰스 휘트스톤 146
체중 감량 238
체시방 240
최속강하선 문제 262

ㅋ

카롤루스 클루시우스 160, 165

카르다노 100~103
카사바트요 266
칼로리(열량) 225
케네스 스와이어스 255
케빈 베이컨 208
켈리 기준 116
켈빈 남작, 윌리엄 톰슨 224
코사인 289, 337
콜레라 191~196
크랩스 94~100
크레이그 앨런 비트너 240
크리스티안 하위헌스 49, 259
키케로 19
킹스칼리지 269

ㅌ

타워오브테러 127, 131, 332
타원 31
태브리스 캐럴 11, 314
테런스 와타나베 115
토머스 로버트 맬서스 181, 186
토머스 쇼트 234
토성 305, 319
튤립 159~169

ㅍ

파도타기 279, 283, 287
파동 288, 297, 336
파이(π) 58, 334
파장 288, 299
패혈성페스트 200
편도함수 171
『평면 자취』 40
폐페스트 200
포물선 31, 35, 261
포물선 함수 → 포물선
폴 루이 시몽 200
폴 에르되시 209
폴 칼터 262
폴 할모스 321
표본공간 102
『표준 수학 일람표』 78
푸리에 변환 297, 300, 360
프랑스 혁명 295
프랭크 게리 272
『프린키피아(자연 철학의 수학적 원리)』 44
플라톤 34, 306
피라미드 109, 256
피에르 드 페르마 39, 41
피에르 베르홀스트 189
피에르 샹동 242
피에르 시몽 드 라플라스 91
필리프 왕(필리프 1세) 97, 232

ㅎ

할름스타드 220
함수 10인방 330

함수 47
핫셉수트 232
해럴드 왕 231
해리스 베네딕트 공식 239
헨리워크스 219, 227
현수선 254, 258, 262, 338
확률 339
황색포도상구균 211
흑사병 19, 180, 187, 197
힘 140

미적분 다이어리

ⓒ 제니퍼 울렛, 2011

초판 1쇄 발행 2011년 11월 9일
초판 4쇄 발행 2018년 8월 13일

지은이   제니퍼 울렛
옮긴이   박유진
펴낸이   정은영

펴낸곳   (주)자음과모음
출판등록 2001년 11월 28일 제2001-000259호
주소   04047 서울시 마포구 양화로6길 49
전화   편집부 02) 324-2347 경영지원부 02) 325-6047
팩스   편집부 02) 324-2348 경영지원부 02) 2648-1311
이메일   jamoteen@jamobook.com

ISBN 978-89-544-2705-0 (03400)

잘못된 책은 교환해드립니다.